Hermann Oppenheim

Die traumatischen Neurosen nach den in der Nervenklinik der Charité in

den acht Jahren 1883- 1891 gesammelten Beobachtungen

Hermann Oppenheim

Die traumatischen Neurosen nach den in der Nervenklinik der Charité in den acht Jahren 1883- 1891 gesammelten Beobachtungen

ISBN/EAN: 9783743361782

Hergestellt in Europa, USA, Kanada, Australien, Japan

Cover: Foto ©berggeist007 / pixelio.de

Manufactured and distributed by brebook publishing software (www.brebook.com)

Hermann Oppenheim

Die traumatischen Neurosen nach den in der Nervenklinik der Charité in

den acht Jahren 1883- 1891 gesammelten Beobachtungen

Die

traumatischen Neurosen

nach den

in der Nervenklinik der Charité in den 8 Jahren 1883—1891
gesammelten Beobachtungen

bearbeitet und dargestellt

von

Dr. med. Herm. Oppenheim,
Privatdocent an der Universität.

Zweite verbesserte und erweiterte Auflage.

Berlin 1892.
Verlag von August Hirschwald.
NW. Unter den Linden 68.

Seinem hochverehrten Lehrer

Herrn Geh. Medicinalrath Prof. Dr. Westphal

in Dankbarkeit gewidmet

vom

Verfasser.

Vorwort der ersten Auflage.

In der vorliegenden Abhandlung beabsichtige ich eine zusammenfassende Darstellung jener durch Verletzungen hervorgerufenen Erkrankungen des Nervensystems zu liefern, die nicht durch eine directe Beschädigung der nervösen Centralorgane oder des peripherischen Nervenapparates, sondern auf dem Wege der Erschütterung im allgemeinsten Sinne des Wortes entstanden sind. Unter voller Würdigung der in der Literatur niedergelegten Erfahrungen werde ich mich bei Schilderung dieser Krankheitszustände im Wesentlichen auf die eigene Beobachtung stützen. Es sind im Laufe der letzten 5 Jahre eine sehr grosse Anzahl derartiger Krankheitsfälle in der Nerven-Abtheilung der Charité klinisch beobachtet und gutachtlich beurtheilt worden. In einer weiteren Reihe von Fällen ist mein Urtheil in foro angerufen worden. Ich darf wohl auch darauf hinweisen, dass eine nicht fruchtlose Anregung zu einem erneuten Studium dieser Krankheitsformen unter Anführung neuer klinischer Thatsachen von der Westphal'schen Klinik ausgegangen ist, um aus allen diesen Gründen die Berechtigung zu der vorliegenden monographischen Bearbeitung herzuleiten.

Ich hoffe mit derselben vornehmlich dem praktischen Arzte einen Leitfaden an die Hand zu geben, der ihm für die wissenschaftliche und forensische Beurtheilung dieser in ihrem Wesen und in ihrer Grundlage oft so schwierig zu erkennenden Krankheitszustände von einigem Nutzen sein dürfte.

Ich halte es für vortheilhaft, diejenigen Momente, die ein rein theoretisches Interesse bieten, nur in Kürze zu behandeln und aus diesem Gesichtspunkte den Literaturangaben nur einen kleinen Raum zu gewähren, dagegen unter Mittheilung einschlägiger Beobachtungen der Symptomatologie und den für die forensische Beurtheilung wichtigen Thatsachen das Hauptinteresse zu widmen.

Berlin, im October 1888.

Der Verfasser.

Vorwort zur zweiten Auflage.

Seit dem Erscheinen der ersten Auflage dieses Werkes ist die Literatur der traumatischen Neurosen mächtig angewachsen. Werthvoll waren einzelne Abhandlungen, die sich mit der Symptomatologie und der Classification dieser Krankheitszustände beschäftigten. Die wichtigsten Ergebnisse derselben habe ich in die zweite Auflage aufgenommen. Insbesondere aber konnte ich Thatsachen und Beobachtungen in dieser verwerthen, die ich inzwischen selbst zu sammeln Gelegenheit hatte. Durch diese hat der der Casuistik gewidmete Abschnitt, sowie das Kapitel der Symptomatologie eine nicht unwesentliche Erweiterung erfahren.

Durch zahlreiche Veröffentlichungen aus den letzten Jahren ist die Frage der Simulation in den Vordergrund des Interesses geschoben worden. In der Mehrzahl derselben sind neue und beachtenswerthe Thatsachen kaum hervorgetreten, dagegen haben sie in einer geradezu überraschenden Weise gezeigt, wie die mangelhafte Kenntniss der functionellen Neurosen und Psychosen selbst hervorragende Aerzte zu diagnostischen Irrthümern und Fehlschlüssen verleiten kann. Wenn ich auch weder nach eigener Erfahrung noch nach den Mittheilungen dieser Forscher der Simulation auf dem Gebiete der traumatischen Neurosen eine so wesentliche Bedeutung zuschreiben kann, so hielt ich es doch für erforderlich, bei der Schilderung der einzelnen Symptome diesem Punkte noch mehr Rechnung zu tragen als früher und diejenigen Krank-

heitserscheinungen besonders hervorzuheben, welche den Werth
objectiver Zeichen haben, oder durch die Art und Modification der
Untersuchung diesen Werth erlangen können. Heute jedoch noch
mehr als vor vier Jahren von der Ueberzeugung durchdrungen, dass
durch Verkennung der Krankheit unendlich viel mehr Schaden ge-
stiftet wird als durch Nichtbeachtung der Simulation, habe ich
mit allen Mitteln und Kräften dahin gestrebt, den Leser mit dem
Krankheitsbilde vertraut zu machen.

Der pathologischen Anatomie habe ich in Rücksicht auf einzelne neue Erfahrungen eine kurze Besprechung widmen müssen.
Ausserdem habe ich anhangsweise einige Gutachten mitgetheilt.
Ich bedaure es sehr, dass meine Publikationen über diesen Gegenstand mir eine Anzahl von persönlichen Gegnern oder doch von
Gegnern, die bei ihren Angriffen nicht sachlich blieben, verschafft
haben. Ich muss sogar befürchten, dass sich mit dem Erscheinen
der zweiten Auflage die Zahl derselben vermehren wird, da ich
gezwungen war, Gutachten und Urtheile bekannter und anerkannter
Aerzte zu bekämpfen, wenn ich auch, wo es eben anging, die
Nennung von Namen vermieden habe. Indessen wird auch ferner-
hin nicht die Rücksicht auf persönliche Empfindungen, sondern die
Erforschung der Wahrheit der einzig leitende Gesichtspunkt für
mich sein.

Berlin, im April 1892.

Der Verfasser.

Inhalts-Verzeichniss.

I. Einleitung und Literatur.

Die durch directe Läsion der nervösen Centralorgane oder ihrer Hüllen bedingten Erkrankungen des Nervensystems haben zu allen Zeiten die Aufmerksamkeit der Aerzte in Anspruch genommen. Eine Schilderung derselben und ihrer Geschichte gehört nicht zum Vorwurf dieser Abhandlung.

Den Gegenstand derselben bilden vielmehr diejenigen Krankheitsformen, welche sich im Anschluss an Unfälle und Verletzungen entwickeln, die den centralen Nervenapparat nicht direct, sondern auf dem Wege der Erschütterung und des Reflexes getroffen und geschädigt haben.

Zwischen der früheren Auffassung, welche lehrte, dass sich im Gefolge einer Contusion des Rückens oder einer allgemeinen Körpererschütterung chronische Entzündungsprocesse im Rückenmark und in dessen Häuten entwickeln, und der modernen Anschauung besteht ein so tief greifender Unterschied, dass erst mit der Emancipation von dieser älteren Theorie ein wahrhaft fruchtbringendes Studium der durch Verletzungen bedingten Neurosen beginnt. — Seinen Ausgangspunkt nahm dasselbe von den nach Eisenbahnunfällen beobachteten Erkrankungen des Nervensystems, und war es besonders der forensische Gesichtspunkt und die sich in dieser Hinsicht so häufig entspinnenden Meinungskämpfe, welche die Anregung zu einer wissenschaftlichen Betrachtung und Discussion dieser Krankheitsformen gaben.

Freilich waren sich auch die älteren Autoren bewusst, dass zwischen einem Eisenbahnunfall und einer Verletzung anderer Art

ein genereller Unterschied nicht bestehe, und schon der erste
Forscher, welcher dem Railway-spine eine ausführliche Besprechung widmet, Erichsen[1]), stützt sich auf eine Casuistik von
Krankheitsfällen, die nur zum geringen Theil ihre Aetiologie in
einer Eisenbahnerschütterung, zum grösseren in einer Verletzung
anderen Ursprungs haben. Aber der Eisenbahnunfall und seine Folgezustände beherrschte das Interesse so sehr, und Erichsen's Auffassung von dem Wesen und der Grundlage der von ihm geschilderten Krankheit trat, nachdem auch deutsche Autoren, vor allen
Leyden[2]) und Erb[3]), dieselbe adoptirt hatten, so sehr in den
Vordergrund, dass sie geradezu ein Hemmniss für die Weiterent-
wickelung dieses Studiums bildete. Es fehlte freilich, namentlich
in England und Amerika, nicht an Gegnern der von Erichsen
vertretenen Anschauung, ich erwähne nur Syme, Morris, Savory.
Aber die Discussion hatte trotz ihres lebhaften und sogar heftigen
Charakters zu einer tieferen und umfassenderen Erkenntniss nicht
geführt.

Immerhin dürfen wir nicht verkennen, dass sowohl in der von
Erichsen gegebenen Symptomatologie, als auch in einzelnen Mittheilungen aus der Folgezeit die Bausteine enthalten waren, die
nur gesammelt und aus einem anderen Gesichtspunkte geordnet zu
werden brauchten, um den Bau der modernen Theorie aufzuführen.

In Deutschland wurde seit dem Jahre 1871, nachdem das
Reichsgesetz in Bezug auf die Haftpflicht zu Stande gekommen
war, diesem Gegenstande ein wärmeres Interesse gewidmet.

Unter den nun zahlreicher auftauchenden Publicationen hatten
die von Bernhardt[4]) und die von Westphal[5]) besonders dazu
beigetragen, die Aufmerksamkeit der Aerzte diesen Krankheits-

---

[1]) Ueber die Verletzungen der centralen Theile des Nervensystems etc.
Aus dem Englischen von Kelp. Oldenburg 1868. Ferner: On concussion of
the spine, nervous shock and other obscure injuries of the nervous system.
London 1876. II. Aufl. 1882.

[2]) Lehrbuch der Rückenmarkskrankheiten. 1875. I. S. 171. II. S. 19.

[3]) Ziemssen's Handbuch: Krankheiten des Nervensystems. I. Zweite
Hälfte. 1876.

[4]) Berl. klin. Wochenschr. 1876. No. 20.

[5]) Berl. klin. Wochenschr. 1879. S. 125. Ferner: Charité-Annalen. 1880.
(Jahrg. 1878.)

formen zuzuwenden. Vornehmlich aber war es das Werk von Rigler[1]), welches wegen seiner reichhaltigen Casuistik und seiner praktischen Tendenz in Deutschland zu einer Verallgemeinerung der bis dahin vorliegenden Kenntnisse, Erfahrungen und Anschauungen in Bezug auf diese Krankheit führte.

Obgleich Rigler das psychische Moment der Erkrankung nicht ganz entgangen war, und er in dem Kapitel, welches von der „spinalen Irritation und Siderodromophobie" handelt, wenigstens flüchtig auf die Erscheinungen hinweist, deren Bedeutung wir erst in den letzten Jahren zu schätzen gelernt haben, wurzelte seine Auffassung doch so fest in dem von Erichsen geschaffenen Boden, dass er in der Begutachtung seiner Fälle fast durchweg die Symptome einer Myelitis postulirt, die aufgefundenen Krankheitserscheinungen in diesen Rahmen hineinzupassen versucht, und dort, wo sich die Krankheitszeichen mit dieser Diagnose nach seinem Ermessen nicht vereinbaren lassen, häufig genug Simulation anzunehmen geneigt ist. Und gerade darin lag die Gefahr der älteren Lehre.

Prüft man seine Beobachtungen kritisch, so wird man vielfach an die Stelle seiner Diagnose Myelitis nach der heutigen Auffassung den Krankheitsbegriff der Neurose und der Psychose setzen und seine Annahme der Simulation in nicht wenigen Fällen beanstanden müssen.

Wenngleich nur auf vereinzelte Beobachtungen gestützt, brachte ein Vortrag von Moeli[2]) über dieses Thema doch insofern einen Fortschritt, als die Thatsache in ein helleres Licht gerückt wurde, dass psychische Störungen charakteristischer Art die einzigen oder doch vorwiegenden Folgezustände derartiger Erschütterungen bilden können. Hiermit war doch wenigstens die spinale Theorie in ihrer Alleinherrschaft bekämpft, der cerebrale Sitz der Krankheitserscheinungen wenigstens für eine Gruppe derselben demonstrirt und auch in ätiologischer Hinsicht dem psychischen Factor (dem Schreck, der Aufregung), der früher geringe Berücksichtigung fand, Gewicht und Bedeutung eingeräumt.

---

[1]) Ueber die Folgen der Verletzungen auf Eisenbahnen etc. Berlin 1879.
[2]) Ueber psychische Störungen nach Eisenbahnunfällen. Berl. klin. Wochenschr. 1881. No. 2.

So war denn die Brücke geschlagen zwischen der nosologischen Auffassung dieser Erkrankungen und der Lehre vom traumatischen Irresein, die ja durch die Studien von Schlager[1]), Skae[2]), Krafft-Ebing[3]) u. A. bereits eine festere und breitere Grundlage gewonnen hatte.

Einen ähnlichen Fortschritt bemerken wir auch in den Vorträgen und Abhandlungen von Hodges[4]); hier wird die Neurose und speciell die Hysterie als Folgekrankheit der Verletzungen berücksichtigt, aber ihr gewissermassen das Recht der Krankheit, die Bedeutung der Krankheit nicht eingeräumt, vielmehr zwischen ihr und der Simulation eine scharfe Grenze nicht gezogen.

Von Grund aus umgestaltet wurde die Lehre, als durch Beobachtungen von Wilks[5]), Walton[6]) und Putnam[7]), Thomson und Oppenheim[8]) als ein häufiges Symptom der durch Verletzung und Erschütterung bedingten Erkrankungen gewisse Formen der Gefühlsstörung nachgewiesen wurden, welche mit Bestimmtheit auf einen cerebralen Sitz und mit hoher Wahrscheinlichkeit auf die functionelle Natur dieser pathologischen Zustände hindeuteten. Nun trat an die Stelle des älteren Railway-spine das Railway-brain, und in einem im Mai 1884 in der Gesellschaft der Charité-Aerzte gehaltenen Vortrage: „Ueber einen sich an Kopf-

---

[1]) Zeitschrift der Gesellschaft der Wiener Aerzte. 1857. VII. und VIII.

[2]) On insanity caused by injuries to the head and by sunstroke. Edinb. med. Journ. 1866. Febr.

[3]) Ueber die durch Gehirnerschütterung hervorgerufenen psychischen Krankheiten. Erlangen 1868.

[4]) Proceedings of the Bost. society for med. improv. Lancet. 1880. Febr. 5. — So called concussion of the spinal cord. Bost. med. and surg. Journ. No. 16. 1881.

[5]) On hemianaesthesia. Guy's Hospital reports. 1883.

[6]) Case of typical hysterical hemianaesthesia in a man, following injury. Arch. of Med. Vol. X. 1883. Possible cerebral origin of the symptoms usually classed under Railway-spine. Bost. med. and Surg. Journ. No. 15. 1883. Ferner: Bost. med. and Surg. Journ. 1884. 11. Dec.

[7]) Recent investigations into the pathol. of so called concussion of the spine. Bost. med. and Surg. Journ. No. 10. 1883 etc.

[8]) Zur Lehre der sensor. Anaesthesien. Centralbl. f. d. med. Wissensch. 1884. No. 5. Ferner: Ueber das Vorkommen und die Bedeutung der sensorischen Anaesthesien etc. Arch. f. Psych. Bd. XV. H. 2.

verletzungen und allgemeine Erschütterungen anschliessenden cerebralen Symptomencomplex"), konnte ich das Krankheitsbild in
seiner neuen Fassung und Auffassung wenigstens skizzenhaft entwerfen.

Indessen von der Annahme der organischen Natur eines Theiles
der Krankheitserscheinungen wenigstens in einer grossen Anzahl
von Fällen konnten auch wir uns damals noch nicht lossagen²).

Und es ist ein hervorragendes Verdienst Charcot's³), durch
ein mit beharrlicher Consequenz durchgeführtes Kämpfen für die
Theorie, welche alle Erscheinungen aus functionellen Störungen
herleitet, neues Licht über das Wesen dieser Krankheitsformen verbreitet, ein Verständniss für manche bis da unaufgeklärte Sym-
ptomenbefunde angebahnt und dadurch überhaupt dem Studium der
durch Verletzungen bedingten nervösen Erkrankungen weite, bis da
wenig betretene Gebiete eröffnet zu haben.

Es darf uns nicht wundern, dass auch diese Errungenschaft
mit einem Irrthum oder doch wenigstens mit einer unberechtigten
Verallgemeinerung einer Doctrin erkauft worden ist. Charcot
nämlich, von der Voraussetzung geleitet, dass die von Anderen
und uns beobachteten Anomalien der Sensibilität für die Hysterie
pathognomonisch seien, deutete zunächst alle Symptome und somit
alle hier in Frage kommenden Krankheitszustände als Hysterie,
welche vollkommen an die Stelle des früheren Begriffes Railway-
spine trat. In den von ihm beobachteten Fällen gehörten zu den
hervorstechendsten Symptomen: die gemischte Anästhesie, die
hysterischen Krampfanfälle, die sog. hysterogenen Zonen etc.

Das von uns hervorgehobene Argument, der psychische Zustand dieser Kranken unterscheide sich durch den Grundzug einer

---

¹) Berl. klin. Wochenschr. 1884. No. 15.

²) Oppenheim: Weitere Mittheilungen über die sich an Kopfverletzungen, etc. anschliessenden Erkrankungen des Nervensystems. Archiv f.
Psych. Bd. XVI. H. 3.

³) Neue Vorlesungen über die Krankheiten des Nervensystems. Deutsche
Ausgabe von S. Freud. Leipzig u. Wien 1886. S. 79, 88, 202, 242 etc.
(Vergl. Progrès Méd. 1885.) Ferner: Sur un cas de contracture spasmodique etc.
Progrés Méd. 1886. No. 42. Deux nouveaux cas de paralysie hystéro-trau-
matique chez l'homme. Progrès Méd. 1887. No. 4 etc., sowie eine Anzahl
weiterer Artikel dieses Autors.

andauernden melancholischen Verstimmung von dem gewöhnlichen
Bilde der hysterischen Psychose, wurde freilich von Charcot anerkannt, aber dieses Moment als nicht gravirend genug bezeichnet,
um zwischen der traumatischen Neurose und der Hysterie eine
Grenze zu bedingen. Vielmehr wurde gerade diese Form der
psychischen Alteration als ein Attribut der männlichen Hysterie
betrachtet. Andere wichtige Einwände wurden unbeachtet gelassen; aber gerade das Festhalten an dieser Anschauung gab ihm
Veranlassung zu Untersuchungen, die so überaus fruchtbringend für
die Kenntniss der traumatischen Neurosen geworden sind.

Als wesentliches Agens wird von Charcot, wie übrigens auch
schon von anderen Autoren, nicht das Trauma selbst, sondern die
dasselbe begleitende psychische Erschütterung angesehen und
der Nachweis erstrebt, dass die Vorstellung, die Idee die Quelle
bildet, aus welcher die Krankheitserscheinungen entspringen und
gespeist werden.

Die Thatsache, dass Lähmungszustände auf dem Wege der
Vorstellung entstehen können, war seit langer Zeit bekannt
(R. Reynolds[1] u. A.). Der Weg, auf welchem Charcot zur
experimentellen Begründung seiner Theorie gelangte, war folgender:
Er versetzte hysterische Personen in den hypnotischen Zustand
und weckte bei ihnen durch Ideenübertragung die Vorstellung, dass
eine Lähmung, eine Contractur, eine Anästhesie dieses oder jenes
Gliedes bestehe. Es gelang auf diese Weise Lähmungserscheinungen hervorzurufen, die den auf traumatischem Wege entstandenen
überaus verwandt waren, und somit schien die psychogene Natur
derselben gewissermassen ad oculos demonstrirt. Charcot ging
nun noch einen Schritt weiter und identificirte den durch das
Trauma geschaffenen psychischen Zustand mit dem hypnotischen und liess in diesem auf dem Wege der Autosuggestion
die Lähmungserscheinungen entstehen. Dieser Prüfstein wurde an
eine ganze Reihe von Krankheitserscheinungen gelegt und damit
der Experimentaluntersuchung ein neuer Weg geebnet. Die Lehre
von der „Névrose hystéro-traumatique" ist dann auf

---

[1] Remarks on paralysis and other disorders of motion and sensation
dependant on idea etc. Brit. med. Journ. No. 69.

diesem Wege von Charcot und seinen Schülern[1]) weiter ausgebildet worden.

Es ist eine Pflicht, darauf hinzuweisen, dass eine ganz ähnliche Auffassung bereits von Page[2]) erörtert worden war in einem Werke, das die durch Verletzungen bedingten Erkrankungen des Nervensystems an der Hand einer reichen Erfahrung behandelt. — Die Anschauung, dass der im Momente des Unfalls durch den Schreck geschaffene psychische Zustand dem hypnotischen entspricht, beansprucht natürlich nur den Werth einer Hypothese, gegen die auch von mehreren Seiten (Grasset[3]), Meynert[4])) gewichtiger Widerspruch erhoben worden ist.

Dass ein grosser Theil der Erscheinungen, welche wir bei den traumatischen Neurosen beobachten, verwandt ist mit den Symptomen der Hysterie, wird wohl von allen Seiten anerkannt. Daraus darf aber keineswegs gefolgert werden, dass die Begriffe: traumatische Neurose und Hysterie sich decken. Charcot erkannte schon bei der Analyse der von ihm beobachteten Fälle, dass einzelne Zeichen, z. B. der hartnäckige Kopfschmerz, nicht in den Rahmen der Hysterie hineinpassen, sondern der Neurasthenie zugerechnet werden müssen; er hat selbst, wie aus einem seiner Vorträge hervorgeht, wenigstens zeitweilig Bedenken getragen, die Lähmungserscheinungen vollständig mit den hysterischen zu identificiren (er sagte: „paralysies dynamiques, psychiques, fort analogues pour le moins aux paralysies hystériques"); in den neuesten Abhandlungen über diesen Gegenstand, die wir ihm selbst und seinen Schülern verdanken[5]), wird die traumatische Neurose als Hystéro-Neurasthénie, d. h. als eine Combination der Hysterie mit der Neurasthenie bezeichnet. Damit sind die Meinungsdifferenzen,

---

[1]) Berbez: Hystérie et traumatisme. Paris 1887. Thyssen: Contribution à l'étude de l'hystérie traumatique. Paris 1888 u. A.

[2]) Injuries of the spine and spinal cord and nervous shock. II. Edition. London 1885.

[3]) Leçons sur l'hystéro-traumatisme. Paris 1889.

[4]) Beitrag zum Verständniss der traumatischen Neurose. Wiener klin. Wochenschr. 1889. No. 24—26.

[5]) Leçons du Mardi 1888—89, Guinon: Les agents provocateurs de l'hystérie. Paris 1889. Gilles de la Tourette: Traité clinique et thérapeutique de l'hystérie. Paris 1891.

welche zwischen der Charcot'schen und Westphal'schen Schule
walteten, im Wesentlichen beseitigt. Nur gegen die Gleichstellung
dieser Neurose mit der Hysterie hatten wir Bedenken erhoben,
aber niemals von einer neuen, bisher nicht beschriebenen Krankheit gesprochen; es wäre deshalb jetzt, nachdem Charcot und
seine Schüler unserer Anschauung in diesem Punkte gerecht geworden, auch an der Zeit, den Kampf gegen „die traumatische
Neurose" ruhen zu lassen und nicht mehr den Ton anzuschlagen,
der noch aus der neuesten Abhandlung Gilles de la Tourette's
herausklingt.

Von den deutschen Autoren ist Moebius[1]) consequenter An-
hänger der älteren Charcot'schen Lehre, er will nur aus praktischen Gründen die Bezeichnung: traumatische Neurose beibehalten.
Strümpell, welcher diesem Gegenstand eine eingehende Besprechung[2]) gewidmet hat, unterscheidet eine allgemeine und eine
locale traumatische Neurose und rechnet nur die letztere zur Hysterie.
Ein von mir im Jahre 1887 im Verein für innere Medicin gege-
benes Referat[3]) hat, wie mir scheint, den gegenwärtig herrschenden
Standpunkt gekennzeichnet, der auch durch die neuesten Erörterungen über diesen Gegenstand nicht verrückt worden ist. Die
Anschauung, die ich in demselben entwickelte, lehrt, dass es
wenigstens in der Mehrzahl der Fälle die Elemente der Psychose
und Neurose sind, aus denen sich das Symptomenbild der „traumatischen Neurosen" zusammensetzt, also jener Krankheitszustände,
denen eine nachweisbare Veränderung im Centralnervensysteme
nicht zu Grunde liegt.

„Selten ist es eine reine Psychose, wie die Melancholie, die
Hypochondrie, die einfache Demenz etc., oder eine reine Neurose,
wie die Epilepsie, die Hysterie, die Neurasthenie etc., welche als
Folge der Verletzung in die Erscheinung tritt, meistens sind es
Mischformen und von dem gewöhnlichen Typus abweichende Krankheitsbilder." Heute, nachdem ein grosses Beobachtungsmaterial von
den verschiedensten Seiten zusammengetragen ist, darf man wohl

---

[1]) Münchener med. Wochenschr. 1890. No. 50.
[2]) Ueber die traumatischen Neurosen. Berl. Klinik. 1888.
[3]) Wie sind die Erkrankungen des Nervensystem aufzufassen etc. Berl.
klin. Wochenschr. 1888. No. 9.

einschränkend sagen, dass in der Mehrzahl der Fälle eine Combination von hysteriformen und neurasthenischen Erscheinungen beobachtet wird, dass sich mit diesen nicht selten andere Symptome und Symptomgruppen verbinden, die zwar aus dem Rahmen der Hysterie und Neurasthenie heraustreten, aber ebenfalls auf functionelle Störungen zurückgeführt werden können (Reflex-Epilepsie, Epilepsie, Psychosen), dass endlich eine geringe Anzahl von Fällen übrig bleibt, in denen neben den gewöhnlichen Zeichen der functionellen Neurosen Erscheinungen auftreten, die auf eine organische Erkrankung des Nervensystems hinweisen. — In diesem Sinne haben sich denn auch Löwenfeld[1]), Bruns[2]) und besonders Dubois[3]) ausgesprochen.

Selbstverständlich — und ist das auch niemals von mir bestritten worden — giebt es Fälle, die man ohne Bedenken als traumatische Hysterie[4]) oder traumatische Neurasthenie bezeichnen kann. Für die Mischformen jedoch, sowie für die unklaren und schwierig zu klassificirenden Fälle, deren Zahl immer noch eine beträchtliche ist, wird es gut sein, den Namen: traumatische Neurose beizubehalten.

[1]) Münchener med. Wochenschr. 1889. No. 38.

[2]) Neuere Arbeiten über die traumatischen Neurosen. Referat. Schmidt's Jahrbücher. CCXXX. 1891.

[3]) Correspondenzbl. f. Schweizer Aerzte. 1891. No. 17, 18, 19.

[4]) Hierher gehört z. B. die Mehrzahl der von Charcot im Beginn der Discussion (Neue Vorlesungen über die Krankheiten des Nervensystems. Deutsche Ausgabe von S. Freud. 1886) mitgetheilten Beobachtungen, in denen sogar meistens schon vor dem Unfall die Erscheinungen der Hysterie vorlagen.

II. Eigene Beobachtungen.

Beobachtung I.

Ursache: Eisenbahnunfall durch Entgleisung.

Symptome: Kopfschmerz, Schlaflosigkeit, Schwindel- und Ohnmachtsanfälle, Schmerzen in der linken Thorax- und Rückengegend. Starke concentrische Gesichtsfeldeinengung, Herabsetzung der centralen Sehschärfe und des Lichtsinnes, Störungen im Bereich der übrigen Sinnesfunctionen, Analgesie, die sich über die ganze Körperoberfläche erstreckt, nur die Fingerkuppen frei lässt und eine Zone in der unteren Rückengegend, innerhalb welcher Hyperaesthesie besteht. Gürtelgefühl. Sprachstörung. Allgemeine motorische Schwäche. Potenzverlust.

Verlauf: Besserung einzelner Symptome, Verschlimmerung des Gesammtleidens.

F. R., Zugführer, 41 Jahre alt, aufgenommen in die Nervenklinik am 21. November 1885, entlassen am 15. Februar 1886.

Anamnese: Der bis dahin gesunde, aus gesunder Familie stammende Mann erlitt am 6. Juni einen Eisenbahnunfall, indem der Zug, in dessen Packwagen er sich befand, entgleiste. Er kann sich nur entsinnen, dass die Wand des Wagens, in dem er sich befand, durch einen nachfolgenden eingedrückt wurde, dass er selbst zurückgeschleudert wurde — dann aber verlor er das Bewusstsein. Nach einigen Minuten gewann er die Besinnung wieder, empfand Schwindelgefühl, war aber im Stande, seinen Dienst bis zur Endstation, etwa $1\frac{1}{2}$ Stunde lang, zu versehen. Dann empfand er Schmerzen in der linken Thorax- und Rückengegend, Schwindel, Flimmern und Farbensehen. Auch Gedächtnissschwäche, Angst und Herzklopfen stellten sich ein.

Als er nach 10 Tagen wieder Dienst zu thun versuchte, wurde er während der Fahrt von einem so heftigen Schwindel ergriffen, dass er gehalten werden musste, dann verlor er auch für einige Minuten die Besinnung — und war nun nicht mehr im Stande, Dienst zu leisten.

Ueber vier Wochen lang hatte er, sowie er einen Gegenstand fixirte, starkes Flimmern vor beiden Augen, sowie Kopfschmerz.

In den unteren Extremitäten stellte sich ein taubes Gefühl zuerst bis zu den Knien, in den oberen bis zu den Ellenbogengelenken hin ein. Der Harn floss langsamer ab als früher und die Potenz erlosch gänzlich.

Die Sprache wurde langsamer, es fehlten ihm manchmal die Worte, auch merkte er, dass er beim Lesen den Sinn nicht recht verstehen konnte.

Seine Stimmung wurde eine gedrückte; er kam leicht ins Weinen, wurde reizbar.

Der Kopfschmerz wird besonders durch Erschütterungen, schrille Töne, andere Geräusche, sowie durch Schreck gesteigert; auch beim Husten, Pressen auf den Stuhl nimmt der Kopfschmerz zu.

Am 17. August 1885 liess sich Patient in die Universitäts-Augenklinik aufnehmen. Aus dem dort geführten Kranken-Journal ist folgendes zu entnehmen:

$$\text{Sehprüfung: Rechts II } \frac{1}{45} \; S = \frac{1}{2}$$

$$\text{Links } H \frac{1}{24} \; S = \frac{1}{2}$$

$$\text{Rechts mit } + \frac{1}{12} \; 0.8 \text{ langsam}$$

$$\text{Links mit } + \frac{1}{12} \; 0.75 \text{ langsam.}$$

Farben normal. Ophthalm. nichts.. Beiderseits starke concentrische Einengung des Gesichtsfeldes. Lichtsinn sehr herabgesetzt. Nach 20 Minuten Aufenthalt im Dunkeln wurden im Förster'schen Apparat die dicksten schwarzen Striche auf dem weissen Grunde anfangs bei 11 Theilstrichen, bei zweimaliger Wiederholung bei 14 Theilstr. erkannt.

Unter der in der Augenklinik eingeleiteten Behandlung tritt allmälig eine Besserung, namentlich eine Erweiterung des Gesichtsfeldes und eine Erhöhung der centralen Sehschärfe ein.

Patient klagt aber viel über Schwindel.

Am 9. November 1885 heisst es aber: Patient bringt ungefähr dieselben Beschwerden vor wie früher. Besonders betont er ein Druckgefühl im Kopf, das bei jeglichem Pressen stärker wird. An den Fingern hat er meistens ein taubes Gefühl, bald nur an einigen, bald an allen. Geschlechtliche Potenz soll seit der Contusion völlig aufgehoben sein. Er ist nur sehr langsam zu lesen im Stande, bei Tage geht es ³⁄₄ Stunden, Abends bei Lampenlicht nur kürzere Zeit.

$$\text{Rechts } S = \frac{1}{3}$$

$$\text{Links } S = \frac{1}{2}$$

Die einzelnen Buchstaben werden nur sehr langsam gelesen. G. F. ohne
deutliche Einengung. Lichtsinn sehr herabgesetzt.

Sensibilität am ganzen Körper beträchtlich abgestumpft. Patient
wird mit Galvanisation durch den Kopf behandelt.

Status bei der Aufnahme in die Nervenklinik am 21. November 1885:

Subjective Beschwerden: Kopfschmerz, besonders beim Husten,
Pressen, beim Hören von der Signalpfeife etc. Schlaflosigkeit, er fährt häufig
erschreckt aus dem Schlafe auf, als ob er tief in einen Abgrund hineinstürze etc.
Keine Abnahme der Intelligenz. An der Sprache des Patienten fällt nur das
auf, dass die Worte sehr langsam hervorgebracht werden; er spricht wie ein
Ausländer, der die Sprache zwar beherrscht, aber noch nicht geläufig sprechen
kann. Pupillen eng, Lichtreaction erhalten; es wird bemerkt, dass die Verengung schon bei mässiger Beleuchtung eine sehr lebhafte ist. Auch die Erweiterung auf sensible Reize ist eine sehr ausgiebige. Das Gesichtsfeld
zeigt noch eine geringe conc. Einengung. Bei der Geruchsprüfung wird
constatirt, dass die Empfindung entschieden verlangsamt eintritt; — Geruch
und Geschmack sind etwas abgestumpft, nicht aufgehoben. Auch die Hörschärfe ist besonders auf dem linken Ohr verringert.

Sensibilität: Während im Gesicht und auf der Kopfhaut die tactilen
Reize wahrgenommen werden, ist das Schmerzgefühl völlig aufgehoben,
auch auf der Nasen- und Lippenschleimhaut. Temperatursinn erhalten. Auch
in der vorderen und hinteren Rumpfgegend ist das Schmerzgefühl erloschen,
es findet sich hier aber ein Bezirk, in welchem Nadelstiche sehr lebhaft gefühlt werden, derselbe betrifft die Gegend der Lendenwirbelsäule und reicht
herab bis zur Glutaealgegend. Patient betont bei dieser Gelegenheit, dass er
in der Lendengegend gürtelförmig den Rumpf umgebende „lähmende
Schmerzen" empfinde und das Gefühl habe, als ob es hier wie abgeschnitten
sei. Das Schmerzgefühl ist an den oberen Extremitäten fast überall aufgehoben, nur an den Endphalangen der Finger werden Nadelstiche schmerzhaft
empfunden. Auch an den unteren Extremitäten besteht vollständige Analgesie. Die Cremaster- und Sohlenreflexe sind beiderseits aufgehoben. Keine
Störung des Lagegefühls und Temperatursinns. Motilität der oberen Extremitäten ist im Ganzen erhalten, doch werden die Bewegungen ungeläufig und
nicht mit voller Kraft ausgeführt. Keine Ataxie.

In den U. E. keine Steifigkeit; Kniephänomen und Achillessehnenphänomen sehr lebhaft. Active Bewegungen zeigen einen mässigen Grad motor.
Schwäche. Schwanken bei Augenschluss.

30. December. Klagt wieder stärker über Kopfdruck und erwähnt, dass
er beim Husten ein taubes Gefühl in der rechten Kopfhälfte empfinde.

Ferner hebt er hervor, dass die Hörfähigkeit jetzt auch auf dem rechten
Ohre immer mehr abnehme. Er höre alles, könne es aber nicht verstehen.
Alles, was vor dem R. Ohre gesprochen werde, erzeuge klingende Töne. Bei
der Untersuchung stellt sich heraus, dass auf dem R. Ohre nur laute Sprache
gehört wird.

Bei der Entlassung hat sich zwar die Sehstörung gebessert, die übrigen Beschwerden aber haben sich gesteigert.

Nachtrag[1]): Wird durch bahnärztliche Atteste noch als gänzlich erwerbsunfähig bezeichnet (nach im Jahre 1890 angestellten Recherchen).

Beobachtung II.

Ursache: Eisenbahnunfall durch Entgleisung. Stoss
gegen den Rücken.

Symptome: Schmerzen in der Rücken- und Lendengegend sowie in der linken Kopfhälfte. Flimmern vor
den Augen, Einengung des Gesichtsfeldes auf dem linken
Auge, Abnahme der Hörschärfe links. — Psychische
Anomalien: Verstimmung, Reizbarkeit, Alpdrücken und
Aufschrecken aus dem Schlaf. Sprachstörung. Eigenthümliche Gehstörung. Rückwärtsgehen besser als Vorwärtsschreiten. Allgemeine motorische Schwäche, erheblichere im linken Bein. Zittern. Schwanken bei
Augenschluss. Anaesthesie an der lateralen Fläche der
Oberschenkel.

Verlauf: Besserung.

G. P., Schaffner, 41 Jahre, aufgenommen den 24. November 1886, entlassen den 8. Februar 1887.

Anamnese: Ist seit dem Jahre 1870 als Bremser, seit 1874 als
Schaffner thätig. Im Jahre 1875 erlitt der Zug, auf dem er fuhr, einen Zusammenstoss — ohne Folgen für seine Gesundheit.

Am 8. Juli 1886 befand er sich als Schaffner auf einem Zuge, der entgleiste in dem Moment, als Patient sich niedersetzen wollte. Er wurde hin-
und hergeschleudert und so auf den Rücken geworfen, dass „ihm das Feuer
aus den Augen gesprungen" sei. Es war ihm vor Schreck so, als ob seine
Gedanken stille ständen. Er kam erst wieder zu sich, als Passagiere die Thür
öffneten. Er hatte zunächst einen lebhaften Schmerz in der Kreuzgegend.
Am Abend stellten sich Kopfschmerzen sowie Erbrechen ein, die Sprache
wurde ihm schwer, er musste sich lange auf die Worte besinnen. Er musste
5 Wochen das Bett hüten und wurde mit Eisblase (in der Gegend der Lendenwirbelsäule) behandelt. Die Schmerzen strahlten von der Hüft- und Kreuzgegend bis in die Fusssohlen aus.

Als er das Bett verliess, war er ganz taumlig und es bildete sich eine
noch jetzt bestehende Gehstörung aus. Der Schlaf war unruhig und durch
erschreckende Träume gestört.

---

[1]) In dem Nachtrag habe ich dasjenige verzeichnet, was ich über den
Verlauf der Erkrankung in den einzelnen Fällen seit dem Erscheinen der 1. Auflage in Erfahrung bringen konnte. Wie man sieht, konnte ich mich nicht in
allen Fällen über das weitere Schicksal der Patienten informiren, da sich die
im Jahre 1890 angestellten Recherchen nur auf die von mir begutachteten
Fälle bezogen.

Status. Gegenwärtige Beschwerden: Schwäche in den Beinen, Schmerzen im Kreuz, Summen in der linken Kopfhälfte, Schlaflosigkeit resp. Halbschlaf mit fortwährenden Träumen, in denen stets die Entgleisungsbegebenheit wiederkehrt, Reizbarkeit, Schreckhaftigkeit.

Der Kranke hat ein ängstlich-befangenes Wesen, ist aber im Stande, klare Auskunft über die Entwicklung seines Leidens zu geben. Er legt eine deprimirte Stimmung an den Tag. Die Sprache ist gestört: er spricht zögernd, wiederholt häufig ein Wort oder selbst mehrere, klebt dagegen an anderen fest. Die Störung soll in der ersten Zeit eine viel erheblichere gewesen sein.

Puls 80, regelmässig. Respiration nicht beschleunigt.

Pupillen von mittlerer Weite und guter Reaction.

Ophthalmoscopisch nichts Abnormes. Patient klagt über häufiges Flimmern besonders vor dem linken Auge. Das Gesichtsfeld des linken Auges ist in geringem Grade concentrisch eingeengt, deutlich jedoch nur für Farben. Die Hörfähigkeit ist auf dem linken Ohre etwas verringert.

Sensibilität im Gesicht und auf der Kopfhaut nicht beeinträchtigt. Geruch und Geschmack nicht gestört. Starker Foetor ex ore.

Die Bewegung der Arme nicht grob behindert, doch ist die entwickelte Kraft nicht ganz dem Muskelvolumen entsprechend. Der Arm zittert bei den Bewegungen.

Die Hauptbeschwerde verlegt Patient in die Kreuzbein- oder obere Lendengegend. Ein gelindes Bestreichen der Rückenhaut, das übrigens nicht schmerzhaft ist, hinterlässt eine intensive lange bestehende Röthung.

Während der Untersuchung trieft dem Patienten der Schweiss aus den Achselhöhlen.

Wenn er sich vom Stuhl aufrichtet, stützt er sich zunächst auf die Hände und hält den Rumpf fixirt, ebenso gerirt er sich bei anderen Körperbewegungen.

Der Gang ist durchaus eigenthümlich und keiner der bekannten pathologischen Gangarten entsprechend. Er macht ganz kleine Schritte, fixirt Knie- und Fussgelenke vollkommen und setzt den Fuss mit der ganzen Sohle brüsk auf. Der Oberkörper neigt sich dabei nach der Seite des aufgesetzten Beins und die Arme balanciren stark. Ganz eigenartig ist es nun, dass er weit besser rückwärts schreiten kann. Es stellt sich aber heraus, dass die Flexion im Hüftgelenk durch eine leichte Contractur beschränkt und schmerzhaft ist.

In der Rückenlage sind die passiven Bewegungen in den Gelenken der unteren Extremitäten frei bis auf die Beugung im Hüftgelenk, die durch eine Muskelanspannung gehemmt und schmerzhaft ist. Die activen Bewegungen werden im Ganzen mit geringer Kraft ausgeführt, deren Maass in jedem Moment wechselt. Es ist deshalb schwierig, ein richtiges Urtheil über dieselbe zu gewinnen. Im rechten Bein entwickelt er entschieden mehr Kraft als im linken. Bei diesen Bewegungsversuchen stützt er sich mit den Händen auf den Bettrand. Die Bewegungen der Beine werden unter Zittern ausgeführt. Die Prüfung der Sensibilität lehrt nun, dass die Aussenflächen der unteren Extremitäten ein anderes Verhalten zeigen als die inneren. Besonders ausgesprochen ist die Anaesthesie und namentlich die Analgesie an den Aussenflächen der Oberschenkel in symmetrischer Weise, während das Gefühl an der lateralen Fläche der Unterschenkel zwar auch verringert ist, aber nicht in dem Maasse und mit etwas wechselndem Resultat zu verschiedenen Zeiten der Prüfung. An der Innenfläche der Oberschenkel ist das Gefühl völlig erhalten. Wärme und Kälte wird nur hier unterschieden, während die Perception für Temperaturreize an allen anderen Stellen der unteren Extremitäten aufgehoben ist.

Keine Blasenstörung. Keine Abnahme der Potenz. Bei Augenschluss starkes Schwanken.

Therapie: Warme Bäder.

7. December. Der Kranke giebt an, dass er während des Badens einen Schmerz an der Hinterfläche des rechten Oberschenkels und in der Sohle empfunden habe und seit dem Moment das Bein besser bewegen könne. Er hat die Empfindung, als ob ihm Eis an der Hinterfläche des Oberschenkels herabgleite.

Nach Angabe der Mitpatienten und des Wartepersonals leidet Patient Nachts an „Alpdrücken“. Er wälzt sich im Bett, stöhnt oder schreit selbst laut auf, so dass es sehr störend für seine Umgebung wird. Er selbst führt zur Erklärung seine Träume an, die sich immer auf Unfälle beziehen.

Die Bewegungsfähigkeit des rechten Beins wird noch weiter gebessert, während das linke von der Unterlage nur etwa $\frac{1}{2}$ Fuss erhoben wird und dabei in starkes Zittern geräth. Patient strengt sich dabei sehr an und hat nach dem Versuch eine Pulsfrequenz von 132.

In einem scheinbaren Gegensatz dazu steht die Thatsache, dass wenn man passiv das Bein in eine stärkere Flexionsstellung bringt, er im Stande ist, dasselbe einige Secunden erhoben zu halten.

Die Sensibilitätsstörung bildet sich unter electrischer Behandlung (faradischer Pinsel) soweit zurück, dass nur noch an der Aussenfläche des Oberschenkels ein umschriebenes Gebiet bleibt, an welchem Nadelstiche nicht so schmerzhaft wahrgenommen werden als an anderen Stellen.

Nachdem die Besserung soweit vorgeschritten, wird Patient auf eigenen Wunsch entlassen.

Beobachtung III.

Ursache: Eisenbahnunfall, Quetschung zwischen zwei Zügen.

Symptome: Schmerzen in der Rücken- und Kreuzgegend mit bestimmt localisirter Druckempfindlichkeit. Fixation der Wirbelsäule bei allen Bewegungen. Beträchtliche Gehstörung. Harnbeschwerden. Bei Aufregungen und besonders bei Bewegungen Zittern, das sich über den ganzen Körper verbreitet. Beschleunigung

der Pulsfrequenz und grosse Irritabilität des Herznervensystems. — Psychische Anomalien: Verstimmung.
Verlauf: Keine Besserung.

A. H., Wagenmeister, 45 Jahre alt, aufgenommen den 21. Januar 1888,
entlassen den 29. Februar 1888.

Anamnese: Hat in früheren Jahren Brustcatarrh, Typhus etc. durchgemacht, war aber dann wieder ganz gesund. Trinkt täglich für circa 10 Pf.
Schnaps.

Am 9. März 1887 war er an einem Güterzug mit dem Nachsehen der
Räder beschäftigt, als er von einem auf dem benachbarten Geleise vorüber-
fahrenden Schnellzug erfasst und so zwischen den beiden Zügen mehrmals hin- und hergeschleudert wurde. Er verlor das Bewusstsein. Als
er wieder zu sich kam, lag er mit dem Gesicht im Sande; die Kleider waren
am ganzen Leibe zerfetzt und der linke Arm blutete stark. Auf seinen Hammerstiel gestützt, schleppte er sich nach dem 2—300 Schritte entfernten Bahnhof
und wurde dort mit einem Nothverbande versehen, später wurde die Wunde
vernäht, kam aber erst nach 11 Wochen zur Heilung.

Gleich nach dem Unfalle klagte er über heftige Schmerzen in der
rechten Körperhälfte, die ihn sogar beim Sprechen gehindert haben sollen.
Als er sich besser fühlte, versuchte er das Bett zu verlassen, knickte aber bei
den ersten Schritten um und empfand lebhafte Schmerzen an einer bestimmten
Stelle im Kreuz. Diese Stelle soll auch gegen Druck überaus empfindlich gewesen sein. Einreibungen, Schröpfköpfe etc. ohne Erfolg. Er wurde dem
Krankenhause in M. überwiesen und von dort nach 4 Wochen unter dem Verdacht der Simulation entlassen.

In der Folgezeit blieben die Beschwerden dieselben. Er hatte namentlich über Schmerzen im Rücken zu klagen, die bei jeder Körperbewegung bestanden, beim Gehen aber sich so verstärkten, dass er nur mit Hülfe von zwei
Krücken vorwärts kommen konnte. Kopfschmerz, Schlaflosigkeit, Appetit-
mangel, Zittern der Hände, Kriebeln in den Füssen werden ferner hervorgehoben. Ausserdem ist er sehr weichmüthig geworden, kommt leicht ins Weinen.
Zeitweise soll Incontinentia alvi bestehen.

Status: Stark geröthetes Gesicht. Reichlicher Panniculus adiposus.
Keine Vergrösserung des Herzens. Herztöne etwas schwach, aber rein.

Leberdämpfung klein.

Milz vielleicht etwas vergrössert. Kein Ascites. Kein Oedem.

Die linke Pupille ist fast doppelt so weit als die rechte; Reaction auf
Lichteinfall prompt. Augenbewegungen unbehindert. Im Bereich des Facialis
und Hypoglossus keine Lähmungserscheinungen.

Im Gesicht und auf der Kopfhaut keine Sensibilitätsanomalie.

Sinnesfunctionen, abgesehen von einer aus früheren Jahren datirenden
Hörschwäche, nicht beeinträchtigt.

Am linken Vorderarm eine circa 6 Ctm. lange, 4 Ctm. breite von der Verletzung herrührende Narbe.

Patient hält fortdauernd die Rückenlage inne und unterstützt sich bei jeder Lageveränderung mit den Händen, indem er jede Bewegung in der Wirbelsäule vermeidet. Wenn er sich aus der liegenden Stellung in die sitzende bringen soll, so geschieht das sehr langsam mit Hülfe der Hände, das Gesicht röthet sich, die Schleimhäute färben sich cyanotisch, die Athmung wird dyspnoisch und der Puls erreicht eine Frequenz von 152. In den Händen macht sich hierbei ein starkes Zittern geltend. Nachdem Patient eine Weile aufrecht gesessen, ergreift das Zittern den ganzen Körper und die Respiration wird sehr beschleunigt.

Druck auf die Dornfortsätze der Lendenwirbel wird als schmerzhaft bezeichnet und erzeugt stets heftige Schmerzensäusserungen. Die Haut und Muskulatur in dieser Gegend ist nicht abnorm empfindlich.

Die von den oberen Extremitäten geleistete Kraft steht etwas hinter der Norm zurück; die Bewegungen sind von starkem, schnellschlägigem Zittern begleitet.

Die Haut der Füsse fühlt sich sehr kühl an.

Gelenke der unteren Extremitäten schlaff. Kniephänomen erhalten. Kein paradoxes Phänomen. Die activen Bewegungen der unteren Extremitäten werden nicht in voller Ausdehnung ausgeführt, namentlich gilt dies für die in den Hüftgelenken, Patient stöhnt dabei und klagt über Schmerzen in der Gegend der Lendenwirbelsäule.

Die Sensibilität ist an den Beinen erhalten. Die Sohlenreflexe selbst auf Nadelstiche sehr unvollkommen.

Erschwerung der Harnentleerung, er muss beim Uriniren pressen.

Pulsfrequenz, nachdem Patient eine Weile ruhig im Bett gelegen, 140.

Der Gang ist eigenthümlich. Er hält den Rumpf dabei sehr stark nach vorn geneigt, stützt sich auf zwei Stöcke, resp. zwei Krücken und bewegt sich sehr langsam vorwärts, der ganze Körper geräth mehr und mehr ins Zittern, an welchem Rumpf und Extremitäten in gleicher Weise theilnehmen, die Respiration wird dyspnoisch, die Pulsfrequenz steigt auf 168. Ophthalmoskopisch nichts Abnormes.

Durch Antipyrininjectionen keine Erleichterung der Schmerzen. Auch Natr. bromat. schafft kaum Erfolg, ebensowenig electrische und hydropathische Behandlung.

Nachtrag: Verschlimmerung des Zustandes nach ärztlichem Bericht des Dr. Wichmann[1])-Braunschweig.

Beobachtung IV.

Ursache: Eisenbahnunfall durch Entgleisung. Stoss gegen Kopf und Kreuz, grosse psychische Erregung.

Symptome: Psychische Anomalien, vor allem Hypochondrie und grosse Reizbarkeit. Eigenthümliche Sprachstörung. Zittern. Unfähigkeit zu schreiben in

---

[1]) Berl. klin. Wochenschr. 1889. No. 26.

Folge des Zitterns. Hyperaesthesie der Rückenhaut und Empfindlichkeit der Dornfortsätze. Beschleunigung der Pulsfrequenz. Pseudospastische Gehstörung. Analgesie der Kopfhaut. Concentrische Einengung des Gesichtsfeldes für Farben.

Verlauf: Chronisch, geringe Remissionen, keine Heilung.

R. K., Eisenbahn-Betriebssecretair, 38 Jahre alt, aufgenommen den 2. Mai 1888, entlassen den 9. Mai 1888.

Anamnese: Patient, dessen Eltern im hohen Alter leben und in dessen Familie Nervenkrankheiten nicht vorgekommen sind, will stets gesund gewesen sein bis zum 19. März 1884. An diesem Tage verunglückte er bei einem Eisenbahnunfall. Er giebt über die Entwicklung seiner Krankheit einen Bericht, der es verdient, in gekürzter Form hier mitgetheilt zu werden:

„Am 19. März 1884 verunglückte bei R. der von B. fahrende Schnellzug. Die Maschine und mehrere Wagen wurden beschädigt, das Geleise auf etwa 80 Schritte demolirt.

Ich stand in einem Coupé zweiter Classe in der Nähe des linken Fensters. Plötzlich hörte ich ein lautes Zusammenschlagen der Puffer und erhielt in demselben Augenblick einen starken Stoss, so dass ich mich rückwärts überschlug und gegen die harten hölzernen Mitteltheile der vorderen Wagenwand mit Kopf und Kreuz aufstiess. Gleich darauf hörte ich ein lautes Krachen und mir schwand die Besinnung. Soweit meine Erinnerung reicht, raffte ich mich dann vom Boden auf, konnte aber, da die Bewegung und das Krachen noch andauerten und starke Erschütterungen des Wagens verursachten, zunächst nicht auf die Beine kommen. Ich empfand dumpfe Schmerzen im Hinterkopf und Rücken, glühend heiss und gleich darauf eiskalt rieselte es mir durch den Körper und der Hals war mir zugeschnürt, dabei hatte ich ein starkes Angstgefühl und glaubte nicht anders, als dass der Zug mit einem entgegenkommenden zusammengestossen sei, und dass jeden Augenblick der Wagen umgeworfen oder zertrümmert werden möchte. Als die Bewegung aufgehört hatte, wollte ich von innen das Coupé öffnen, meine Hände waren aber plötzlich kraftlos geworden. Ein Anderer öffnete auf mein Bitten, ich kletterte hinaus, nach einigen Schritten kam ich ins Schwanken, alles drehte sich um mich herum und ich musste wieder einsteigen. Zu Hause angekommen empfand ich starken Frost, Brechneigung, legte mich ins Bett, konnte aber weder Tag noch Nacht Ruhe finden. Grosse Aufregung, Erbrechen, Athemnoth stellte sich ein, die Hände krampften sich zusammen, die Beine wurden bis zu den Knieen taub und gummiartig weich, das Gehen war ohne Stütze unmöglich. Ich trat in Behandlung des Dr. W., welcher Blutentziehung, Eisumschläge, Jod etc. anwandte. Nach vier Wochen that ich wieder täglich 1—3 Stunden Bureaudienste. Aber das taube Gefühl in den Beinen („sie waren wie morsche Baumstümpfe, in denen Würmer umherkrabbeln") bestand fort, daneben Kopfdruck, Athemnoth, ununterbrochenes Zittern. Dann Mitte Mai ein Zustand von Stillestehen

aller Functionen. Furchtbare Angst und Athemnoth. Wiederum Blutentziehung. Im Kreuz fühlte ich mich besonders schwach, wie durchgebrochen.
Ich konnte nicht einmal eine Hausthür öffnen.

Ich wurde 6 Wochen bettlägerig, erhielt Eis, Jod und innerlich Jod-
kalium. Später electrische Behandlung ohne Erfolg. 1885—1887 Badekuren
mit vorübergehendem Erfolg.

1885 hatte ich sechs Wochen hindurch ganz beschleunigten
Puls ohne Fieber. Besserung in Oeynhausen. Aber Hände und Finger blieben
schwach, und ich musste mit der Faust zu schreiben erlernen.

Gegenwärtig empfinde ich besonders Schwäche des rechten Armes,
so dass mir beispielsweise beim Essen das Messer aus der Hand fällt. Beim
Gehen und Stehen ein Schwanken, als ob der Boden weicht. Auch schwan
ken alle Gegenstände vor den Augen. Schmerzen und Empfindlichkeit im
Rücken so stark, dass jedes Geräusch, selbst ein hartes Wort mir zur Pein
wird; ein Wagen auf dem Strassenpflaster verursacht im Vorbeifahren mir
Schmerzen in den Augen. Es ist gerade, als ob ich mit dem Rücken
höre. Die Augen sind gegen helles Licht sehr empfindlich."

Status: Alle Aeusserungen des Patienten tragen das Gepräge hypochondrischer Seelenstörung. Er ist ferner sehr misstrauisch, empfindlich
und quärulirt gegen seine Vorgesetzten.

Guter Ernährungszustand.

Während Pat. vor dem Arzt sitzt, beobachtet man ein fortwährendes
nahezu rhythmisches Zittern des Kopfes.

Pulsfrequenz gegenwärtig 100 (am Cor nichts Abnormes).

Die Sprache ist in der Weise gestört, dass einzelne Worte ziemlich geläufig hervorkommen, andere schleppend und mit unregelmässigem Ausein-
anderzerren der Sylben.

Im weiteren Verlauf ergreift das Zittern auch den Rumpf und die oberen
Extremitäten. Patient sitzt mit gespreizten Beinen, den Rücken fest an die
Stuhllehne andrückend.

Bei dem Bericht über die Entwicklung seiner Krankheit füllen sich seine
Augen mit Thränen.

Pupillen gleich und mittelweit und von guter Reaction. Die Bewegungen
der Bulbi erfolgen etwas mühsam, aber doch ohne pathologischen Defect.

Patient fährt zuweilen am ganzen Körper zusammen, wie Jemand, der
plötzlich erschreckt wird

Die Musculatur der Extremitäten ist kräftig entwickelt.

Sehr steigert sich der Tremor, wenn Patient die Hände ausstreckt, besonders in der rechten, es ist ein ziemlich schnellschlägiges Zittern,
das die ganze Hand, nicht die einzelnen Finger betrifft, es kommen etwa
sechs Zitterbewegungen auf die Secunde, dieser Tremor giebt ein grosses
Hinderniss ab für das Schreiben. Die Schrift ist eine ächte Zitterschrift.
Merkwürdig ist, dass, wenn Patient gelegentlich einmal die Hand ausstreckt,
z. B. in der Unterhaltung, das Zittern nicht eintritt. Der Händedruck ist im
ersten Moment schwach, Patient kann ihn aber ziemlich anschwellen lassen,

wenn er dazu gedrängt wird.   Im Uebrigen sind die Bewegungen der oberen
Extremitäten nicht behindert.

Die Besichtigung und Betastung der Wirbelsäule ergiebt nichts
Pathologisches. Wenn die Hand des Untersuchenden ganz leicht über die
Rückenhaut entsprechend den Dornfortsätzen hinwegstreicht, so zuckt Patient
lebhaft zusammen, wie Jemand, der einen heftigen Schmerz empfindet und
zeigt nachher eine Pulsfrequenz von 120 (vorher circa 90). Noch empfindlicher ist der Druck auf die Dornfortsätze selbst; besonders auf die des VI.
und VII. Halswirbels, der unteren Brust- und der Lendenwirbel.

Pat. sucht bei Bewegungen, besonders beim Sichniedersetzen und Aufrichten, die Wirbelsäule vor jeder Erschütterung zu schützen und stützt sich
vorsichtig mit den Händen auf.

Sein Gang ist höchst eigenthümlich, und man möchte sagen künstlich; er setzt die Beine weit auseinander, schiebt das eine in auswärtsrotirter
Stellung vor. aber nicht wie der Spasticus mit der Spitze klebend, sondern
es mit der ganzen Sohle auf dem Boden fortschiebend, dann wird
durch eine Drehung des Beckens der Rumpf etwas nach vorn gebracht, und
darauf das andere Bein ebenso vorwärts geschoben, er sucht also den Boden
überhaupt nicht zu verlassen.

Manchmal wird auch das active Bein in zwei Absätzen vorwärts geschoben.

In den unteren Extremitäten sind die passiven Bewegungen vollständig frei, die Sehnenphänomene von gewöhnlicher Stärke. Die activen
Bewegungen (in der Rückenlage) zwar erhalten, werden aber im Hüftgelenk
nicht in voller Ausdehnung ausgeführt. Die Kraft, die der Kranke im ersten
Moment leistet, ist eine geringe; wenn er sich anstrengt, schwillt sie an, es
geräth dann aber das Bein und der ganze Körper in's Zittern, der Puls hebt
sich auf 120 p. M. Pat. stöhnt, das Gesicht röthet sich, man gewinnt den
Eindruck, dass er auch die Antagonisten abnorm stark anspannt und dadurch selbst eine Hemmung für die Vollendung der Bewegungen schafft.

Sensibilität: Obgleich der Pat. alle Reize im Gesicht und auf der
Kopfhaut wahrnimmt, constatirt man doch. dass das Schmerzgefühl an
der Kopfhaut erloschen, im Gesicht stark herabgesetzt ist; nur in der Umgebung der Augen und der Mundöffnung werden Nadelstiche schmerzhaft empfunden. Auf der Mundschleimhaut selbst sind Nadelstiche nicht schmerzhaft.

Gegen Licht ist Pat. sehr empfindlich, wird leicht geblendet.

Das Gesichtsfeld für Weiss normal, für Farben im hohen Maasse concentrisch eingeengt.

Geruch, Geschmack und Gehör jedenfalls nicht wesentlich alterirt.

An den Extremitäten keine grosse Sensibilitätsstörung. Hautreflexe erhalten.

Bei Augenschluss kein wesentliches Schwanken, nur nimmt das Zittern
beträchtlich zu.

In der Nacht vom 4. zum 5. verlangte Pat. dringend den Arzt, weil er
giftige Medicin (es war Bromkalium) erhalten zu haben glaubte.

Er hielt sich nur wenige Tage zum Zwecke der Begutachtung in der Anstalt auf.

Nachtrag: Ist nach einem Gutachten des Medicinalbeamten, welches sich dem meinigen in allen Punkten anschliesst, noch gänzlich erwerbsunfähig.

Beobachtung V.

Ursache: Eisenbahnunfall durch Zusammenstoss.
Symptome: Schmerzen in der Rücken- und Brustgegend, sowie im Hinterkopf. Druckempfindlichkeit der Dornfortsätze. Verstimmung, Angstzustände und Reizbarkeit. Myosis und Lichtstarre der linken Pupille. Fixe Haltung des Rumpfes bei Bewegungen; Erschwerung des Ganges. Zittern. Steigerung der Sehnenphänomene, Abschwächung der Hautreflexe. Häufiger Urindrang mit Entleerung geringer Mengen. Anaesthesie der linken Körperhälfte mit unregelmässiger Verbreitung auf die rechte. Beträchtliche concentrische Gesichtsfeldeinengung. Herabsetzung der centralen Sehschärfe, Achromatopsie. Störungen im Bereich der übrigen Sinnesorgane.
Verlauf: Chronisch-progressiv.

W. D., seit 1864 Zugführer. Hereditär nicht belastet. Gesund bis zum 6. Februar 1883. An diesem Tage stiess der vom Pat. geleitete Zug auf ein beladenes Fuhrwerk, letzteres wurde zerschellt. Pat., der gerade im Coupé steht, wird nach hinten geschleudert und gegen den Wagensitz geworfen. Im ersten Moment ist er unbesinnlich, empfindet dann bald starke Schmerzen im Rücken und in der Brust, sowie im Hinterkopf. Während der Weiterfahrt stellt sich ein taubes Gefühl in Händen und Füssen, sowie ein Summen und Kribbeln in denselben ein. In den nächsten Tagen Schwäche und Steifheit in den Beinen, besonders in den Unterschenkeln, der Gang wird schwierig.

Häufiger Drang zum Uriniren und Obstipatio alvi. Die Kopfschmerzen werden sehr heftig, zuweilen tritt Schwindelgefühl hinzu.

Ein stechendes Gefühl zieht sich die ganze Wirbelsäule herab bis in die Zehen, „als ob an einer Strippe zwischen Kopf und Kreuz gezogen würde". Patient klagt bei seiner Aufnahme in die Nervenklinik (März 1883) ausserdem über Herzklopfen und Ohrensausen; ferner habe Gesicht, Gehör. Geruch, Geschmack gelitten. Er sei schreckhaft, ängstlich und nervös geworden. Der Schlaf sei schlecht und die Gedanken gingen ihm aus.

Die objective Untersuchung ergiebt Folgendes:

Psyche: Patient ist dauernd psychisch deprimirt, sehr reizbar, ängstlich und schreckbar, zeigt keine gröbere Intelligenzstörung.

Die Pupillen sind beide eng, die linke reagirt nicht auf Lichteinfall.

Motilität. Der Gang ist mühsam, schleppend, steifbeinig. Nach ein paar Schritten ist Patient ermüdet.

Die Wirbelsäule ist vom 8. Brustwirbel ab auf Druck sehr empfindlich. Alle Bewegungen des Rumpfes und der Extremitäten werden träge, vorsichtig und in geringen Excursionen ausgeführt; angeblich erzeugen sie lebhafte Schmerzen in der Wirbelsäule — Patient zuckt zusammen und schreit auf. Bei dem Versuch, passive Bewegungen in den Gelenken auszuführen, stösst man auf Muskelwiderstände. Die Sehnenphänomene sind gesteigert. Die Hautreflexe beträchtlich abgeschwächt, selbst tiefe Nadelstiche in die Fusssohle erzeugen keine Reflexbewegung.

Häufiger Urindrang mit jedesmaliger Entleerung geringer Mengen. Stuhlverstopfung. Tremor manuum.

Sensibilität: Auf der ganzen linken Körperhälfte ist die Sensibilität in allen Qualitäten beträchtlich abgestumpft. (Nur in der oberen Brustgegend werden schon leichte Berührungen als sehr schmerzhaft empfunden.) Die Anästhesie erstreckt sich am behaarten Kopf auch auf die rechte Hälfte, ebenso nimmt das rechte Bein an der Sensibilitätsstörung Theil. Muskelgefühl an den beiden unteren Extremitäten herabgesetzt.

In den nächsten Monaten Zunahme aller subjectiven Beschwerden. Auch erscheint der Gang schlechter; ganz gebückte Haltung.

Patient ist äusserst reizbar, geräth in Conflict mit seiner Umgebung schon bei den geringsten Anlässen.

Heftiger Hinterkopfdruck, Schmerzen, die bis in die Ohren ausstrahlen.

Schwarzwerden vor den Augen. Patient schreckt schon bei leichten Geräuschen zusammen.

L. Pupille stecknadelkopfgross, R. weiter. Die Lichtreaction fehlt L. völlig, ist R. träge.

Januar 1884. Steigerung der subjectiven Beschwerden: dauernde Kopfschmerzen, Angst und Unruhe, Reiz- und Schreckbarkeit. Schleier vor den Augen. Klagt, dass Seh- und Hörkraft erheblich gelitten, dass der Geschmack völlig fehle.

Die Untersuchung ergiebt: Doppelseitige conc. G. F. E. auf 5—10⁰ mit Ermüdung.

Beiderseits Achromatopsie für alle Farben, ausgenommen Blau. Sehschärfe ¹⁄₃—¹⁄₆; durch Gläser nicht zu verbessern. Geruch und Geschmack völlig erloschen.

Uhr und Flüsterstimme wird R. gar nicht wahrgenommen, Flüsterstimme L. in 4 Fuss.

Stimmgabel (Pariser A) vor den Ohren gehört; Leitung durch den Schädel beiderseits aufgehoben.

Totale Anästhesie der Mundschleimhaut (Zunge, Pharynx, Gaumen, Kehldeckel). Anästhesie der linken Körperhälfte mit unregelmässiger Verbreitung auf die rechte.

In den folgenden Monaten verändert sich der Zustand nur insofern, als die Motilitätsstörungen zunehmen.

Nachtrag: Der Zustand des Kranken hat sich verschlimmert.

Beobachtung VI.

Ursache: Eisenbahnunfall durch Entgleisung.
Symptome: Verstimmung, Angst, Schreckhaftigkeit, Schmerzen im Kopf und im Rücken. Concentr. G. F. E. und Herabsetzung der centralen Sehschärfe. Abnahme des Gehörs, Geruchs und Geschmacks beiderseits. Anästhesie über die ganze Körperoberfläche mit Ausnahme kleiner, scharf umgrenzter Bezirke. Zittern. Gehstörung.
Verlauf: In der Anstalt keine Besserung. Später, nach Ordnung der Entschädigungsangelegenheit etc., erhebliche Besserung.

A. P., 52 Jahre alt, Schaffner.

(Dieser Patient ist von Herrn Geheimrath Prof. Dr. Westphal in der Sitzung der Gesellschaft für Psychiatrie und Nervenkrankheiten vom 11. Mai 1885 vorgestellt und beschrieben worden.)

Anamnese: Patient will bis zu dem Ausbruch seines jetzigen Leidens stets gesund gewesen sein, bis auf einen „Starrkrampf", den er im Jahre 1861 überstanden hat. Er sei damals ohne besonderen Anlass plötzlich umgefallen und habe sich 24 Stunden lang nicht bewegen können; das Bewusstsein war dabei nicht ganz erloschen, denn er hörte, was gesprochen wurde, merkte auch, dass man ihm Medicin einflösste. Am anderen Tage kam die Beweglichkeit wieder und nach ein paar Tagen war er wieder gesund wie vorher.

Sein Befinden war dann stets ein ungestörtes, bis er am 14. Januar 1885 einen Eisenbahnunfall erlitt. Er befand sich damals in Gemeinschaft mit dem Zugführer im Packwagen des verunglückten Güterzuges, als er plötzlich einen heftigen Stoss verspürte. Gleich darauf erfolgte ein zweiter gewaltiger Stoss, welcher die beiden Insassen von den Sitzen schleuderte, mit solcher Wucht, dass Patient bewusstlos wurde. Beim Erwachen — ca. 5—7 Minuten später, merkte er, dass Personen ihn aus den Trümmern seines Wagens zu befreien suchten. Es hatte eine Entgleisung der Locomotive stattgefunden, welche sich quer über das Geleise in den Boden festkeilte; der nachfolgende Zug, 44 Wagen stark, drängte heran, der Packwagen gerieth unter einen der nachfolgenden Güterwagen etc. Der mit dem Patienten in dem Wagen befindliche Zugführer wurde getödtet, Patient selbst hatte keine äussere Verletzung, war auch zunächst schmerzfrei, war aber „furchtbar aufgeregt, und phantasirte, dass er fahre, und dass das Unglück sich gleich wiederhole". Aus dem Schlaf fuhr er erschreckt empor, immer von derselben Empfindung gepeinigt. Am dritten Tage stellten sich heftige Schmerzen im Kopf und im Rücken ein, in den Extremitäten hatte er ein kribbelndes Gefühl, sie schliefen häufig ein, dazu kam Taubheitsgefühl und Parästhesien verschiedener Art. Gleichzeitig entwickelte sich Schwäche in den Beinen, die an Intensität wechselte, sowie Zittern bei Bewegungen und psychischer Erregung.

Angst und innere Unruhe befielen ihn häufig, bald spontan, bald durch Sinnestäuschungen geweckt. Er wurde sehr schreckbar, so dass er bei leichten Geräuschen auffuhr, namentlich fasste ihn der Schreck, wenn er eine Locomotive pfeifen hörte.

Die Beschwerden haben sich im Laufe der Zeit allmälig gesteigert, so dass Patient am 17. Februar die Charité aufsuchte.

Er hat nach seinen Angaben oft für 20—30 Pfennige Schnaps pro die getrunken, doch nicht regelmässig, je nach der Freigebigkeit der Passagiere, irgend welche unangenehme Folgezustände hat er jedoch nie beobachtet.

Status: Patient sitzt gewöhnlich still auf einem Fleck, theilnahmlos vor sich hinstarrend; ist aber, wenn er angeredet wird, der Unterhaltung zugänglich. Gesichtsausdruck deprimirt. Die sich auf die Entwickelung seines Leidens und seine gegenwärtigen Beschwerden beziehenden Fragen beantwortet er exact und ohne dass Widersprüche unterlaufen, doch bringt er zuweilen Klagen vor, die in der Art der Darstellung ein hypochondrisches Gepräge tragen.

Beim Perimetriren benimmt er sich ängstlich, unruhig, es tritt ein starkes Zittern der Extremitäten auf.

Die Prüfung des excentrischen Sehens, die zu verschiedenen Zeiten wiederholt wird, ergiebt eine concentrische Einengung von nahezu constantem Werthe (aussen 35°, innen 25° für Weiss, entsprechend für Farben), nur die Ausdehnung der Farbenfelder schwankt in mässigen Grenzen (z. B. Roth am 24. März aussen 25°, am 7. April circa 10°). Gelegentlich der Untersuchung macht Patient bezüglich seiner Sehkraft die Angabe, dass er Zeitung zu lesen nicht im Stande sei; sobald er damit beginnt, schwimmt und tanzt es vor seinen Augen und sie füllen sich mit Thränen.

S. = beiderseits etwa $^2/_3$.

Geruchsvermögen beiderseits herabgesetzt. Dasselbe gilt für die Schmeckfähigkeit, so dass weder Chinin noch Acid. aceticum eine mimische Geschmacksreaction erzeugen.

Was das Gehör angeht, so versteht Patient gut, wenn man in der gewöhnlichen Unterhaltungsstimme zu ihm spricht; für Flüstersprache jedoch ist die Hörschärfe nicht unerheblich vermindert, und zwar links stärker als rechts. Knochenleitung für den Ton der Stimmgabel erhalten.

Was nun die Sensibilität der Haut und Schleimhäute anlangt, so wurde zunächst bei einer von Herrn Geheimrath Westphal vorgenommenen Untersuchung Folgendes festgestellt: Eine über die ganze Hautoberfläche verbreitete Unempfindlichkeit für Schmerz bei Nadelstichen mit Ausnahme einiger circumscripter Stellen, z. B. in der Mitte der Volarfläche des linken Vorderarms und einer kleinen Stelle an der Innenseite des rechten Oberschenkels, namentlich auffallend ist die gut bewahrte Sensibilität des Scrotum und Penis. Gesicht und Schleimhäute nehmen an der Störung Theil, Stechen wird als Berührung gefühlt, Berührung der Corneae wird gar nicht wahrgenommen, der Reflex ist aber erhalten, wenn auch schwächer als normal.

Eine ausführlichere Sensibilitätsprüfung führt zu eigenthümlichen Resultaten, die man etwa in folgender Beschreibung kurz zusammenfassen kann:

Normale Aesthesie besitzen die Lippen, die Nasenöffnung, die den unteren Theil des Brustbeins bedeckenden Hautpartien, Penis und Scrotum, eine etwa dem Dornfortsatz des 9. und 10. Brustwirbels entsprechende Stelle in der Mittellinie des Rückens und von da etwas nach links hinüberreichend, zwei circumscripte, symmetrisch gelegene Stellen an der Volarfläche der Unterarme und an der Innenfläche der Oberschenkel — die ganze übrige Körperoberfläche ist anästhetisch, insofern als Berührungen und Druck überhaupt nicht, Nadelstiche nicht als schmerzhaft, warm und kalt nicht wahrgenommen werden. Dieses Verhalten ist ein constantes.

Auch das sogenannte Muskelgefühl ist gestört: Bei offenen Augen fasst Patient, wenn er den Finger zur Nase führen soll, richtig und ohne Ataxie zu, bleibt aber vor der Nasenspitze ein Weilchen halten, gleichsam als müsse er sich erst besinnen. Mit geschlossenen Augen nimmt die Störung zu, indem er zuerst über die Nasenwurzel fasst etc., beim Greifen nach dem Ohr trifft er jedesmal dahinter und darüber weg. Soll er bei geschlossenen Augen mit dem linken Zeigefinger die Spitze des rechten Daumens berühren, so greift er zuerst ein paar Centimeter vorbei, umgekehrt tritt die Anomalie weniger stark hervor.

Im Bereich der Augen- und Gesichtsmuskelnerven keine Lähmungserscheinungen.

Die ophthalmoskopische Untersuchung weist keine Anomalien nach.

In den ausgestreckten Händen tritt ein ziemlich lebhafter Tremor hervor. Die passiven Bewegungen sind in den Gelenken der oberen Extremitäten frei ausführbar.

Die activen Bewegungen in den oberen Extremitäten sind in der Kraftleistung und der Geläufigkeit etwas beeinträchtigt. Ohne Unterstützung der Hände kann sich Patient aus der horizontalen Rückenlage nicht aufrichten wegen dabei auftretender heftiger Kreuzschmerzen.

Die Gegend des 9.—12. Brustwirbels ist auf Beklopfen schmerzempfindlich, auch die Berührung macht hier schon Schmerzen. Bei den passiven Bewegungen in den Gelenken der unteren Extremitäten machen sich keine Muskelrigiditäten geltend, nur bei der Beugung im linken Kniegelenk ab und zu leichter durch Anspannung der Strecker bedingter Widerstand.

Kniephänomene beiderseits von gewöhnlicher Stärke, Achillessehnenphänomene beiderseits vorhanden.

Kein Fuss- und Patellarclonus.

Cremaster- und Bauchreflex erhalten.

Gang: Auch wenn sich Patient nicht beobachtet glaubt, geht er sehr ängstlich, vorsichtig, mit kleinen Schritten und auch wohl etwas steifbeinig, die rechte Hand legt er dabei ins Kreuz; er giebt an, dass es ihm schwindlig und ängstlich beim Gehen ist, manchmal gehe ihm auch die Luft aus und es werde ihm duslig dabei zu Muthe.

Der Puls ist klein und hat eine Frequenz von 52—60 Schlägen.

An den inneren Organen nichts Besonderes.

Der Zustand des Patienten bleibt während mehrmonatlicher Behandlung (Elektricität, Bäder, Brausen, Haarseil etc.) unverändert. Nach Entlassung

und günstigem Ausfall der Entschädigungsangelegenheit tritt im Laufe eines
Jahres wesentliche Besserung ein.

Nachtrag: Besserung in Bezug auf den psychischen Zustand und das
Allgemeinbefinden, doch war die Mehrzahl der objectiven Symptome bei der
zuletzt im Jahre 1889 von mir vorgenommenen Untersuchung noch deutlich
ausgeprägt.

Beobachtung VII.

Ursache: Eisenbahnunfall. Keinerlei Verletzung,
heftiger Schreck.

Symptome: Verstimmung, Angstzustände, Schlaflosigkeit. Gedächtnissschwäche. Epileptische Anfälle.
Störungen der Sensibilität und der Sinnesfunctionen.
Dauernde Beschleunigung der Pulsfrequenz auf 120 bis
140 p. M., im weiteren Verlauf Erweiterung der Herzgrenzen.

C. G., 43 Jahre alt. Gesund bis zum September 1882. Um diese Zeit
erlitt G. einen Eisenbahnunfall dadurch, dass er als Locomotivführer
sich auf einem Zuge befand, der auf einen schon zum Stillstand gekom-
menen losfuhr. G. sprang von dem noch in der Einfahrt begriffenen Zuge
herunter, bevor noch der Zusammenstoss stattgefunden hatte. Er wurde
nicht bewusstlos. Eine äussere Verletzung hatte er sich nicht zugezogen, gerieth aber sofort in einen Zustand hoher Aufregung. Seit dieser
Zeit ist er ein kranker Mann. Er verbringt die Nächte schlaflos oder wird
von wilden Träumen geplagt, in denen die das Eisenbahnunglück begleitenden
Schreckensbilder wiederkehren. Auch am Tage ist er ängstlich, unruhig,
in sich gekehrt, zeitweise in solchem Maasse, dass die Umgebung befürch-
tet, er werde tiefsinnig werden. Die Erinnerung an den Schreckenstag verlässt ihn nicht. Bei leichten Geräuschen fährt er zusammen. Wenn er von
irgend Jemand angeredet wird, wird er ganz perplex und weiss nicht, was
antworten. Die Intelligenz hat nach seiner Ansicht gelitten, ebenso das Gedächtniss: er vergisst Aufträge, ist stets zerstreut etc.

Er hat oft das Gefühl aufsteigender Hitze und so heftigen Schwindel, dass das ganze Zimmer mit ihm tanzt und der Boden unter seinen Füssen
schwankt. Er leidet an Zittern, oft so stark, dass er seinen Namen nicht
schreiben kann.

Die Geschlechtskraft hat er völlig eingebüsst.

Beim Gehen ermüdet er leicht, fühlt sich überhaupt kraftlos.

Zeitweise besteht Flimmern vor den Augen, Doppeltsehen und
Xanthopsie: Minuten lang sieht er alle Gegenstände gelb.

Die Hörschärfe hat sich bedeutend vermindert. Ueber Geruch und
Geschmack hat er nicht zu klagen.

Circa 1 3/4 Jahre nach dem erlittenen Unfall treten echte epileptische
Krampfanfälle auf. Seit der Zeit auch abnorm häufiger Harndrang,

Pat. muss lange pressen, muss sich selbst setzen, um zu uriniren, und der Harn kommt nur tropfenweise.

Bei der objectiven Betrachtung fällt die leichte Erregbarkeit des Patienten auf; er ist oft so befangen und ängstlich, dass er kein Wort hervorbringt und an allen Gliedern zittert. Die Pulsfrequenz ist constant beschleunigt (120—140 Schläge p. M.), Puls wurde mehrere Wochen lang täglich bestimmt und jedesmal diese Schlagzahl gefunden. Die Herzgrenzen sind nicht erweitert, die Töne rein.

Das Schmerzgefühl ist an dem grössten Theil der Körperoberfläche erloschen. rechts ist die Anästhesie stärker ausgeprägt als links. Ebenso sind die sensorischen Functionen in nicht unerheblichem Grade gestört.

Der Kranke steht seit dem Jahre 1884 in meiner Beobachtung. Die subjectiven Beschwerden haben unter galvanischer Behandlung (durch den Kopf) sowie durch kalte Abreibungen eine Besserung erfahren. Der objective Befund hat insofern eine wesentliche Veränderung erfahren, als sich eine Hypertrophie und Dilatation beider Ventrikel ausgebildet hat, sowie ein an den peripherischen Arterien nachweisbarer mässiger Grad von Arteriosklerose.

Der Puls ist fortdauernd auf der Höhe von 120—150 Schlägen p. M.

Die Verschlimmerung des Leidens unter dem Einfluss langwieriger Processverhandlungen war evident.

Nachtrag: Dieser Kranke hat fortdauernd unter meiner Beobachtung gestanden. Der Zustand hat sich gradatim verschlimmert und namentlich im letzten Jahre durch zunehmende Dilatatio und Debilitas cordis einen deletären Charakter angenommen (Ascites, Hydrothorax etc.).

Beobachtung VIII.

Ursache: Eisenbahnunfall durch Zusammenstoss. Leichte äussere Verletzungen.

Symptome: Kopfschmerz, Schwindel, Gürtelgefühl. Verstimmung, Unruhe, Schlaflosigkeit, Schreckhaftigkeit. Abnahme der Intelligenz und des Gedächtnisses. Harnbeschwerden. Hyperästhesie der Haut in der unteren Rückengegend. Motilitätsstörung besonders in den rechten Extremitäten und Behinderung des Ganges. Verringerung der Sensibilität und der Sinnesfunctionen auf der rechten Körperhälfte.

Verlauf: Auch nach Entschädigung keinerlei Besserung trotz jahrelanger Beobachtung.

A. B., 31 Jahre alt, Kaufmann. Gesund bis zu dem im December 1882 erlittenen Eisenbahnunglück: Zusammenstoss zweier Züge bei voller Fahrgeschwindigkeit. B. wurde emporgeschleudert, gerieth mit dem Rücken gegen die Thürklinke und blieb im Fenster hangen. Von äusseren Verletzungen hatte er nur Schnittwunden an den Händen. Er war kurze Zeit ohne Besinnung, dann aber noch bei so leidlichem Befinden, dass er anderen Verunglückten Beistand leisten konnte. Bald darauf entwickelten sich stechende Schmerzen in der Rückengegend, er knickte in den Knieen ein, konnte sich nicht aufrecht halten.

Schon in den ersten Tagen litt er an heftiger Unruhe, Schlaflosigkeit, enormer Schreckbarkeit und Augstzuständen. Er wurde sehr verstimmt, gerieth bei geringen Anlässen oder auch ohne jeden Anlass ins Weinen. Seine geistige Valenz nahm ab, wenn er eine leichte Berechnung zu machen versuchte, wurde er ganz confus dabei etc. Die Angehörigen machten ihn darauf aufmerksam, dass er ein und dieselbe Geschichte 100 Mal erzählte. Er leidet häufig an Schwindel und, wenn er sich im Bette befindet, ist ihm so, als ob er in einer Schaukel läge. Kopfschmerz besteht fast stets. Im Kreuz hat er fortwährend das Gefühl, als wenn er mit siedendem Oel begossen würde, auch ist diese Gegend gegen Berührung überaus empfindlich geworden.

Er klagt über Gürtelgefühl in der Nabelgegend. Die Geschlechtskraft ist nahezu erloschen.

Den Harn kann er nur kurze Zeit halten. Dem Stuhldrang, der plötzlich kommt, muss er sofort Folge geben.

Rechter Arm und besonders rechtes Bein sind kraftlos geworden, die Bewegungen werden zittrig ausgeführt. Es ist ihm so, als ob er vor dem rechten Auge einen Schleier hat; wenn er einen Gegenstand eine Weile betrachtet, ist es ihm, als ob derselbe hin- und herschwanke; zeitweise sieht er doppelt. Er klagt über Parästhesien in der rechten Körperhälfte.

Die Angaben des Patienten sind klar und bestimmt. Er fällt durch sein weinerlich-ängstliches Wesen auf. Er ist im hohen Grade reizbar: im elektrischen Bade gerieth er bei schwachen Strömen in einen collapsähnlichen Zustand, von dem er sich Stunden lang nicht erholen konnte.

Er geht, indem er sich auf zwei Stöcke stützt und die Wirbelsäule ängstlich vor jeder brüsquen Bewegung schützt, das rechte Bein schleift er nach. Die von der rechten Oberextremität geleistete Kraft ist eine geringe; die Motilitätsverhältnisse des rechten Beines lassen sich nicht klar beurtheilen, da jede ausgiebige Bewegung heftige Schmerzen im Kreuz verursacht.

Die Sensibilität ist auf der ganzen rechten Körperhälfte in allen Qualitäten merklich herabgesetzt, auch die dieser Körperhälfte entsprechenden Sinnesorgane sind in ihrer Function beeinträchtigt.

Im Gebiet der Oculomotorii und Faciales keine Lähmungserscheinungen.

Die ganze untere Rückengegend ist so empfindlich, dass Patient schon bei leichter Berührung durch die Kleider hindurch aufschreit; eine genauere palpatorische Untersuchung der Wirbelsäule wird nicht vorgenommen.

Sehnenphänomene in gewöhnlicher Stärke vorhanden.

Nachtrag: Zustand objectiv etwas gebessert.

Beobachtung IX.

Ursache: Eisenbahnunfall, Stoss gegen den Rücken und den Kopf etc.

Symptome: Kopfschmerz, Schwindel und Rückenschmerz; Ohrensausen. Weinerlichkeit und Angstzustände. Harnverhaltung, Potenzverlust. Reflectorische Pupillenstarre und Differenz der Pupillen. Concentrische G. F. E. Abnahme des Geschmacks und Verringerung der Hörschärfe. Ausgebreitete Sensibilitätsstörungen von eigenthümlicher Verbreitung. Verlangsamung und Erschwerung der activen Bewegungen, Gehstörung. Steigerung der Sehnenphänomene.

Verlauf: Besserung einzelner Symptome, sonst stabiles Verhalten.

W. L., 39 Jahre, Locomotivführer.

Anamnese: L. war gesund bis zu einem im Februar 1882 erlittenen Eisenbahnunfall. Er befand sich als Heizer auf einer Güterzuglocomotive und fuhr auf einen sogenannten Prellbock los; er stand auf einem Tender und versuchte mit Aufbietung aller Kräfte die Gewalt des Stosses zu vermindern. Die Maschine riss dennoch das im Wege stehende Hinderniss um und fuhr in eine solche Höhe, dass die Telegraphendrähte durch den „Schlot" der Maschine zerrissen wurden. Die letztere stürzte dann über die Böschung hinweg in eine aufgeworfene Erdgrube, der Tender wurde losgerissen, richtete sich in die Höhe und Patient stürzte, nachdem er schon beim Bremsen einen Schlag in den Rücken erhalten, der Locomotive nach, die Böschung herunter. $2\frac{1}{2}$ Meter herab und schlug mit dem Kopf gegen die Kesselthür. Er war gleich besinnungslos und lag so etwa $\frac{1}{2}$ Stunde. Eine erhebliche Wunde trug er nicht davon; der Kopf war durch eine Pelzmütze geschützt gewesen; nur am Rücken zeigten sich mehrere blauverfärbte Stellen. Gleich, nachdem er aus der Bewusstlosigkeit erwacht war, empfand er ein „wüstes, taumliges Gefühl im Kopf" und torkelte beim Gehen wie ein Betrunkener. Im Kopf und in der unteren Lendengegend hatte er einen drückenden Schmerz, der durch jede Bewegung gesteigert wurde. In der Folgezeit hatte er über Parästhesien („krampfhaftes Ziehen, Ameisenkriechen") in den Beinen zu klagen, über Schwere und Müdigkeit in denselben, „Trockenheit in den Kniegelenken", als ob sie steif wären. Auch in den Armen empfand er Kriebeln und blitzartig durchschiessende Schmerzen; der Körper magerte mehr und mehr ab.

Weiter entwickelte sich: Ohrensausen, das der Patient mit dem Rauschen eines Wasserfalles vergleicht. An Sehschwäche will er schon vor vier Jahren gelitten haben, doch hat dieselbe nach dem Unfall erheblich zugenommen. Beim Lesen schwammen die Buchstaben durcheinander; Doppeltsehen trat zuweilen auf. Allmälig stellte sich eine Abnahme der Hör-

kraft ein. Eine Geschmacksstörung machte sich insofern geltend, als
Patient oft ohne Veranlassung längere Zeit einen eigenthümlichen bitteren Geschmack hatte.

Sehr verändert hat sich seit dem Unglücksfall sein Gemüthszustand.
Er ist sehr erregbar geworden, muss bei dem geringsten Anlass weinen,
wird fast fortdauernd von einem Angstgefühl geplagt, als ob er ein Verbrechen
begangen habe etc.

Die Potenz ist im Laufe der Krankheit ganz erloschen; auch stellten
sich hartnäckige Urinbeschwerden ein, so dass Patient wegen der
Harnverhaltung längere Zeit katheterisirt werden musste und schliesslich
selbst den Katheter anzuwenden lernte. In den letzten Monaten war das übrigens nicht mehr nothwendig und hat er nur noch darüber zu klagen, dass er
vor dem Uriniren längere Zeit pressen muss.

Die geschilderten Beschwerden zwangen den Patienten, nachdem er noch
circa 1 Jahr lang mit häufigen Unterbrechungen Dienst gethan, denselben zu
quittiren.

Als er sich im April 1885 in der Nervenpoliklinik der Charité vorstellte,
erregte er durch sein ängstlich-weinerliches Wesen, durch die in Folge fibrillären Zitterns der Lippenmuskulatur bebende Sprache, sowie den Befund der
reflectorischen Pupillenstarre den Verdacht, dass er an Dementia pa-
ralytica leide; diese Annahme wurde aber durch die weitere Untersuchung
völlig widerlegt.

Aus einem Briefe, welchen der Arzt, der ihn früher begutachtet hat, an
mich richtete, geht hervor, dass man den Patienten für den Simulanten eines
Rückenmarksleidens gehalten hat, da man keine rechte Congruenz zwischen
den Symptomen herausfinden konnte („während der Patient bei Nadelstichen
keinerlei Schmerz empfinden wollte, zuckten die Muskeln bei Anwendung des
elektrischen Stromes in normaler Weise!“) und die Krankheitserscheinungen
sich mit keinem der bekannten Krankheitsbilder ganz deckten. Man sprach
sich dahin aus, dass, während der mit dem L. gleichzeitig verunglückte Zugführer ein schweres Rückenmarksleiden mit Ataxie acquirirt habe, ein solches
von L. in nicht ungeschickter Weise simulirt worden sei. Es wurde jedoch
zugegeben, dass L. in Folge seines Sturzes vielleicht eine Contusion der Wirbelsäule mit Dehnung und Zerrung der Sehnen und Bänder erlitten habe, wodurch die Bewegungen des Rumpfes und der Beine schmerzhaft und wohl auch
erschwert würden etc.

Zur definitiven Entscheidung wurde der Kranke am 10. Juni 1885 der
Nervenabtheilung der Charité überwiesen.

Status: Im psychischen Befinden des Patienten fällt die monotone
gedrückte Stimmung auf, sowie eine gewisse ängstliche Befangenheit.

Im Gesicht, auf dem Kopf ist keinerlei Narbe zu finden.

Der Conjunctivalsack ist gegenwärtig mit Thränen gefüllt, der Lidrand
leicht geröthet.

Die rechte Pupille ist weiter als die linke, beide Pupillen
sind lichtstarr. (Bei einer später vorgenommenen Untersuchung mit con-
centrirtem Licht ist an der rechten Pupille noch eine minimale Verengerung

wahrzunehmen, links keine Spur.) Bei der Accommodation verengern sich beide Pupillen etwas.

Die Beweglichkeit der Bulbi ist nicht wesentlich gestört, nur bleibt bei der gemeinschaftlichen Bewegung nach abwärts der rechte etwas zurück. Ophthalmoskopisch nichts Besonderes.

Sehschärfe: Links mit $+$ 6 Schweigger 0,6. Starke Hyperopie.

Das excentrische Sehen ist für Weiss nicht wesentlich beeinträchtigt; dagegen für Farben deutlich, wenn auch mässig eingeschränkt, besonders gilt das für Roth und Grün, und auf dem linken Auge ist die Störung grösser als auf dem rechten.

Geruch nicht alterirt. Dagegen besteht eine deutliche Verminderung der Schmeckfähigkeit auf beiden Zungenhälften: Chinin, Acid. acetic. erzeugen nur eine ganz schwache, verspätet eintretende Geschmacksreaction.

Gehör: Flüstersprache wird links erst dicht am Ohr, rechts in ca. $\frac{1}{2}$ Fuss Entfernung gehört. Schlag der Uhr wird rechts durch die Kopfknochen wahrgenommen, links nicht. Stimmgabel wird beiderseits gehört, aber links schwächer.

Keine Sprachstörung.

Im Facialis- und Hypoglossusgebiet keine Abnormität; nur werden die Gesichtsbewegungen von fibrillärem Zittern begleitet.

Auf der behaarten Kopfhaut und der Stirn bis zum Arcus supercil. ist Berührungs-, Schmerz- und Temperaturgefühl aufgehoben; in der unteren Gesichtshälfte keine deutliche Störung, dagegen tritt wieder eine Gefühlsabstumpfung am Kieferrand und in der Kinngegend hervor.

Conjunctival- und Cornealreflexe beiderseits vorhanden, Nasenreflexe bei Einführung einer Nadel in die Nasenlöcher wenig ausgeprägt.

An der rechten Oberextremität tritt eine gleichmässige Verringerung des Berührungs- und Schmerzgefühls an allen Stellen bis auf die Pulpa des III. und IV. Fingers hervor, während kräftiger Druck überall wahrgenommen wird, ebenso die Temperaturreize (Temperaturgefühl fehlt nur an der Ulnarfläche des Unterarms).

Aehnlich verhalten sich die Sensibilitätsstörungen an der linken Oberextremität.

Muskelgefühl an den Oberextremitäten erhalten.

Keine Ataxie.

Man kann passiv den Kopf nach allen Seiten gut bewegen; nur die Neigung nach vorn ist behindert, weil Patient wegen hierbei auftretender Nackenschmerzen anspannt. Die activen Kopfbewegungen werden nur träge und unvollkommen ausgeführt, weil er das Gefühl hat, als ob sich im Rücken etwas spanne.

In den Gelenken der Oberextremitäten ist die passive Beweglichkeit erhalten. Die activen Bewegungen werden mit sehr mangelhafter Energie ausgeführt, doch bleibt es unentschieden, ob Nackenschmerzen allein oder im Verein mit Schwäche und Anenergie das hindernde Moment abgeben.

Soll sich Patient vom Stuhl erheben, so stützt er sich mit den Händen auf und zieht sich langsam, den Rumpf steif haltend, in die Höhe; ebenso benimmt er sich beim Niedersetzen.

Die Gegend der unteren Brustwirbel, der Lendenwirbel und des Kreuzbeins ist auf Druck und Beklopfen empfindlich.

Bei Nadelstichen in die Rückengegend fährt Patient „vor Schreck" zusammen, einen Schmerz hat er davon nicht.

Patient geht langsam, schwerfällig, breitbeinig, schleift etwas am Boden, aber nicht mit den Spitzen, sondern mit den Hacken.

Bei Augenschluss deutliches Schwanken.

Passive Bewegungen in den Unterextremitäten vollkommen frei; dagegen spannt Patient activ an, weil er Schmerzen im Rücken empfindet. Kniephänomene sehr lebhaft; beiderseits Patellarclonus; kein Fusszittern.

Cremaster- und Bauchreflexe erhalten.

Sohlenreflex beiderseits mangelhaft.

Die activen Bewegungen in den unteren Extremitäten lassen sich sehr schwer beurtheilen, weil sie mit Schmerzen in der untersten Rückengegend verbunden sind, sie werden nur in mässiger Excursion und mit geringer Kraft ausgeführt.

Der Umstand, dass auch die Bewegungen in Fuss- und Zehengelenken sehr beschränkt sind, scheint darauf hinzuweisen, dass die Schmerzen im Kreuz nicht allein das hindernde Moment abgeben. An den Beinen ist das Berührungs- und Druckgefühl abgestumpft (an der lateralen Fläche stärker als an der medialen), das Schmerzgefühl aufgehoben. Nur die Fusssohlen haben eine wohlerhaltene Algesie; ebenso einzelne Stellen an der Hinterfläche der Oberschenkel.

Unter mehrwöchentlicher Behandlung in der Nervenabtheilung keine Besserung.

Nachtrag: Nach bahnärztlichen Attesten aus den Jahren 1889 u. 1890 Verschlimmerung und fortdauernde gänzliche Erwerbsunfähigkeit.

Ich will hier einen sehr bemerkenswerthen Fall anreihen, der von W. Uhthoff[1]) mitgetheilt worden ist und wegen des hohen Interesses, das er bietet, hier angeführt zu werden verdient, zumal ich durch mehrmalige eigene Untersuchung den von Uhthoff und Moeli damals erhobenen Symptomenbefund bestätigen und erweitern konnte.

Beobachtung X.

Ursache: Eisenbahnunfall, Contusion des Hinterkopfes.

Symptome: Verstimmung, Angst, Abnahme der Intelligenz, Schwindel- und Ohnmachtsanfälle. Concentrische G. F. E. auf rechtem Auge und Atrophie des Seh-

---

[1]) Schöler und Uhthoff: Beiträge zur Pathologie des Sehnerven und der Netzhaut bei Allgemeinerkrankungen. Berlin 1884. S. 46.

nerven; links nur leichte G. F. E. Ausgebreitete Sensibilitätsstörung. Sprachstörung. Zittern. Verlangsamung und Erschwerung der activen Bewegungen. Verlust der Potenz.

Verlauf: Verschlimmerung, Zunahme der Sehstörung etc.

Der Schaffner M. H., 48 Jahre alt, stellte sich am 18. Juli 1883 in der Schöler'schen Augenpoliklinik vor mit der Klage einer schon seit längerer Zeit bestehenden Sehschwäche auf dem rechten Auge. Am 1. Juni 1880 war er bei der Entgleisung eines Zuges verunglückt, er erlitt eine starke Contusion des Hinterkopfes und „wahrscheinlich schlug ihm auch die Bremse in's Kreuz". Ungefähr 10 Minuten war er bewusstlos, dann stieg er aus und half retten. Seit dieser Zeit verspürt der Kranke einen dumpfen Schmerz, Brennen und Hämmern im Hinterkopf, sowie „Ermüdung im Kreuz". Ferner immer zunehmende „Vertaubung und Schwäche" des ganzen Körpers und namentlich der Beine, so dass der Patient kaum noch gehen konnte, „Kriebeln in der Stirn", Unruhe und Angst.

Seit dem Herbst 1881 wurde dann auch das Sehen des rechten Auges schlechter, dasselbe soll sich jedoch jetzt schon längere Zeit auf derselben Höhe gehalten haben. Die Sehprüfung ergiebt

$$\text{Rechts LXX} - 15' \text{ Sn. II} \frac{I}{II} + 8$$

$$\text{Links mit} + 60 \text{ XV} - 15' \text{ Sn. I} \frac{I}{II} + 24.$$

Das Gesichtsfeld des linken Auges ist ganz normal, das des rechten deutlich pathologisch verändert. Für Weiss ist die Peripherie des Gesichtsfeldes frei, dagegen besteht für die Farben eine ausgesprochene concentrische Beschränkung. Ferner ist erwähnenswerth die sofortige Ermüdung, welche eintritt, sowie Patient das rechte Auge etwas anstrengt. Auch die grösseren Buchstaben verschwinden dem Kranken sofort, wenn er eine kleine Zeit fixirt hat, nach einer kleinen Pause wird wieder feinere Schrift erkannt, aber nur für Augenblicke. Das linke Auge zeigt nicht diese Erscheinungen und volle Sehschärfe. Ophthalmoskopisch sieht man auf dem rechten Auge eine deutliche atrophische Abblassung der ganzen Papille mit scharfer Begrenzung der Sehnervenscheibe. Die Retinalgefässe ein wenig enger als normal.

Die Zunge zittert leicht, beim Ausstrecken der ganze Kopf, Mundfacialis intact. Patient spricht verändert und zwar einfach deutlich stotternd, keine Spur einer Verschleifung, am meisten beeinträchtigt sind die Gaumenlaute, die Sprachstörung wird bei längerem Sprechen stärker, eine Hebung des Gaumensegels ist jedoch zu sehen. Seitwärtsbewegung des Kopfes sowie Hintenüberlegen ist dem Patienten empfindlich, ebenso Beklopfen des Hinterhauptes empfindlicher als das der Stirngegend.

Die Bewegungen der oberen Extremitäten geschehen langsam, anscheinend wegen Furcht vor Schmerzen im Nacken. Alle Bewegungen vorhanden, leichter Tremor beim Festhalten von Stellungen, grobe Kraft leidlich, beiderseits gleich. Früher eine Zeit lang Tenesmus, jetzt Urinlassen frei. Von der linken Lendengegend nach unten zieht sich ein Schmerz in die Beine hinein, Gefühl von Schwäche im linken Bein. Der Gang ist in der Schrittlänge nicht besonders beeinträchtigt, auf dem linken Bein ruht Patient weniger lange, tappt auch mit dem linken Bein etwas mehr. Die grobe Kraft ist zwar nicht erheblich, aber doch so weit beeinträchtigt, dass es ohne Anstrengung gelingt, sowohl das rechte Bein als auch das linke für einen Augenblick in Beugestellung zu fixiren. Das Kniephänomen links etwas lebhafter als rechts, Fusszittern nicht vorhanden, Abmagerung nicht bemerklich.

Sensible Reize werden zwar richtig angegeben, jedoch werden Knopf und Spitze der Nadel zuweilen verwechselt.

Patient ist psychisch deutlich verändert, schwerfällig, weinerlich; selbst leichte Rechenexempel kann er nicht lösen.

Im Bade Zinnowitz galt er für menschenscheu und graulich und mochte nicht mit Menschen verkehren. Jede Gesellschaft, selbst die der Angehörigen, macht ihn unruhig. Grosse Vergesslichkeit wird anerkannt. — In der Sehstörung ändert sich im Laufe der Beobachtung nichts.

———

Ich habe diesen Patienten im Juni 1885 in Gemeinschaft mit Herrn Collegen Uhthoff noch einmal explorirt und untersucht, das Ergebniss dieser Untersuchung stimmt fast in allen Punkten überein mit dem am 18. Juli 1892 (von Moeli) erhobenen Status, nur musste eine Zunahme fast aller Krankheitserscheinungen constatirt werden. Ich will noch einige Notizen hinzufügen, die mir von Interesse scheinen: Bei der schon erwähnten Entgleisung stürzte der Zug eine Böschung hinab, der Wagen aber, in welchem sich der Patient befand, blieb stehen, erhielt nur einen gewaltigen Stoss, so dass Patient zur Decke geschleudert wurde und wahrscheinlich mit dem Kreuz gegen die Bremse aufschlug. Als Patient aus seiner Bewusstlosigkeit erwachte, verspürte er einen dumpfen Schmerz im Kopf, Rücken und Kreuz, hatte ein wüstes, benommenes Gefühl im Kopf, und am ganzen Körper die Empfindung der Vertaubung, „als ob die Haut mit Gummi überzogen wäre‟, besonders taub war der Hinterkopf. Im Vorderkopf hatte er ein heftiges Kriebeln, als wenn Tausende von Würmern sich dort regten. Er verbrachte die Nächte schlaflos oder wurde von ängstlichen Träumen gepeinigt, er sah wilde Thiere, die immer wieder andere Gestalten und Formen annahmen etc. Angst plagte ihn fortwährend und steigerte sich anfallsweise zu unerträglicher Höhe, sie verband sich dann mit Zittern. Patient war stets verstimmt, wünschte immer allein zu sein und mochte selbst seine Kinder nicht sehen; die Schreckbarkeit wurde so gross, dass er bei jedem leichten Geräusch zusammenfuhr, in Angst gerieth und sich lange Zeit nicht beruhigen konnte. Diese Erscheinungen sind in den letzten Monaten weniger intensiv hervorgetreten. Das Gedächtniss hat gelitten und jede geistige Beschäftigung macht dem Patienten Beschwerden. Seit dem Unglücksfall leidet er häufig an Schwindel- und Ohnmachtsanfällen, in denen er für einige Secunden das Bewusstsein verliert. Die Potenz ist völlig erloschen. Nach dem Unfall stellte sich Flimmern vor den Augen und Blendungsgefühl ein, eine eigentliche Sehstörung machte sich erst circa ein Jahr später geltend. Sausen und Klingen vor den Ohren hat der Patient fast stets, er hört die verschiedenartigsten Töne.

Beim Gehen verspürt er „ein Zischen in der Hinterhauptsgegend".

Was den Augenbefund angeht, so lässt sich eine Zunahme der Seh-störung constatiren. Links ist der Augenhintergrund normal. Rechts ist die Papille ausgesprochen atrophisch, namentlich in ihrer äusseren Hälfte, innen zeigt sie noch einen leicht röthlichen Farbenton. Auf dem linken Auge S $= \frac{1}{2}$. Rechts Finger in 12 Fuss, Snellen 5 mit $+$ 6.

Rechtes Gesichtsfeld hochgradig concentrisch eingeengt, jedenfalls stärker wie bei der früheren Untersuchung (ca. 25°), Farben werden gar nicht erkannt.

Links ist das Gesichtsfeld im Wesentlichen frei, vielleicht besteht eine leichte concentrische Einengung.

Die Hörschärfe ist beiderseits deutlich herabgesetzt. Flüster-sprache wird erst in unmittelbarer Nähe des Ohres gehört, durch die Kopf-knochen wird das Geräusch einer kräftig schlagenden Uhr nicht wahr-genommen.

Geruch und Geschmack sind nicht merklich gestört.

Die cutane Sensibilität, die bei der ersten Untersuchung wahrschein-lich nicht eingehend geprüft wurde, ist ganz wesentlich alterirt und zwar in eigenthümlicher Verbreitung: die ganze behaarte Kopfhaut sowie die Stirngegend bis zu den Augenbrauen nimmt Berührung und Druck nicht wahr, hat bei Nadelstichen nicht die geringste Schmerzempfindung, ist auch gegen thermische Reize anästhetisch, während die untere Gesichtshälfte alle diese Reize wahrnimmt. Ebenso lässt sich mit Sicherheit constatiren, dass an den Händen die Sensibilität in allen Qualitäten stark vermindert ist (Schmerz-gefühl aufgehoben) bis auf die Endphalangen der Finger, die ein gutes Gefühl haben. An den unteren Extremitäten, sowie am Rumpfe konnte die Sen-sibilität erst später geprüft werden, da Patient durch die Untersuchung in einen Zustand heftiger Erregung und Unruhe gekommen war und nicht länger aushalten wollte. — Was die Motilität anlangt, so fällt ausser der nicht sehr erheblichen Schwäche vor Allem das Zittern auf, das zwar eine grosse Aehnlichkeit mit dem Zittern der Sklerotischen hat, aber doch wiederum in einigen Punkten hiervon abweicht. Es tritt be-sonders bei psychischen Bewegungen hervor, sistirt bei vollkommener Ruhe ganz, um durch willkürliche Bewegung gesteigert zu werden. Jedoch zeigt sich in dieser Beziehung eine gewisse Inconstanz, indem zu-weilen eine active Bewegung ganz glatt ausfällt. An dem Zittern nimmt in erster Linie der Kopf, dann die Musculatur der oberen Extremitäten

Theil.   Dabei hält Patient den Kopf auffallend steif und stützt ihn häufig mit den Händen.

Die Sprachstörung charakterisirt sich, wie schon früher betont, als ein eigenartiges Stottern: die einzelnen Silben oder Buchstaben eines Wortes sind durch Pausen getrennt, und diese Pausen werden von einer Summe sich schnellfolgender krampfhafter Inspirationszüge ausgefüllt: beim Sprechen wird das Zittern der oberen Extremitäten und des Kopfes stärker.

Patient geht etwas schwerfällig und breitbeinig und legt beim Gehen die linke Hand in's Kreuz.

Bei einer späteren Untersuchung wurde die Sensibilität an den unteren Extremitäten geprüft und eine Analgesie constatirt, an der nur die Fusssohlen nicht Theil nehmen.

Nachtrag: Zustand unverändert.   Sehstörung hat nicht mehr zugenommen.

Beobachtung XI.

Ursache: Eisenbahnunfall durch Zusammenstoss.

Symptome: Stimmungsanomalien.   Schwindelanfälle. Störung des Ganges und der Sprache von eigenthümlichem Charakter.   Anästhesie der Kopfhaut.   Fieberattaquen.

Verlauf: Besserung im Krankenhause, später schwankender Verlauf.

Der 37 Jahre alte Locomotivführer V. stammt aus einer gesunden, von Nervenleiden verschonten Familie und war ausser an Gonorrhoe und einem ohne jede Folge verlaufenen Ulcus molle nie krank gewesen.

Er ist seit 10 Jahren auf Locomotiven gefahren und hat dabei schon mehrfach Eisenbahnunfälle durchgemacht, hat aber nie irgend einen dauernden Nachtheil seiner Gesundheit davongetragen

Er fuhr, wie er angiebt, am 10. Juni 1885 auf einer „stossenden" Maschine nach E. und lief, obgleich „Bahn frei" signalisirt war, auf zwei auf der Linie stehende Wagen auf.   Die Maschine hatte volle Fahrgeschwindigkeit, und der Stoss war ein sehr starker.   Patient wurde beim Zusammenstoss nicht gegen einen festen Gegenstand geschleudert und konnte sich auf dem Trittbrett so festhalten, dass er nicht aus der Maschine geworfen wurde.

Er brachte seinen Zug wieder zurück und bemerkte ausser heftigem Zittern der Hände und Füsse nichts Krankhaftes.   Zwei Stunden nachher, während er auf seiner Maschine beschäftigt war, fiel er plötzlich um; das Bewusstsein hatte er dabei momentan verloren.   Er wurde in ein Coupé gebracht, da er zum Gehen augenblicklich nicht im Stande war, konnte aber nach einigen Stunden der Ruhe sich nach Hause begeben.   Die Sprache hatte er nicht verloren, gelähmt war er ebenfalls nicht, nur das Zittern war sehr heftig.

Am anderen Morgen, als er zum Dienst gehen wollte, begegnete ihm ein Bekannter, und als Patient antworten will, bringt er kein Wort hervor, d. h.

er stösst zwar die Silben heraus, aber in solchen Absätzen, dass die Worte ganz auseinandergerissen wurden; er hatte heftigen Kopfschmerz und Schwindel und taumelte so stark von einer Seite zur anderen, dass sein College ihn auffangen musste. Es hat sich in der Folgezeit wiederholt ereignet, dass er vor Schwindel zu Boden stürzte. Schlaf fehlte ganz; er hatte immer ein Angstgefühl, ein „Wehgefühl am Herzen".

Wenn ihn Jemand an den Unfall erinnerte, so fühlte er sich sehr schwermüthig, die Thränen kamen ihm in die Augen, er musste weinen. Er will in der kurzen Zeit stark abgemagert sein, während er am 1. Juni angeblich 82 Kilo wog, wiegt er jetzt am 1. August nur noch $68^1/_2$.

Die Potenz hat Patient verloren. Den Kopfschmerz bezeichnet er als stechend und brennend, die Sinnesfunctionen haben angeblich nicht gelitten.

Status: Bei der Betrachtung des Kranken fällt zunächst sein eigenthümlich scheuer Blick und sein ängstliches Wesen auf. Sensorium ist frei, die Antworten klar, die Sprache ist dadurch gestört, dass zwischen die einzelnen Silben und Worte Pausen eingeschoben werden. Man könnte von Scandiren sprechen, wenn nicht die Pausen zu lang und zu ungleichmässig wären, und die einzelnen Silben zu hastig hervorgestossen würden.

Gegenwärtig wird ein mässiger Tremor in der gut unterstützten rechten Oberextremität wahrgenommen. Nadelstiche werden auf der behaarten Kopfhaut nicht schmerzhaft percipirt, dagegen wird in der Gegend der Augenbrauen und schon oberhalb derselben das Schmerzgefühl ein normales. In der Hals- und Nackengegend ist Schmerzgefühl vorhanden, Berührung und Druck werden im Gesicht und auf der behaarten Kopfhaut gut wahrgenommen. Nasenschleimhaut hat ein gutes Gefühl, Geruch und Geschmack erhalten.

Im Facialisgebiet keine wesentliche Asymmetrie; Zunge tritt gerade hervor, wird aber nur träge bewegt.

Die passiven Bewegungen lassen sich an den oberen Extremitäten frei ausführen, die activen sind in allen Gelenken erhalten, aber in der rechten Oberextremität etwas weniger geläufig als links; beiderseits nicht mit voller Kraftleistung, und steht die rechte in dieser Beziehung hinter der linken zurück. In der rechten nimmt der Tremor bei Bewegungen zu.

An den Extremitäten werden alle Reize gut wahrgenommen, sowohl Berührung, Stich und Druck, als auch die Temperaturreize.

Patient greift bei geschlossenen Augen mit der rechten Hand sicher nach der linken.

Soll er sich aus der horizontalen Rückenlage aufrichten, so geschieht dies mühsam mit Unterstützung beider Hände und schmerzlicher Gesichtsverzerrung, er empfindet dabei Schmerzen in der Lendengegend.

In den Gelenken der unteren Extremitäten sind die passiven Bewegungen frei ausführbar; Sehnenphänomene lebhaft, aber kein Clonus.

Die ophthalmoskopische Untersuchung ergiebt keine Anomalien. Pupillenreaction erhalten, Augenbewegungen gut, Gesichtsfeld normal.

Patient geht zwar ziemlich geläufig, taumelt aber wie ein Betrunkener von einer Seite zur anderen. Mit geschlossenen Füssen kann er nicht stehen, ohne zu schwanken, bei Augenschluss nimmt das Schwanken zu. Es macht

ganz den Eindruck, als ob der eigenthümliche Gang durch ein psychisches
Moment, durch eine krankhafte Vorstellung, durch Angst etc. bedingt würde,
wenigstens kann er, wenn man ihn anfeuert, seinen Gang etwas beschleunigen,
ohne dass er niederstürzt, und ohne dass das Torkeln eine Zunahme erfährt.
Er kann übrigens keinen Moment freistehen, taumelt zur Seite und setzt in
einer eigenthümlichen Weise beim Voranschreiten ein Bein kreuzweis über das
andere. Er fixirt den Fussboden, hält die Arme weit ab vom Thorax und geht
nicht in gerader Linie vor, sondern nach rechts und links hin ausbiegend.

Die elektrische Untersuchung der Nerven und Muskeln an den unteren
Extremitäten ergiebt für alle Stromweisen normale Verhältnisse.

Patient bessert sich während seines Aufenthaltes im Krankenhause unter
der Anwendung kalter Abreibungen und Uebergiessungen, der Darreichung
von Bromkalium und der Application des galvanischen Stromes (quer durch
den Kopf) zusehends; seine Psyche ist viel freier geworden, er macht sehr
genaue und klare Angaben über die Entwicklung seines Leidens und ist frei
von Angst und Verstimmung. Die Störung der Sprache und des Ganges
bessert sich ebenfalls von Tag zu Tag, wenn auch noch eine kleine Unsicherheit besteht; er kann sogar leidlich ein paar Pas tanzen, wird aber dabei
ganz schwindlig

Auch die Sprache ist etwas geläufiger geworden.

Er selbst giebt an, dass er sich sonst ganz wohl fühle, und seine Stimmung sich bedeutend gehoben habe; nur klagt er noch über Schwindel, wenn
er zum Fenster hinaussehe oder die Treppe hinaufgehe.

In der letzten Zeit seines Aufenthalts im Krankenhause wurden beim
Patienten wiederholt Fieberanfälle beobachtet, die Temperatur in ano schwankte
zwischen 38,6 und 39,2; Puls ca. 120. Er klagte dabei über Frost, Uebelkeit und über einen Stich in der Stirngegend, sowie über krampfhaftes
Brennen im Unterschenkel, das eine Secunde lang anhalte. Die Untersuchung
konnte einen Grund für das Fieber nicht auffinden.

Patient wird am 3. August 1885 aus der Anstalt gebessert entlassen.

Während eines späteren Aufenthaltes in einer Kaltwasserheilanstalt verschlimmerte sich der Zustand wieder, namentlich stellten sich heftige Brech-
anfälle ein.

Beobachtung XII.

Ursache: Eisenbahnunfall durch Entgleisung.

Symptome: Schmerzen in der Lendengegend. Angstzustände mit starker Beschleunigung der Pulsfrequenz
und Pupillendifferenz. Sensibilitätsanomalien.

Verlauf: Keine Heilung.

M., Locomotivheizer, 27 Jahre, aufgenommen den 17. Juni 1886, entlassen den 8. September 1886.

Anamnese: Am 6. Juni 1885 entgleiste der Zug, auf dessen Locomotive
er sich befand, kurz vor dem Einfahren in die Station. Patient bemerkte noch

das Schwanken der Locomotive, hat auch noch das Alarmsignal zum Bremsen gehört; was dann weiter passirte, weiss er nicht, kann nicht einmal angeben, ob er selbst noch gebremst habe. Als er zu sich kam, befand er sich zur linken Seite der nach rechts umgefallenen Locomotive. Er verspürte nichts Besonderes, warf noch glühende Kohlen aus der Maschine heraus. Erst am folgenden Tage stellten sich Schmerzen in der Gegend der Lendenmuskeln ein. Patient versuchte trotz derselben Mitte Juni wieder Dienst zu thun, konnte aber die Erschütterung des Fahrens nicht aushalten, die Schmerzen verschlimmerten sich. Zugleich stellte sich ein Angstgefühl ein, welches, wie er sagte, vom Magen ausging, und bis nach dem Kopf gelangte. Es war ihm dann, als ob er ein Verbrechen begangen hätte. Auch wurde ihm schwindelig und schwarz vor den Augen und er hatte stechende Schmerzen, die von einer Schläfegegend durch den Kopf zur andern sich zogen. Der Schlaf war sehr unruhig und durch schlechte Träume gestört.

Im October machte er wieder einen Versuch, Dienst zu thun, aber es ging nicht. In der Klinik zu H. wurde er nun mit Elektricität behandelt und es trat eine Milderung seiner Beschwerden ein. In der Folgezeit stellte sich grosse Reizbarkeit ein. Auch hatte er häufig über Gefühl von Taubsein und Kriebeln in den Beinen zu klagen. Da der Bahnarzt den Verdacht auf Simulation aussprach, wurde Patient der Nervenklinik der Charité überwiesen.

Status: Die gegenwärtigen Beschwerden des Kranken sind folgende: Schmerzen in der Kreuz-, Lenden- und Glutaeengegend. Diese Schmerzen stellen sich bei längerem Sitzen ein, verlieren sich bei den ersten Schritten, um sich bei längerem Gehen wieder zu steigern. Fortdauerndes Angstgefühl, das sich anfallsweise steigert, „als habe er etwas begangen, als solle er abgeführt werden" etc. Empfindung, als ob der Kopf von einer Schläfengegend zur anderen durchbohrt würde. Gefühl der Vertaubung in den Unterschenkeln. Bei längerem Gehen Ermüdung, als trüge er eine Last im Rücken. Abnahme des Gedächtnisses. Schreckhaftigkeit. Impotenz. Am meisten betont werden die Angstzustände. Die Angst steigt von der Herzgrube auf zum Kopfe etc.

Gesichtsausdruck ängstlich und verlegen. Sprache leise und zögernd. Die einzigen objectiv nachweisbaren Symptome sind folgende: Die R. Pupille $>$ L. Von Zeit zu Zeit stellen sich Angstzustände ein, während deren sich das Gesicht stark röthet, und die Pulsfrequenz sich auf 140 Schläge erhebt. Die Differenz der Pupillen macht sich dann noch merklicher geltend, indem die rechte sich stärker erweitert. Diese Angstzustände wurden häufiger beobachtet und boten immer dasselbe Bild. Das Schmerzgefühl ist im Gesicht und auf der Kopfhaut abgestumpft.

Während des Aufenthalts im Krankenhause keine Aenderung.

Nachtrag: Nach bahnärztlichem Attest vom Juli 1890 entschiedene Verschlimmerung.

Beobachtung XIII.

Ursache: Sturz von der im Fahren begriffenen Maschine.
Symptome: Verstimmung, Reizbarkeit, Angst- und Traumzustände, Schlaflosigkeit. Schmerzen in der rechten Thoraxgegend. Leichte Functionsstörungen im Bereich der Sinnesorgane. Anästhetische Gürtelzone in der rechten Thoraxgegend. Schwindelanfälle. Abnorme Erregbarkeit des Herznervensystems, nervöses Herzklopfen. Verlauf: Keine Heilung.

Th. E., Locomotivführer, 26 Jahre alt, aufgenommen den 16. Juni 1886, entlassen den 15. Juli 1886.

Anamnese: Der Kranke war bis zu den gleich zu erwähnenden Unfällen stets gesund. Vor 2 Jahren fiel er aus einer Höhe von ca. 2 Metern vom Tritt der Locomotive in eine Wassertonne hinein, so dass das linke Bein in der Tonne stand, das rechte draussen. Er empfand gleich darauf Schmerzen in der linken Lendengegend und will einige Tage an icterischen Symptomen: Gelbfärbung der Haut, der Augen, Appetitlosigkeit etc. erkrankt sein. Nach ca. 2 Monaten war er wieder gesund und arbeitsfähig bis zum 20. August 1885.

An diesem Tage wurde der Regulatorschieber eines Stadtbahnzuges, auf welchem Patient fuhr, plötzlich defect. Er musste den Kessel hinaufklettern, während der Zug im langsamen Fahren begriffen war, glitt aus und stürzte mit der rechten Seite auf den sog. Umlauf der Maschine und von dort auf den Erdboden. Er war nicht ohne Besinnung, konnte sofort wieder aufspringen. In den ersten Stunden merkte er nichts Besonderes, und zwar, wie er meint, vor Angst.

Nachher wurde es ihm aber sehr schwer, sich zu bücken, weil er Schmerzen dabei empfand.

Wesentliche äusserliche Verletzungen trug er nicht davon, nur eine leichte Hautabschilferung in der Oberschenkel- und Hypochondriengegend, von der jetzt nichts mehr nachzuweisen ist.

In der ersten Zeit nach dem Unfall will er sehr schläfrig gewesen sein und sich viel wie im Halbschlaf befunden haben, so dass er 48 Stunden dalag wie im Traum, und beim Erwachen nicht über die Zeit orientirt war.

Er leidet ferner seit der Zeit an starkem Durst.

Besonders betont er ein „unheimliches Angstgefühl", welches ihm auch den Schlaf raubt. Der Schlaf ist überhaupt sehr unruhig und durch Träume, die sich auf den Unfall beziehen, gestört.

Anfangs hatte er Flimmern vor den Augen, das sich aber nun zurückgebildet hat.

Die Hörkraft hat sich auf dem linken Ohr verringert.

Beim Athemholen empfindet Patient einen Schmerz, der, von der rechten Hypochondriengegend ausgehend, sich durch das ganze Bein bis zur grossen Zehe erstreckt.

Nach einem von Herrn Geheimrath L. ausgestellten Attest bestand in der nächsten Zeit nach der Verletzung eine rechtsseitige Pleuritis. Ausserdem wird Polyurie hervorgehoben.

Status: Angaben des Kranken sind klar und bestimmt, werden aber zögernd und unter dem Einflusse einer gewissen Aengstlichkeit und Verlegenheit hervorgebracht.

Von Zeit zu Zeit verzerrt er das Gesicht schmerzhaft, indem er nach der rechten vorderen Thoraxgegend greift; er schildert die Schmerzen wehenartig und glaubt, sie durch Druck mildern zu können. In der von ihm als Sitz der Schmerzen bezeichneten Gegend lässt sich weder durch Inspection noch durch Palpation etwas Pathologisches nachweisen, aber es wird hier schon ein leichter Druck in die Tiefe als schmerzhaft bezeichnet, sei es, dass man denselben gegen die Rippen oder die Muskulatur richtet. Eine einfache Berührung der Haut wird jedoch nicht schmerzhaft empfunden.

Auscultation und Percussion ergiebt nichts Besonderes.

Auch ein die Gegend des linken Rippenbogens treffender Druck erzeugt Schmerzen, aber nicht in dem Maasse wie rechts.

Die Bewegungen im Bett führt der Kranke sehr vorsichtig aus, indem er sich mit den Händen fest aufstützt und den Rumpf langsam dreht.

Beim Gehen und Stehen bewegt er sich ziemlich frei. Er kann sogar durch's Zimmer laufen, legt aber dabei die Hand in die rechte Seite.

Die activen Bewegungen der Arme sind nicht beeinträchtigt, Pat. stöhnt aber, wenn er die Bewegungen kräftig ausführt, z. B. beim Händedruck, weil er dabei Schmerzen in der rechten Hypochondriengegend empfinden will.

Die Bewegungen der unteren Extremitäten sind zwar in ihrer Ausdehnung nicht beschränkt, erleiden aber dadurch eine Störung, dass sie, wenn er sich anstrengt, Schmerzen in der rechten Thoraxgegend erzeugen. Patient geberdet sich dabei auch wie Jemand, der eine Bewegung möglichst einzuschränken sucht, weil sie ihm schmerzhaft ist.

Kniephänomene beiderseits gesteigert.

Es besteht eine starke Schweisssecretion an Händen und Füssen (an den Händen angeblich erst seit der Erkrankung).

Schmerzgefühl auf der Kopfhaut etc. erhalten.

Geruch fehlt auf beiden Nasenlöchern (vor dem Unfall will er stets gut gerochen haben). Das excentrische Sehen ist nur in geringem Grade beschränkt.

Geschmack erhalten.

Gehör auf dem linken Ohr verringert.

Im Bereich der Augenmuskelnerven sowie der Nervi quinti nichts Abnormes. An den oberen Extremitäten ist das Gefühl erhalten.

Am Rumpfe findet sich eine Zone, die rechts in der Höhe der 6. Rippe beginnend, hinabreicht bis zu einer Linie, welche die Darmbeinkämme mit einander verbindet, in welcher Berührungen nicht wahrgenommen werden, auch leichte Nadelstiche nicht gefühlt werden, während tiefere inc Schmerzempfindung auslösen. Dieser hypästhetische Bezirk, dessen

Abgrenzung übrigens keine ganz scharfe ist, hat etwa die Form eines Halb-
gürtels. erreicht aber die Wirbelsäule nicht ganz und verschmälert sich nach
hinten.

An den unteren Extremitäten ist die Sensibilität gut erhalten. Patient
hustet und wirft ein schleimiges Sputum aus, dem auch einmal eine Spur Blut
beigemengt war. Die rechte Lungenspitze steht etwas tiefer als die linke.
Man hört hier ab und zu einzelne Rasselblasen (später nicht mehr).

Patient ist fortwährend ängstlich erregt und sein Gesichtsausdruck hat stets das Gepräge ängstlicher Verstimmung. Er schreckt leicht auf.
Als in seiner Gegenwart einem anderen Patienten ein Haarseil applicirt wird,
springt er entsetzt auf und zeigt sich sehr aufgeregt. Am auffälligsten ist
die Erregbarkeit des Herznervensystems. Wenn Patient ganz ruhig
ist, schwankt die Pulsfrequenz zwischen 70 und 90. Bei geringen Anlässen:
Gehen durch's Zimmer, Erschrecken des Kranken dadurch, dass man plötzlich
hinter seinem Rücken einen Gegenstand fallen lässt, hebt sich dieselbe auf
140—160 Schläge per Minute. Als der Arzt den Patienten in der Nacht
um 1 Uhr besuchte, fand er eine Pulsfrequenz von über 160, der Patient lag
wie im Schweiss gebadet. Er erwähnt bei der Gelegenheit, dass er überhaupt
wenig schlafe, sich immer wie im Halbschlaf befinde „und dabei kommt mir
Alles vor".

Die Untersuchung des Herzens ergiebt eine sehr lebhafte diffuse
Pulsation, die über dem Sternum sowie in einem grossen Bezirk der
linken Thoraxgegend gefühlt wird, jedoch keine Erweiterung der Herzgrenzen,
keine Geräusche. Auch die Respiration ist stark beschleunigt, aber
ohne wesentliche Anspannung der Hülfsmuskeln. Der Kranke klagt über
knappe Luft, besonders beim Treppensteigen. Ferner berichtet er, dass er an
Schwindelanfällen leide, die so stark seien. dass er sich festhalten müsse,
um nicht hinzufallen. Am 3. Juli wird vom Wartepersonal und den Mitpatienten beobachtet, dass Patient plötzlich vom Stuhle fiel, er sah dabei
sehr blass aus. Er selbst giebt an. es habe sich Alles um ihn gedreht. dann
sei er hingefallen, habe aber die Besinnung nicht verloren. Ein solcher
Anfall wurde auch ärztlicherseits beobachtet. Patient wurde ungeheilt entlassen.

Nachtrag: Nach bahnärztlichen Attesten jedenfalls keine Besserung.

Beobachtung XIV.

Ursache: Sturz von einem Eisenbahnwagen auf den
Kopf und die rechte Körperhälfte.

Symptome: Psychische Störung. Gedächtnissschwäche.
Schwindelanfälle. Hemiparesis dextra ohne Betheiligung
der Hirnnerven. Abnahme des Muskelvolumens der gelähmten Extremitäten. Hemianästhesie mit Betheiligung
der Sinnesorgane.

Verlauf: Chronisch, stabil.

K. L., 37 Jahre alt, ist krank seit dem 28. September 1883. An diesem Tage fiel er von einem Eisenbahnwagen herunter und zwar so, dass die rechte Körperhälfte und der Kopf auf den Boden aufstiessen. Er hatte eine Hautwunde in der rechten Orbitalgegend, eine Contusion der Hüfte und eine „Verrenkung im Fussgelenk" davon getragen. Er war gleich nach dem Fall bewusstlos, wie lange, weiss er nicht anzugeben. Nach dem Erwachen hatte er Stiche im Kopfe, Schwindel und ein wüstes Gefühl, als ob ihm der Kopf centnerschwer wäre. Auch kamen ihm allerlei fremdartige Gedanken in den Kopf. 11 Tage lang musste er wegen der Verletzungen das Bett hüten, als er dann wieder gehen konnte, musste er sich auf einen Stock stützen wegen der Schwäche in der rechten Körperhälfte, die immer mehr zunahm: es fiel ihm ferner auf (beim Rasiren etc.), dass das Gefühl in der rechten Gesichtshälfte abgestorben war. Der rechte Arm und das rechte Bein waren wie eingeschlafen.

Besonders peinigend für ihn ist ein veränderter Gemüthszustand: er ist gleichgültig gegen die Aussenwelt und selbst gegen seine Familie geworden, ängstlich traurige Vorstellungen plagen ihn: als wenn ihn Jemand morden wolle, als ob er selbst ein Verbrechen begangen habe, als ob das Haus, in dem er sich befindet, über ihm zusammenstürzen würde etc. Besonders lebendig werden diese Vorstellungen, wenn er sich im Traume oder im Halbschlaf befindet. Nach den Aussagen seiner Frau ist er zerstreut und gedächtnissschwach geworden, er vergisst alle Aufträge, berichtet Erlebnisse, die in Wirklichkeit gar nicht passirt sind, er glaubt von diesem oder jenem Bekannten bestellt zu sein, geht in die Häuser derselben und erfährt dann zu seiner Verwunderung, dass ein Auftrag an ihn gar nicht ergangen ist. Er begegnet Personen, mit denen er Jahre lang verkehrt hat, und weiss sie nicht unterzubringen, er muss dann Stunden lang darüber nachgrübeln etc. Am wohlsten ist ihm, wenn Niemand mit ihm spricht, denn ein kleiner Anlass reizt ihn, kränkt ihn, bringt ihn ausser Fassung. Am ängstlichsten ist ihm, wenn er über die Strasse geht, es befällt ihn dann oft ein heftiges Schwindelgefühl, so dass er wie ein Betrunkener geht. Oft ist es ihm, als höre er seinen Namen rufen etc. Zeitweise hat starkes Erbrechen bestanden (März bis Mai 1884, später nicht mehr). Er leidet oft an Flimmern vor den Augen, hat vor dem rechten Auge stets einen Flor und klagt über Ohrensausen.

Eine Untersuchung des Kranken wurde im Jahre 1884 vor der Erledigung seiner Entschädigungsangelegenheit, als auch im Jahre 1885 nach derselben vorgenommen, die subjectiven Beschwerden sowohl wie der objective Befund stimmen an beiden Terminen bis in die Details überein und differiren nur insofern, als nach der letzten Untersuchung die Schwäche der rechten Extremitäten eine Zunahme erfahren hat.

Status: Keine merkliche Störung der Intelligenz. Anästhesie der behaarten Kopfhaut und der rechten Körperhälfte, jedoch hier nicht in gleichmässiger Verbreitung, sondern in der Weise, dass an der Radialseite der oberen Extremität weit besser gefühlt wird, als an der ulnaren, ebenso an der lateralen Fläche der Unterextremität besser als an der medialen.

Die Anästhesie erstreckt sich auf alle Sinnesqualitäten, besonders deutlich marquirt sich die Analgesie. Patient erwähnt aber bei dieser Prüfung, es sei ihm bei einer der früheren Untersuchungen aufgefallen, dass die Nadelstiche etwa nach einer Stunde jucken und schmerzen. Das Muskelgefühl ist gut erhalten.

Der Geruch fehlt auf dem rechten Nasenloch, der Geschmack ist beiderseits stark beeinträchtigt.

Die G. F. erweisen sich bei der ersten Untersuchung (Ende 1884) im mässigen Grade concentrisch eingeengt. bei der letzten ist diese Störung geschwunden und es macht sich nur die eine Abnormität geltend, dass die Augen schnell ermüden. Thränen und Flimmern eintritt etc. An den Pupillen nichts Auffallendes. ebenso wenig am Augenhintergrunde. Facialis und Hypoglossus frei.

Die rechte Oberextremität ist weniger voluminös als die linke, die activen Bewegungen werden in nur beschränkter Ausdehnung, mit wenig Kraft und unter Zittern ausgeführt; da Patient bei denselben starke Schmerzen in der Gegend des Schultergelenks empfinden will, so lässt sich der Grad der Motilitätsstörung nicht bemessen; jedenfalls ist aber deutliche Schwäche nachweisbar.

In der rechten Unterextremität sind die passiven Bewegungen durch Muskelanspannung erschwert; ob es sich um wirkliche Spasmen handelt, ist nicht sicher zu ermitteln, da Patient wegen der Schmerzen activ anspannt. (Beiderseits Pes planus.)

Active Beweglichkeit in der rechten Unterextremität merklich gestört, Patient schleift das rechte Bein nach und ist nicht im Stande, dasselbe im Kniegelenk völlig zu strecken. Cremaster- und Bauchreflex beiderseits vorhanden, Sohlenreflex links lebhaft, rechts nur angedeutet.

Appetit, Blasen- und Mastdarmfunction ohne Störung.

Auch ist die Potenz erhalten. Kein Gürtelgefühl etc.

Beobachtung XV.

Ursache: Sturz vom Pferde, Fall auf den Kopf.

Symptome: Anfälle von Bewusstlosigkeit mit Aura von der Narbe ausgehend, sowie Zustände hallucinatorischer Verwirrtheit und Angstparoxysmen. Ausgebreitete Sensibilitätsstörungen, sowie Beeinträchtigung der Sinnesfunctionen. Kopfschmerz, Erbrechen.

Verlauf: Ungeheilt entlassen. Auch später nur geringe Besserung.

C. B., 28 Jahre alt, Feuerwehrmann.

Anamnese: Patient will bis auf sein jetziges Leiden stets gesund gewesen sein. Er führt seine Erkrankung auf eine Verletzung zurück, die er am 2. Januar 1885 acquirirte. An diesem Tage ritt er das Sattelpferd eines Feuerwehrwagens, die Pferde gingen durch, stürzten, Patient schlug mit dem Kopf über den Hals des Pferdes hinweg auf das Steinpflaster und verwundete sich über dem rechten Auge und an der rechten Hand. Er konnte sich noch aufrichten, erkannte noch, dass das Pferd sich bäumte, sank aber dann bewusstlos um. Er wurde der chirurgischen Abtheilung der Charité übergeben und lag dort angeblich 1½ Stunden ohne Bewusstsein. Die Wunde über dem rechten Arcus superciliaris, die sich als eine leichte erwies, heilte bald, so dass Patient schon 14 Tage nach seiner Aufnahme entlassen werden konnte. Einige Tage später liess er sich von Neuem recipiren (in die Leydensche Abtheilung), weil er über Flimmern vor den Augen und „Krampfanfälle", die inzwischen wiederholentlich aufgetreten waren, zu klagen hatte.

Die wesentlichsten Anomalien, welche während einer mehrwöchentlichen Beobachtung im Krankenhause constatirt wurden, waren Anfälle, in denen Patient um sich schlug, für Momente das Bewusstsein verlor, andermal plötzlich aufsprang und mit Gewalt fortdrängte, so dass er nur schwer zurückgehalten werden konnte (s. u.).

Diese Anfälle werden gewöhnlich eingeleitet durch eine von der Narbe ausgehende Schmerzempfindung mit Flimmern vor dem rechten Auge.

Der Nervenabtheilung wurde Patient am 29. Mai überwiesen. Seine Hauptklage bezieht sich auch jetzt auf die anfallsweise auftretende Bewusstseinsstörung: Von der Narbe aus geht ein heftiger Schmerz, der zum Kopf zieht und sich dort festsetzt. Es flimmert dann 3—4 Minuten lang vor beiden Augen und zwar zuerst vor dem rechten, dann wird es ihm mit einem Male so, als ob alle Gegenstände grösser werden, sich entsetzlich rasch drehen, auch der Boden unter den Füssen schwankt, Beine und Arme werden schlaff, der Kopf sinkt herunter, dann stürzt er bewusstlos um und liegt bis zu einer Stunde in diesem Zustande. Beim Erwachen weiss er nicht, wo er ist, und das Erste, was er jetzt bemerkt, ist ein starker rechtsseitiger Kopfschmerz, der etwa noch ½ Stunde anwährt; dann ist ihm wieder wohl.

In der letzten Zeit hatte er wöchentlich durchschnittlich drei Anfälle, meistens nicht so heftig wie die geschilderten, das Bewusstsein verlor sich nur momentan oder er hatte nur ein sehr wüstes Gefühl im Kopf und so starken Schwindel, dass er sich festhalten musste. Zwischen den Attaquen war er leidlich gesund. nur trat zuweilen unvermuthet Angst auf und ein eigenthümliches schreckhaftes Gefühl durchflog den Körper; diese Zustände waren nicht von Schmerzen begleitet. Besonders aufregend wirkt auf ihn das Alarmgeläute der Feuerwehr, das auch schon einmal einen „grossen Anfall" ausgelöst hat.

In der letzten Zeit ist er sehr reizbar geworden. Kleinigkeiten bringen ihn in Erregung, die Stimmung ist fortwährend eine gedrückte, ohne dass er traurigen Vorstellungen nachhängt. Die Sehkraft hat gelitten, schwarze Punkte verdunkeln das Gesichtsfeld, bei längerem Lesen laufen die Buchstaben durcheinander und das Papier sieht schliesslich schwarz aus.

Zeitweise wird er von Ohrensausen gequält.

Auch ist es dem Patienten selbst aufgefallen, dass die Haut an einzelnen Stellen gefühllos geworden ist. Wenn er sich beim Waschen die Haare nass machte, hat er dies an der vorderen Hälfte der Kopfhaut nicht wahrgenommen.

Die Geschlechtskraft ist fast erloschen.

Status: Eine Störung der Intelligenz oder des Gedächtnisses des Patienten macht sich nicht bemerkbar. Seine Angaben sind präcise und harmoniren gut untereinander. Er ist gedrückter Stimmung, schaut trübe drein und schliesst sich gegen seine Umgebung möglichst ab. Er klagt über Beklemmungsgefühl und Angstzustände. Durch die rechte Augenbraue zieht sich eine liniäre Narbe, unter der der Knochen nicht verdickt ist; auf Druck ist die Gegend nicht besonders empfindlich.

Die Prüfung der sensiblen Functionen lehrt, dass die vordere Kopfhälfte gegen tactile und schmerzhafte Reize anästhetisch ist. Der sensible Bezirk der Kopfhaut grenzt sich gegen den anästhetischen ziemlich scharf ab durch eine Linie, die von einem Ohr über die Sagittalnaht hinweg zum anderen zieht. Auch die Stirngegend bis zu den Augenbrauen hin ist unempfindlich, während die untere Gesichtshälfte ganz normale Sensibilität besitzt. Warm und kalt werden an der Stirn nicht unterschieden, dagegen im unteren Gesicht ganz genau. An der Brust und an der linken Oberextremität werden alle Reize wahrgenommen. An der rechten Oberextremität ist das Gefühl bis etwa zum unteren Drittel des Unterarms gut erhalten, dieser Theil des Unterarms aber und die Hand sind gegen alle Reize unempfindlich. Das sogen. Muskelgefühl ist an der rechten Oberextremität schwer geschädigt: passiv vorgenommene Stellungsveränderungen werden selbst in den grösseren Gelenken nur unvollkommen wahrgenommen.

Die Bewegungen keineswegs atactisch.

Bringt man, während Patient die Augen geschlossen hält, die rechte Oberextremität in verschiedene Stellungen und fordert ihn auf, mit der linken nach derselben zu greifen, so irrt er oft erheblich vorbei.

An den unteren Extremitäten stumpft sich erst im unteren Theil der Unterschenkel und an den Füssen das Gefühl etwas ab. Eine Störung des Muskelgefühls tritt nur insofern hervor, als die in den Fuss und Zehengelenken vorgenommenen Stellungsveränderungen von dem Patienten nicht percipirt werden.

Sohlenreflex fehlt beiderseits selbst bei tiefen Nadelstichen.

Was das Sehvermögen angeht, so klagt Patient über Flimmern vor den Augen und Blendungserscheinungen.

Das Gesichtsfeld zeigt beiderseits eine concentrische Einengung für Weiss und für Farben, doch nicht beträchtlichen Grades (40⁰ aussen).

Ohne Gläser liest Patient 0,6 und ermüdet sehr leicht. Eigenthümlich ist, dass er nur im ersten Momente gut für die Ferne erkennt, dann wird es sofort trübe und die Buchstaben schwimmen durcheinander. Mit + 10 beiderseits 0,3. Auffallend ist die starke Herabsetzung der Convergenz.

Ophthalmoskopisch beiderseits: Papillengrenzen scharf, nur nach oben und unten ein wenig undeutlich, wohl nichts Pathologisches. Die Venen erscheinen etwas abnorm weit.

Geruch fehlt auf rechtem Nasenloch vollständig, ist links stark herabgesetzt. Geschmacksvermögen erheblich beeinträchtigt beiderseits.

Gehör ist anfangs nicht geprüft worden, später: Gehörschärfe beiderseits vermindert, rechts wird Flüstersprache erst dicht am Ohr, links in 1 Fuss Entfernung wahrgenommen.

Am Gange des Patienten ist etwas Pathologisches nicht wahrzunehmen, er vermag auch gut zu laufen. Die activen Bewegungen in den oberen Extremitäten zeigen keine auffällige Störung, nur ist der Händedruck R. etwas matter als L.

Die passive Beweglichkeit ist in den Gelenken der beiden Unterextremitäten erhalten. Die activen Bewegungen werden geläufig und in guter Ausdehnung ausgeführt, dagegen ist die geleistete Kraft im Vergleich zu der kräftigen Muskelentwickelung nur eine geringe, schwillt aber langsam an und erreicht, wenn Patient sich so anstrengt, dass ihm das Blut ins Gesicht schiesst, eine fast normale Höhe.

Sehnenphänomene sind in gewöhnlicher Stärke ausgeprägt.

Patient klagt oft über Kopfschmerz, Schwindel, zeitweise tritt auch Erbrechen ein.

Im Laufe der Beobachtung sind nun wiederholentlich anfallsweise psychische Anomalien und Bewusstseinsstörungen aufgetreten, die ich so, wie sie jedesmal im Journal verzeichnet wurden, beschreiben will.

17. Mai. Am gestrigen Abend gerieth Patient in einen Zustand von Verwirrtheit, für den er heute keine klare Erinnerung hat. Es habe plötzlich vor seinen Augen geflimmert, Schwindel stellte sich ein, so heftig, dass das Bett mit ihm tanzte — dann hat sich sein Bewusstsein umflort. Nach den Berichten der Umgebung soll er wiederholentlich wie im ängstlichen Traume ausgerufen haben: „Wenn alarmirt wird, bringen Sie mir den Gurt etc." Als der Arzt hinzukam, war Patient traumhaft verwirrt, die Pupillen reagirten prompt, es bestand aber über den ganzen Körper Analgesie, so dass selbst das Durchbohren des Nasenknorpels keinen Schmerz erzeugte. Nach dem Anfalle zeigte sich das Gesichtsfeld weit erheblicher eingeengt als früher.

18. Juni. Heute hatte der Patient während der Visite einen Anfall. Er klagte erst über Kopfschmerzen, blickte dann mit stierem Blick um sich, verkannte seine Umgebung, murmelte vor sich hin. Es bestand völlige Analgesie. Die Pupillen verengten sich prompt auf Lichteinfall. Experimenti causa wurde nun Alarm gerufen, Patient sprang sofort in die Höhe, drängte fort und musste zurückgehalten werden. Kurz darauf erwachte er aus seinem Traumzustande und hatte nur lückenweise Erinnerung für das Geschehene.

26. Juni. Als Patient heute früh im Garten war, wurde bemerkt, dass er sich auf die Bank legte, erbleichte und auf Anreden nicht mehr reagirte. Zuckungen wurden nicht beobachtet. Nach eigener Angabe ist er erst schwindelig und dann völlig bewusstlos geworden.

Nachts springt Pat. aus dem Bette, rennt in ein anderes Zimmer und fragt den Wärter: „Wo ist denn mein Sattel, ich muss fortreiten." Wiederholentlich Anfälle von Schwindel und Erbrechen.

Nach dem Genusse von Alkohol sowie subcutaner Aetherinjection stellte sich vorübergehend beträchtliche Erweiterung des Gesichtsfeldes ein.

Ungeheilt entlassen; im Laufe des folgenden Jahres geringe Besserung.

Beobachtung XVI.

Ursache: Schlag auf den Kopf durch einen 2 Centner schweren Hebel.

Symptome: Angstzustände, in specie Platzangst, Schreckhaftigkeit und Gedächtnissschwäche. Anästhesie und sensorische Störungen. Eigenthümliche Gangart.

Verlauf: Während der ersten Zeit Verschlimmerung, dann circa 2 Jahre stabiler Verlauf, darauf Besserung.

W. Sch., 49 Jahre alt, Hammerschmied. Stammt aus gesunder Familie und ist bis zu seiner jetzigen Erkrankung im Wesentlichen gesund gewesen.

Am 21. November 1882 erhielt er, als er beim Schmieden beschäftigt war, einen Schlag auf den Kopf mit einem 2 Centner schweren Hebel; er fiel sofort ohnmächtig zusammen. Die Kopfwunde heilte nach 6 Wochen. In kurzer Zeit entwickelte sich eine Reihe krankhafter Erscheinungen von Seiten des Nervensystems, die er so schildert: „Seit dem Unglück werde ich von Blutandrang nach dem Kopfe, Schwindel, Flimmern vor den Augen, Ohrensausen und oft heftigem Kopfschmerz heimgesucht, auch bin ich häufig sehr aufgeregt. Ich leide an Kribbeln in Händen und Füssen sowie an Zuckungen. Seit mehreren Wochen ist es mir so, als ob ich kein richtiges Gefühl unter den Füssen hätte. Ich bin ängstlich beim Auftreten und komme in Gefahr zu fallen, wenn ich nicht genau hinsehe, wohin ich gehe. Gehe ich über einen freien Platz, so befällt mich Angst und Schwindel, so dass ich oft die Vorübergehenden habe bitten müssen, mir das Geleite zu geben. Mein Gedächtniss hat sehr gelitten, so dass ich mich oft auf die bekanntesten Namen, Personen und Ereignisse nicht zu besinnen weiss. Beim Sprechen fehlt es mir oft an den geläufigsten Ausdrücken und verliere ich leicht den Zusammenhang meiner Rede. Das leiseste Geräusch —, wenn ein Gegenstand zur Erde fällt, erschreckt mich. Werde ich plötzlich zum Reden aufgefordert, so schrecke ich zusammen; ich fühle mich den Augenblick so beklommen, dass ich kein Wort herausbringen kann und mir wird dabei ganz wirr im Kopf. . . . Es kommt mir vor, als ob der Boden unter mir immer schwankt. Beim Laufen muss ich stets den Boden fixiren, sehe ich einmal auf, so scheinen sich die Gegenstände um mich zu bewegen und mir wird dabei ängstlich und wirr".

Status: Kräftig gebauter muskulöser Mann.

Auf der hinteren Hälfte des rechten Os parietale eine etwa 4 Ctm. lange Narbe, deren Ränder stark gewulstet sind, unter derselben deutliche Knochendepression; empfindlich auf Druck und Beklopfen.

Gesichtsausdruck ängstlich und sonderbar starr. Im Wesen des Patienten drückt sich grosse Befangenheit aus. Redet man ihn an, so wird er unruhig, tastet mit den Händen umher und sammelt ein paar Worte. Er schreckt bei dem leisesten Geräusch zusammen. Fortdauernde Gemüthsverstimmung.

Keinerlei Lähmungserscheinungen.

Keine Contracturen. Sehnenphänomene normal, Sohlenreflex abgestumpft.

Ophthalmoskopisch: Rechte Papille nach innen und unten etwas verwischt, sonst nichts Abnormes.

G. F. beiderseits für Weiss und Farben auf 5—10° eingeschränkt

An der Gesichts- und Kopfhaut starke Abstumpfung des
Berührungsgefühls, ebenso ist das Schmerzgefühl deutlich verringert. Auch die Mundschleimhaut ist an der Störung betheiligt, während in der Nase gut gefühlt wird.

Starke Herabsetzung der Sensibilität in allen Qualitäten an
den oberen Extremitäten, im geringeren Grade am Rumpf und den
unteren Extremitäten. Merklich gestört ist das Muskelgefühl;
Patient muss alle Bewegungen mit den Augen controliren.

Geruch besonders links herabgesetzt, Geschmack fast völlig
fehlend.

Flüstersprache beiderseits erst dicht am Ohr gehört.

Knochenleitung für Uhr und Stimmgabel L. aufgehoben, R.
abgeschwächt. Sehschärfe L. = $1/2$, R. $1/3$.

Stehen: Bei geöffneten Augen ruhig, bei geschlossenen Augen starkes
Schwanken.

Der Gang des Patienten ist eigenthümlich und schwer zu schildern. Er
geht breitbeinig, balancirt stark mit den Armen, fixirt fortwährend den Fussboden, hebt die Füsse übermässig hoch vom Boden etc. Giebt an, es wäre
ihm, als ob er sich auf einem schwankenden Nachen befände; die Gegenstände
schienen an ihm vorüberzuschweben wie beim Fahren auf der Eisenbahn. Er
fühle den Widerstand des Fussbodens nicht, habe keinen rechten Grund unter
den Füssen etc.

Der Patient ist Monate lang beobachtet worden, ohne dass sich wesentliche Veränderungen in seinem Befinden haben constatiren lassen, nur sind die
psychischen Erscheinungen (Angst und Schreckbarkeit) allmälig etwas abge-
klungen. Das G. F. hat sich auf etwa 30° erweitert. Die sensiblen Störungen
haben keine gröberen Schwankungen erkennen lassen.

Die Kopfschmerzen sowie die ausstrahlenden Schmerzen in den Extremitäten werden noch immer besonders häufig geklagt; die Schwindelanfälle bestehen fort.

Hydropathische, elektrische, magnetische und medicamentöse Behandlung
ist ohne Erfolg geblieben.

Als er nach circa einem Jahre noch einmal untersucht wurde, war eine
Besserung zu constatiren.

Beobachtung XVII.

Ursache: Verletzung der linken Kopfhälfte und
Schulter durch herabstürzenden Holzbalken.

Symptome: Mehrwöchentliche Benommenheit etc.,
darauf Schwindel und Anfälle von Bewusstlosigkeit,

Schwäche und Zittern, besonders in den linken Extremitäten, Gefühlsstörung. Stimmungsanomalien. Hemiparesis sinistra ohne typische Betheiligung des Facialis und
Hypoglossus. Zittern. Sprachstörung. Harnbeschwerden. Hemianaesthesia sinistra mit Einschluss der
Sinnesorgane. Lichtscheu mit entsprechendem Ble-
pharoclonus.
Verlauf: Patient steht erst kurze Zeit unter Beobachtung.

K. V., Stellmacher, 35 Jahre alt.

Anamnese: Erhebliche Belastung wird in Abrede gestellt. Kein Abusus spirit.

Am 23. November 1887 verunglückte er auf folgende Weise: Er trug als
Hintermann an einem 8 Centner schweren Holzbalken. Beim Aufladen
auf einen Stapel konnten die Vorderleute den Balken nicht halten, so dass das
Vorderende stürzte, das hintere flog empor und traf den Patienten, der auf der
linken Schulter trug, in der linken Kopfgegend und dann die linke Schulter-
und Brustgegend. Er verlor die Besinnung. Als er wieder zu sich kam,
war er zu Hause und hatte eine Eisblase auf dem Kopfe. Erst nach 8 Wochen
kam er wieder ganz zu sich, war bis dahin stets benommen und verwirrt. Es
hatte sich nach der Verletzung eine Anschwellung der ganzen linken Kopfhälfte, namentlich in der Umgebung des Ohres gebildet, die unter ärztlicher
Behandlung zurückging.

Als er nach 13 Wochen das Bett verliess, empfand er Schwindelgefühl, Schwäche und Zittern im linken Arm, Kraftlosigkeit in der
linken Hand, Schmerzen in der linken oberen Extremität und Schwerhörigkeit auf dem linken Ohre. Seine Stimmung war immer trübe, sein Gedächtniss geschwächt.

Anfang März stürzte Patient plötzlich zu Boden und verlor die
Besinnung vollständig.

Er leidet seit dem Unfalle an Stuhlverstopfung sowie an Harnbeschwerden: manchmal muss er stark pressen, andermalen besteht Incontinenz.

Status: Kräftiger Knochenbau. Dürftiger Ernährungszustand.

Aengstlich-bekümmerter Gesichtsausdruck, gebückte Haltung. Patient
ist still und in sich gekehrt, schliesst sich gegen die Aussenwelt ab und wird
häufig weinend angetroffen. Glaubt nicht, wieder gesund zu werden, und verlangt zu seiner darbenden Familie zurückzukehren.

Die oberen Extremitäten, besonders die linke, welche gegenwärtig unterstützt sind, zeigen fortwährende Zitterbewegungen, deren Intensität
wechselt. Es kommen circa 6 Zitterbewegungen auf die Secunde; auch der
Kopf wird zuweilen von dem Zittern ergriffen. Dasselbe steigert sich während
der Untersuchung bedeutend, sowohl unter dem Einfluss psychischer Erregung
als unter dem der willkürlichen Bewegung.

Starker Schweissausbruch aus den Axillae, besonders der linken,
während der Untersuchung.

Ueber dem linken Scheitelbein findet sich eine kleine Narbe, welche mit dem Knochen nicht verwachsen ist: keine Verdickung des Knochens. Ein leichter Druck, der die Gegend der Narbe trifft, wird als schmerzhaft bezeichnet.

Beide Pupillen von gleicher Weite, mittelweit und entschieden etwas träger Lichtreaction. Sobald ein Licht dem Auge genähert wird, tritt ein starkes Zwinkern der Lider und Fliehen der Bulbi ein, wie bei lichtscheuen Personen.

Ophthalmoskopisch nichts Abnormes. Während der Untersuchung andauernd spastische Contractionen der Orbicul. palp. und Klagen über Blendungsgefühl.

Die Convergenz der Bulbi gelingt nicht vollständig. Im Uebrigen sind die Bewegungen der Bulbi im Ganzen frei.

Keine Asymmetrie im Gesicht. Bei Bewegungen wird der Mund etwas nach links verzogen, doch kann von einer Constanz dieser Erscheinung keine Rede sein.

Die Zunge wird ungeschickt hervorgestreckt und schief, bald etwas nach rechts, bald nach links abweichend.

Auf der ganzen linken Körperhälfte mit Einschluss der Schleimhäute ist die Sensibilität stark herabgesetzt, das Schmerzgefühl vollständig aufgehoben.

Die Hypästhesie greift am Rumpf ein wenig über die Mittellinie hinüber.

Auch das Lagegefühl ist insofern beeinträchtigt, als der Kranke die passiv an den Extremitäten vorgenommenen Bewegungen nicht wahrnimmt. Er greift aber bei Augenschluss sicher mit der rechten Hand nach der linken.

Das Gesichtsfeld auf dem linken Auge ist stark concentrisch eingeengt; während des Perimetrirens tritt ein so starkes Zittern des Kopfes und schliesslich des ganzen Körpers ein, dass die Prüfung unterbrochen werden muss. Das Verhalten des G. F. auf dem rechten Auge wird daher nicht bestimmt.

Geruch und Geschmack links aufgehoben.

Flüstersprache wird links erst dicht am Ohre gehört, auf dem rechten Ohre in einer Entfernung von 3—4 Metern. Auch Knochenleitung für Stimmgabeltöne links herabgesetzt.

Die Bewegunges des linken Armes werden unkräftig und unter Zittern ausgeführt, der rechte agilirt kräftiger.

In den Gelenken der unteren Extremitäten keine Steifigkeit.

Kniephänomene beiderseits etwas gesteigert. Der Schlag auf die Patellarsehnen führt zu klonischen Zuckungen im Quadriceps.

Kein Fusszittern.

Das rechte Bein wird bis zur vollen Höhe von der Unterlage erhoben, aber mit verringerter Kraft und unter starkem, schnellschlägigem Tremor, der sich zu einem Schüttelkrampf steigert.

Das linke Bein bringt er kaum von der Unterlage, dieses zittert noch stärker. Patient klagt dabei über Beklemmungsgefühl und Herzklopfen, und wird eine Pulsfrequenz von 124 constatirt. Das linke Bein wird beim Gehen ein wenig steif gehalten und etwas nachgezogen. Patient kann nur langsam gehen.

Die Sprache ist beeinträchtigt; sie ist verlangsamt, zuweilen abgesetzt, als ob er wegen Beklemmung und Erregung nicht geläufig sprechen könne. Bevor ein Wort herauskommt, stellen sich unzweckmässige Bewegungen in der Mundmuskulatur ein.

Der Schlaf ist im Ganzen ruhig, nur wird das Einschlafen schwer, indem der Patient durch ein Hämmern im Kopf belästigt wird.

Steht zur Zeit noch unter Beobachtung.

Nachtrag: Der Zustand hat sich verschlimmert (Attest vom August 1890.

Beobachtung XVIII.

Ursache: Verletzung durch Treibriemen, welcher den in der Fabrik beschäftigten Arbeiter erfasste und bis zur Decke emporriss. Grosser Schreck.

Symptome: Fortschreitende Demenz, Gedächtnissschwäche, epileptische Anfälle, Kopfschmerz, Schwindelgefühl.

Verlauf: Ungeheilt entlassen.

J. R., Tuchscheerer, aufgenommen den 11. October 1886, entlassen den 8. Januar 1887.

Anamnese: R. erlitt in den ersten Tagen des Monats März 1885 einen Unfall dadurch, dass ihn ein Maschinen-Treibriemen (welcher 80 Umdrehungen in der Minute macht) erfasste und mit emporriss bis zur Decke des Fabrikraumes. Um nicht zwischen Riemenscheibe und Decke gequetscht zu werden, hatte er sich mit Kopf und Händen fest gegen die Decke gestemmt. Ein Arbeiter hielt ihn an den Beinen fest, während ein Anderer die 3 Treppen herunterlief und das Anhalten der Dampfmaschine veranlasste. Während dieser Zeit waren ihm die Kleidungsstücke und das Hemd vom Leibe gerissen. Er trug starke Hautaüschürfungen an verschiedenen Körperstellen davon und betont spontan, dass er von einem gewaltigen Schreck ergriffen gewesen sei. Es ist nicht sicher zu ermitteln, ob er darauf die Besinnung verloren hat.

Die ersten Beschwerden stellten sich erst nach einer Woche ein und bestanden in Hämmern in der linken Schläfe, Kopfdruck, Flimmern und Schwindelgefühl. Ausserdem fiel dem Pat. selbst, besonders aber seiner Umgebung, eine Abnahme des Gedächtnisses auf. Er vergass Aufträge, oder bestritt, solche empfangen zu haben, machte seine Arbeit schlecht, wurde interesselos etc.

Fast ein Jahr nach dem Unfall stellte sich ein Anfall von Bewusstlosigkeit ein. „Er fing an, unsinniges Zeug zu reden und dann fiel er um". Mit diesem Zeitpunkte trat eine wesentliche Verschlimmerung ein, indem die

Geisteskräfte merklich abnahmen. Derartige Anfälle von Verlust des Bewusstseins (ohne Zuckungen) haben sich dreimal wiederholt. Nach dem letzten soll
er drei Tage lang verwirrt gewesen sein.

Status: Die auffälligsten Anomalien betreffen die Psyche. Patient
ist schwachsinnig. Er kann einfache Rechnenaufgaben nicht lösen (3 × 18);
seine Interessen beschränken sich fast vollständig auf die Nahrungsaufnahme.
Die Briefe an seine Angehörigen beschäftigen sich fast ausschliesslich mit
diesem Punkte.

Das Gedächtniss für die Zeit vor dem Unfall (seine Soldatenjahre etc.)
ist ein ganz zureichendes, während er die Begebenheiten jüngeren Datums,
selbst solche, die von hohem Interesse für ihn sein müssten, vergisst und
sich von einem Tage zum anderen nicht zu besinnen weiss. In seinen schriftlichen Aeusserungen fehlen ganze Worte, andere werden mehrmals wiederholt.

Seine Mitpatienten halten ihn für einen Schwachkopf, da er an demselben
Tage dieselbe Geschichte immer wieder erzähle, seine kleinen Besitzthümer
(Portemonnae, Kamm, Bürste etc.) fortwährend verlege, seine Umgebung dann
rücksichtslos in Verdacht bringe, dass man ihm dieselben entwendet habe, bis
er sie schliesslich wiederfindet. So hat er sich ein Stück eines Bücklings im
Bett aufbewahrt und wähnte, dass es ihm gestohlen sei etc.

Er weiss nicht, wie er in die Charité gekommen. Dass er den Oberarzt
(der ihn am Tage vor der Aufnahme in der Poliklinik untersuchte) schon gesehen hat, entsinnt er sich nicht.

Linke Pupille etwas weiter als rechte. Gehör gut.

Er klagt häufig über vage Schmerzen, die er bald in den Kopf, bald in
die linke Gesichtshälfte, die linke Hand etc. verlegt.

Ausser den psychischen Anomalien ist etwas Pathologisches nicht zu
constatiren.

Ein Anfall wurde während des Anstaltsaufenthaltes nicht beobachtet.

Nachtrag: Zustand unverändert.

Beobachtung XIX.

Ursache: Sturz von einer Telegraphenstange auf die
linke Körperhälfte.

Symptome: Psychische Störung. Hemiparesis sinistra
mit vorwiegender Betheiligung des Beines und Freibleiben
des Facialis und Hypoglossus. Hemianaesthesia sinistra
mit Betheiligung der Sinnesorgane. L. Pupille > R. Abschwächung der Hautreflexe links. Vasomotorische Störungen. Erkrankung der Muskelsubstanz. Zittern. Verbreiterung des Herzens und starke Beschleunigung der
Pulsfrequenz.

Verlauf: Besserung einzelner Symptome, Verschlimmerung anderer. Bisher keine Heilung.

F. D., Telegraphenwärter, aufgenommen den 17. März 1888.
Anamnese: Keine Heredität. kein Potus etc.

Am 22. Februar d. J. fiel Patient, der beim Ausbessern einer Telegraphen-
leitung beschäftigt war, von einer Telegraphenstange herab aus einer Höhe
von 5—6 Mtr. auf den festgefrorenen Erdboden, und zwar so, dass er auf die
linke Körperhälfte, besonders die linke Thoraxgegend, stürzte.
Er war mehrere Minuten bewusstlos, konnte sich dann aber bis zu der etwa
1 Kilometer entfernten Eisenbahnstation fortschleppen, musste sich unterwegs
häufig wegen grosser Schmerzen, die er besonders in der linken Thoraxgegend
empfand, ausruhen.

Er empfand sogleich heftigen Schwindel. Der Bahnarzt constatirte
einen Rippenbruch und empfahl dem Kranken die Aufnahme in die chirurgische
Abtheilung der Charité.

Etwa 14 Tage nach der Aufnahme stellte sich nach Aussagen des Pat.
in der ganzen linken Körperhälfte ein Gefühl ein, als wenn
Ameisen die Haut entlang liefen, ferner erschien ihm die linke Körperhälfte wie abgestorben. Allmälig bildete sich auch in den linken Extremitäten eine Schwäche aus, sodass der Gang erschwert wurde und von Ostern
ab nur mit Krücken möglich war. Zu dieser Zeit stellte sich auch Herzklopfen ein, welches an Intensität immer mehr zunahm, Patient wurde
schreckhaft. reizbar und von Angstzuständen gequält. Auch aus dem
Schlafe schreckte er häufig auf.

Die Sehkraft nahm ab, so dass er kleine Schrift nicht mehr lesen
konnte; die Buchstaben tanzten ihm vor den Augen etc. Es war ihm, als hätte
er fortdauernd einen Schleier vor den Augen. Im weiteren Verlauf stellte sich
Schwerhörigkeit auf dem linken Ohr ein.

Ueber Kopfschmerz und Schwindel hatte er sich fortwährend zu beklagen.

Status: Patient nimmt die Rückenlage ein und zeigt einen ängstlichen
Gesichtsausdruck. Bei Betrachtung des Thorax fällt die durch die Herzthätigkeit bedingte rhythmische Erschütterung auf, die sich fast der gesammten linken Thoraxhälfte, dem linken Epigastrium und der Abdominalgegend mittheilt. Zu einer fühlbaren Rippenhebung kommt es besonders
an der 5. und 6. Rippe, auch das Sternum wird deutlich gehoben.

Am deutlichsten fühlbar ist der Spitzenstoss im 5. Intercostalraum innerhalb der Mamillarlinie.

Die Herzdämpfung beginnt an der 3. Rippe, geht etwas über den
rechten Sternalrand hinaus und schliesst nach links mit der Mamillarlinie ab.

An der Herzspitze hört man einen unreinen ersten Ton, kein Geräusch,
über der Pulmonalis ein deutliches diastolisches Blasen. Dieses Geräusch
hat in den ersten Monaten der Anstaltsbeobachtung gefehlt, während damals
die Beschleunigung der Pulsfrequenz eine bedeutendere gewesen ist, als gegenwärtig.

Auffallend ist noch eine Dämpfung, welche dem etwas hervorgewölbten
Manubrium sterni entspricht, ohne dass sich hier eine Pulsation fühlen lässt.
Man hört über dem Manubr. sterni zwei reine Töne.

Puls klein, hat eine Frequenz von 100 pro Minute, die sich zuweilen bis auf 120—140 erhebt.

Auch die Respiration ist beschleunigt, es kommen 48 Athemzüge auf die Minute; keine wesentliche Betheiligung der Auxiliärmuskeln.

Pat. ist bei freiem Sensorium, klagt gegenwärtig über Kreuz- und Brustschmerzen, die namentlich beim Gehen eintreten. Es ist ihm, als ob der Körper in der unteren Brustgegend ganz durchgebrochen wäre.

Allgemeiner Ernährungszustand mittelgut.

Haut und Schleimhäute von normaler Färbung; linke Wange gegenwärtig etwas mehr geröthet als rechte. Die linke Pupille ist etwas weiter als die rechte, doch ist die Reaction beiderseits prompt.

Im Bereich der Augenmuskelnerven und des Facialis keine Lähmungserscheinungen.

Auf Geheiss versucht Pat. die Zunge herauszustrecken, bringt sie aber kaum über die Zahnreihen hinweg, er macht dabei eigenthümliche Gesticulationen, reisst den Mund weit auf, der Unterkiefer geräth ins Zittern, aber die Zunge kommt nicht hervor.

Als der Kranke aber gelegentlich einer Geschmacksprüfung gewissermaassen instinctiv (automatisch? ohne speciell auf diese Bewegung gerichteten Willensimpuls?) die Zunge hervorstreckte, kam sie in ganz normaler Weise hervor.

Die Sensibilität für tactile, schmerzhafte und thermische Reize, sowie für den elektrischen Pinsel ist auf der ganzen linken Körperhälfte (incl. Schleimhäute) deutlich vermindert; der Pat. giebt bei allen Reizen an, dass er sie links weniger lebhaft empfindet als rechts und dem entsprechen auch die Abwehr- und Reflexbewegungen. So zuckt er bei Nadelstichen, die die rechte Körperhälfte treffen, lebhaft zusammen, nicht bei den links applicirten.

Auch ist der Conjunctival-, der Sohlen- und der Bauchreflex rechts stärker als links.

Das Gesichtsfeld ist auf beiden Augen concentrisch eingeengt, auf dem linken ist die Einengung eine stärkere als auf dem rechten.

Bei der ophthalmoskopischen Untersuchung, die nichts Pathologisches ergiebt, fällt der häufig eintretende krampfhafte Lidschluss auf.

Geruchs- und Geschmacksvermögen ist links beträchtlich herabgesetzt. Eigenthümlich ist, dass auch die Schnüffelbewegung links viel schwächer ist als rechts.

Flüstersprache wird auf dem rechten Ohre in circa 4 Meter Entfernung gehört, auf dem linken in 2 Meter.

Auch das Lagegefühl ist am linken Arm und linken Bein etwas abgestumpft.

Motilität: Beim Erheben der Arme bleibt der linke zurück. Auch ist die grobe Kraft in allen Muskelgruppen der linken Oberextremität gegen rechts herabgesetzt. Alle Bewegungen sind von einem lebhaften, schnellschlägigen Tremor begleitet, der zuweilen auch in der Ruhe auftritt.

Kein sichtbarer Muskelschwund an den Extremitäten, dagegen lehrt die mikroskopische Untersuchung eines aus dem linken Beine excidirten Muskelstückchens, dass die Querstreifung in vielen Fasern untergegangen ist, sowie dass eine Hypertrophie zahlreicher Primitivfasern besteht[1]). Die Operation (ohne Narkose) verursachte keinen Schmerz. Kniephänomene von normaler Stärke. Das rechte Bein ist gut beweglich. Das linke Bein bringt Pat. nicht von der Unterlage, doch constatirt man leicht, dass er auch die Muskeln des linken Beins in Contraction versetzt, aber trotz aller Anstrengung nicht in der zweckentsprechenden Weise.

Pat. stützt sich beim Gehen auf eine Krücke und bewegt sich sehr schwerfällig durch's Zimmer. Die Gangart ist eigenthümlich und gewährt durchaus nicht das Bild, wie es bei der rechten Hemiplegie beobachtet wird. Er hält das linke Bein vollkommen steif und etwas schwebend, lässt es am Boden schleifen, und zwar so, dass erst die Spitze, dann die Sohle über den Boden hinwegfährt, oder dasselbe berührt den Erdboden überhaupt nicht.

Nach einem Gehversuche erreicht der Puls eine Frequenz von 160.

Unter der Behandlung trat insofern eine Besserung ein, als die Herzthätigkeit ruhiger wurde. Auch glaube ich constatirt zu haben, dass die Verbreitung der Herzdämpfung im Beginn der Beobachtung eine bedeutendere war als später. Dagegen verschlimmerten sich die Lähmungserscheinungen und vertiefte sich die Gemüthsdepression.

Beobachtung XX.

Ursache: Zweimalige Verbrennung der rechten Kopf- und Gesichtshälfte durch Gasexplosion.

Symptome: Kopfschmerz und Gehstörung. Später Angstzustände, Schlaflosigkeit, Paraesthesien in der rechten Körperhälfte. Plötzlich eintretende rechtsseitige Lähmung mit Verschonung des Facialis und Hypoglossus. R. Hemianästhie, doppelseitige sensorische Störungen.

Verlauf: Besserung.

Der 34 Jahre alte Feuerwehrmann Z., ein Mann von kräftigem Körperbau und gesunder Gesichtsfarbe, ist hereditär nicht belastet und gesund gewesen bis zum Jahre 1880. Damals verunglückte er bei einer Gasexplosion in einer Gasolinfabrik am 5. August. Er befand sich in einem Keller und war mit Löschen beschäftigt, dabei sammelten sich noch Gasmassen an, welche explodirten. Patient verlor das Bewusstsein. Als er zu sich gekommen war, merkte er, dass er an seiner rechten Körperhälfte grosse Brandwunden

---

[1]) Auf den Verlust der Querstreifung ist jedoch, da die Untersuchung an excidirten Muskelstückchen vorgenommen wurde, kein Werth zu legen, denn dieselbe kommt arteficiell zu Stande.

davongetragen hatte, Hauptbaar und Bart waren auf jeder Seite vollständig versengt. Sonst fühlte sich Pat. ganz wohl, ging allein nach Hause, musste aber 6 Wochen daniederliegen, bis seine Brandwunden geheilt waren.

Nach dieser Zeit befand er sich wieder vollkommen gesund und ging seinem Dienste nach.

Fünf Jahre später, am 5. Januar 1885, fand eine zweite Gasexplosion statt und zwar mit Leuchtgas, bei der er wiederum betheiligt war. Dieses Mal sollten die Folgen für ihn schlimmerer Art sein.

Patient befand sich tief unten in einem Keller und war mit dem Löschen des Feuers beschäftigt, als sich dort Gas ansammelte und explodirte. Er wurde hierbei an die Mauer geschleudert, die Kappe auf seinem Kopfe wurde zerrissen, der Kopf selbst nicht beschädigt. Die Haare auf seiner rechten Kopfhälfte versengten, ebenso der Schnurrbart; der rechte Gehörgang wurde auch von der Flamme getroffen. Andere Verletzungen ausser den Brandwunden fanden nicht statt. Patient verlor das Bewusstsein, wie er aus der Brandstätte hervorgekommen, weiss er nicht.

Gleich hinterher empfand er einen heftigen Kopfschmerz auf dem Hinterkopf, der nachträglich über den ganzen Kopf sich verbreitete und besonders von den Augenbrauen an „wie ein Blitz denselben durchzuckte". Auch bemerkte er bald darauf, dass er nicht mehr genau hören konnte, und dass sein Genick steif war.

Trotzdem erholte er sich zunächst soweit nach dem Unglücksfalle, dass er allein nach Hause gehen konnte, nur hat er unterwegs stark gebrochen und verspürte ein „furchtbares Angstgefühl".

Zwei Tage darauf kam er in die Klinik des Herrn Prof. L. Nach drei Wochen ungefähr bemerkte er ein Kriebeln und Zucken auf der rechten Seite, konnte Nachts nicht schlafen, hatte ängstliche Träume, als wenn er von einer Decke herunterstürzen sollte und wurde auch am Tage von grossem Angstgefühl geplagt.

Kurz darauf bemerkte Patient eines Morgens, als er aufstehen wollte, dass er nicht mehr treten konnte, dass sein rechtes Bein und auch sein rechter Arm gelähmt waren. Der Kopfschmerz nahm zu und das Genick war steif. Gleichzeitig merkte er, dass sein Stuhlgang träge wurde und ihm das Uriniren schwer fiel, so dass er häufig die Excremente unter sich liess. Auch hatte er den Geruch und Geschmack verloren. Selbst an seiner Sprache merkte er eine Einbusse, insofern er nicht mehr so schnell sprechen konnte wie früher und auf Anreden nicht sogleich Antwort zu geben im Stande war. War er aber einmal im Fluss, so konnte er unbehindert weiter sprechen. Ferner konnte er sein rechtes Auge nicht mehr schliessen und auch nicht seine Lippen zum Pfeifen spitzen (?).

Anfang Mai ging Patient nach Wiesbaden und brauchte dort eine vierwöchentliche Badekur. Dieselbe hatte den Erfolg, dass er den Geschmack wieder gewann, und auch die Sprache geläufiger wurde.

Status praesens den 30. Juli 1885:

Patient ist ein grosser, kräftig gebauter Mann von guter Gesichtsfarbe und vortheilhafter Ernährung. Sein psychisches Verhalten ist ein durchaus

abnormes: Er weint leicht, wenn er an sein Unglück denkt, ist überhaupt
sehr bekümmert, während er früher ein heiterer Mensch gewesen zu sein
angiebt. Er leidet an Angstgefühl und schreckhaften Träumen, so dass er
z. B. Nachts ein Klopfen an der Thür zu hören glaubt und aufsteht, um sich
zu überzeugen, dass er sich getäuscht habe.

Sein Gedächtniss ist sehr kurz geworden, bei jeder Thätigkeit vergisst
er deren Fortsetzung, sobald er unterbrochen wird. Wenn er sich Morgens anzieht, so dauert es sehr lange, da er sich erst besinnen muss, welche Kleidungsstücke er zuerst anzieht.

Die Potenz ist nach seiner Angabe gänzlich erloschen.

Pupillen: Beiderseits gleich, etwas eng. Lichtreaction: beiderseits gut.
Pupillenverengerung bei Convergenzstellung: gut.   Bewegung der Bulbi im
Ganzen frei, nur fallen beim Blick nach rechts und links nystagmusartige
Zuckungen auf.   Beiderseits sehr starke, concentrische Gesichtsfeld-
verengung, rechts noch etwas stärker als links.   Sehschärfe: beiderseits
stark herabgesetzt.   Geruch: Asa foetida wird auf beiden Nasenlöchern nicht
gerochen. Aqua Menthae ebenfalls nicht. Geschmack: Acid. aceticum wird
nicht deutlich geschmeckt, Saccharum dil. links deutlich als süss, rechts undeutlich. Chin. sulfur. links sofort, rechts etwas später als bitter wahrgenommen.

Die Sensibilität ist auf der rechten Gesichts- und Körperhälfte für alle Reize herabgesetzt.

Das Facialisgebiet zeigt keine Lähmung, Pfeifen, Lachen geschieht ohne
Störung; die Zunge wird gerade herausgestreckt, zeigt keinen Tremor.

Die Untersuchung der rechten Oberextremität ergiebt in Bezug auf die
Motilität folgendes: die passiven Bewegungen sind nach allen Richtungen
hin ausführbar, sämmtliche activen Bewegungen aber nur in beschränktem
Maasse und gehen sehr langsam vor sich.   Der Arm wird nicht ganz bis zur
Horizontalen gehoben, auch die Beugung im Ellenbogengelenk gelingt nicht
soweit, dass die Hand die Schulter berührt.   Bewegungen in den Hand- und
Fingergelenken werden nur träge ausgeführt.   Die grobe Kraft ist sehr stark
herabgesetzt. Die Sensibilität in der rechten Oberextremität ist ebenfalls beeinträchtigt. Pinselberührung wird gar nicht wahrgenommen, Druck als Berührung.   Bei oberflächlichen Nadelstichen giebt er stets an, den Knopf zu
fühlen, sehr tiefe Stiche werden mit Spitze, aber auch als schmerzlos bezeichnet.   Das Muskelgefühl ist gestört, nur grobe Lageveränderung giebt
Patient richtig an.

Im Liegen wird die R. U. E. nur etwa einen Fuss hoch von der Unterlage gehoben, die grobe Kraft ist sehr gering.   Die Sensibilität am rechten
Ober- und Unterschenkel ist stark herabgesetzt.   Bei Stichen mit der Nadel
wird die Spitze für Knopf gehalten.   Temperatursinn ist aufgehoben, das
Muskelgefühl herabgesetzt.

Die Untersuchung der linken Extremitäten ergiebt in jeder Beziehung
normale Verhältnisse.

Kniephänomene von gewöhnlicher Stärke, Sohlenreflex rechts schwächer,
Bauch- und Cremasterreflex beiderseits gleich stark.

Der Verlauf ist chronisch, doch lässt sich nach Ablauf eines Viertel-
jahres, nachdem sich Patient einer galvanischen Behandlung unterzogen, eine
Besserung einzelner Symptome constatiren. Sein Gemüth ist freier geworden,
die schreckhaften Träume in der Nacht haben vollkommen aufgehört. Der
Geschlechtstrieb hat sich wieder eingestellt.

Beobachtung XXI.

Ursache: Unfall durch Quetschung zwischen den
Puffern zweier Eisenbahnwagen.
Symptome: Hypochondrischer Gemüthszustand. Hy-
sterische Anfälle. Gestörung. Gürtelgefühl. Harndrang.
Anästhesie von eigenthümlicher Verbreitung. Einengung
des Gesichtsfeldes. Leichtes Eintreten eines hypnotischen
Zustandes bei Verschluss der Augen.
Verlauf: Besserung. NB. Erhebt keine Ansprüche auf
Entschädigung.

A. K., Arbeiter, 44 Jahre alt. Erste Aufnahme am 31. März 1886, entlassen am 31. April 1886. Zweite Aufnahme am 1. April 1888.
Anamnese: Der Kranke erlitt im Jahre 1869 einen Unglücksfall dadurch, dass er zwischen die Puffer zweier Eisenbahnwagen gerieth. In Folge
starker Quetschwunden, die er erlitt, war er 9 Monate lang bettlägerig. In
der Folgezeit litt er zuweilen an Krämpfen, während deren er das Bewusstsein verlor, sich in die Zunge biss etc. Auch an „nervösen Beschwerden",
wie Kopfschmerz, Schwindelgefühl, Kreuzschmerzen, Ohnmachtsanfällen hatte
er fortwährend zu leiden. Ferner stellte sich im Jahre 1870 ein Blasenleiden
ein, welches sich darin äusserte, dass er abnorm häufig Urindrang verspürte,
so dass er mindestens zweimal in der Stunde zu uriniren gezwungen war.
Wenn er dem Drange nicht nachgab, verspürte er ein eigenthümliches Brennen
in der Blasengegend, oft auch in der ganzen Unterleibsgegend. In der Nacht
musste er 3 bis 4 mal aus diesem Grunde das Bett verlassen. Uebrigens war
das Leiden mehrmals soweit zurückgetreten, dass er Monate lang davon befreit
war. Zur Incontinenz ist es niemals gekommen.
Im October 1885 steigerten sich alle Beschwerden, besonders die Kreuzschmerzen. Auch stellte sich Schwäche in den Beinen ein.
Bei der ersten Aufnahme im Jahre 1886 äusserte er die eben geschilderten
Beschwerden, konnte aber nach einigen Wochen gebessert entlassen werden.
Status bei der Aufnahme im Jahre 1888:
Patient zeigt ein ängstliches, gedrücktes Wesen und hypochon-
drische Stimmung. Er klagt über heftige Kreuzschmerzen, welche gürtel-
förmig ausstrahlen, und Schwäche in den Beinen.
Sein Gang ist in eigenthümlicher Weise gestört. Er geht mit stark ge-
spreizten Beinen, sich mit den Sohlen am Boden fortschiebend.
In der Rückenlage sind die activen Bewegungen der Beine erhalten, wenn

sie auch mit wenig Energie ausgeführt werden. Das Kniephänomen ist rechts erhalten, links unsicher (aber Luxation der Patella).

An den unteren Extremitäten wird eine Sensibilitätsstörung von eigenthümlicher Verbreitung constatirt: Während nämlich im medialen Bezirk die Sensibilität vollständig erhalten tst, ist sie an den lateralen Partien stark herabgesetzt und das Schmerzgefühl ist hier völlig erloschen.

Die Gehstörung bildet sich, nachdem man den Pat. einmal energisch durch's Zimmer geführt und gezogen hat, schnell zurück.

Die oberen Extremitäten zeigen kräftig entwickelte Musculatur und im Ganzen gute Beweglishkeit. In den ausgestreckten Händen beobachtet man einen leichten Tremor. In den Muskeln hie und da fibrilläres Zittern; auch ist die mechanische Muskelerregbarkeit etwas gesteigert.

Die Sensibilität ist an den Armen bis zum Handgelenk hin erhalten, an den Händen selbst stark abgestumpft, die Grenze fällt mit dem Handgelenk zusammen und ist eine sehr scharfe.

Auf der Kopfhaut ist das Schmerzgefühl ganz erloschen.

Keine wesentliche Störung des Geruchs, Geschmacks und Gehörs, aber es ist das Gesichtsfeld auf beiden Augen im hohen Grade (10^0 aussen) concentrisch eingeengt.

Im Laufe der Beobachtung stellen sich Anfälle von Angst und Beklemmung, sowie auch convulsivische Anfälle, die den Charakter hysterischer Attaquen haben, ein.

Patient zeigt ein abnormes psychisches Verhalten. Er ist theilnahmlos, in sich gekehrt, verstimmt und reizbar, hat bei jeder Visite dem Arzte eine neue Krankheitsbeschwerde vorzutragen; er will aber stets sehr weich und rührselig gewesen sein.

Durch Druck auf die geschlossenen Augen oder auch durch den Befehl: Schlaf! gelingt es, den Pat. sofort in einen hypnotischen Zustand zu versetzen. Die Musculatur ist während desselben nicht erschlafft, sondern abnorm stark angespannt, und es färbt sich das Gesicht wie die Schleimhäute etwas cyanotisch. Nach dem Erwachen berichtet er, dass ihm wie einem Chloroformirten zu Muthe gewesen sei.

Eine Besserung des Leidens, nicht aber eine vollständige Heilung wurde durch Derivantien (Setaceum, spanische Fliegen etc.) und elektrische Behandlung herbeigeführt.

Beobachtung XXII.

Ursache: Verletzung in der Fabrik durch rotirende Schelle, welche die Rückengegend traf.

Symptome: Psychische Alteration. Dauernde Anspannung der Lendenmuskeln. Gehstörung. Zittern in den Extremitäten, das sich bis zu starken Schüttelkrämpfen steigert. Erschwerung der passiven Bewegungen in den Beinen und Steigerung der Sehnenphänomene. Eigenthümliches Verhalten, wenn Patient sich vom Boden

aufrichtet. Analgesie der Kopfhaut. Abnorme Erregbarkeit der Herznerven. Im späteren Verlauf Sprachstörung.
Verlauf: Keine Heilung.

K. St., Arbeiter, 54 Jahre alt, aufgenommen den 4. December 1886, entlassen am 20. Januar 1887.

Anamnese: Patient ist seit vielen Jahren als Arbeiter in Fabriken thätig gewesen. Durch das fortwährende Geräusch ist er im Laufe der Zeit etwas schwerhörig geworden. Sonst war er gesund.

Im Jahre 1883 erlitt er einen Bruch des linken Unterschenkels, indem ihm eine Walze von 20 Centner Gewicht auf denselben fiel. Seit der Zeit ist er etwas schwach auf dem linken Beine. Lues und Potus werden in Abrede gestellt.

Am 2. März 1886 wurde er bei der Arbeit in einer Torpedofabrik von einer in Rotation befindlichen „Schelle" ergriffen. Das Getriebe fasste ihn von hinten, er konnte wegen der Enge des Raumes nicht ausweichen und will etwa 20 Schläge gegen die Kreuzgegend von der rotirenden Schelle verspürt haben.

Als die Maschine still stand, befreiten ihn seine Mitarbeiter, er war zwar nicht bewusstlos, aber wie „starr" und zitterte am ganzen Körper. Es bildete sich in der unteren Rückengegend eine Schwellung und Blutunterlaufung. Ein herbeigerufener Arzt erklärte die Verletzung als eine Quetschung, die wohl ohne Folgen bleiben werde. Nach einigen Wochen wurde eine Massagekur ohne Erfolg unternommen. Patient wurde für einen Simulanten erklärt. Er kam dann in die Behandlung des Dr. R., der ihn für krank erklärte und circa 4 Monate lang elektrisch behandelte.

Die Hauptbeschwerden beziehen sich auf Schmerzen und Schwäche im Kreuz. Er könne den Rumpf nicht vollständig strecken und sich auch nicht nach vorn neigen. Ausserdem hat sich bald nach der Verletzung Zittern in Armen und Beinen eingestellt, das sich immer mehr steigerte.

Der Schlaf ist unruhig und unterbrochen. Aus dem Schlaf wird er durch Zusammenfahren am ganzen Körper aufgeschreckt.

Die Libido et potentia coeundi soll vollständig erloschen sein.

Status: Bei der Entblössung der Rückengegend sieht man quer über das Kreuzbein weg einen circa 1 Fuss langen und 1½ Ctm. breiten Streifen ziehen, der dadurch hervortritt, dass die Haut in dieser Gegend dunkelroth verfärbt ist, etwas über demselben verläuft ein anderer, schmälerer vom Proc. spinos. des letzten Lendenwirbels bis in das rechte Hypochondrium hinein (Folgen der Verletzung).

Beide Erectores trunci sind dauernd straff angespannt und heben sich ihre Contouren sehr deutlich unter der Haut ab.

Die Dornfortsätze der letzten Lendenwirbel, das Kreuzbein, sowie die benachbarten Partien der Rückengegend werden beim Percutiren als schmerzhaft bezeichnet. Die abnorme Empfindlichkeit bezieht sich nicht auf die Haut, sondern auf die knöchernen und Weichtheile.

Pat. steht mit nach vorn geneigtem Oberkörper, sich mit den Händen auf den Bettrand stützend und an Armen und Beinen zitternd. Er geht langsam, indem er die Wirbelsäule fixirt hält und die linke Hand in's Kreuz legt.

Er neigt sich sehr langsam und schwerfällig, wenn er mit der Hand etwas vom Boden aufheben soll, das Blut steigt ihm in's Gesicht, die Respiration wird beschleunigt, die unteren Extremitäten zittern stark, des Puls erreicht eine Frequenz von 120.

Sehr ausgeprägte Glutaealphänomene.

Die Wirbelsäule bleibt bei allen Bewegungen fixirt.

Die passiven Bewegungen lassen sich in den Gelenken der unteren Extremitäten bei langsamem Versuche frei ausführen, sobald man sie aber forcirt, macht sich namentlich bei der Beugung im Kniegelenk ein starker Muskelwiderstand geltend, und das ganze Bein geräth in Zuckungen.

Beim Beklopfen der Patellarsehne treten klonische Zuckungen im Quadriceps auf. Kein Fussclonus.

Mechanische Muskelerregbarkeit etwas gesteigert.

Die activen Bewegungen im rechten Hüftgelenk werden zwar in normaler Ausdehnung ausgeführt, aber langsam, unter Zittern und mit wesentlich verringerter Kraft; weit mehr Kraft wird bei den Bewegungen im Kniegelenk entwickelt und die des Fusses und der Zehen entsprechen fast der Norm.

Die L. U. E. verhält sich bezüglich der Motilität wie die rechte.

Bei den Bewegungen gerathen die Beine häufig in ein so starkes Zittern, dass das ganze Bett erschüttert wird.

Pat. stöhnt bei den Bewegungen im Hüftgelenk und erklärt, dass er bei diesen Schmerzen im Kreuze hat.

Sehr charakteristisch ist die Art und Weise, wie Pat., wenn er auf dem Bauch liegt, sich in die Rückenlage bringt. Er arbeitet sich dann zunächst mit den Händen soweit empor, dass er in die Knie-Ellenbogenlage kommt und bringt sich dann wiederum wesentlich mit Unterstützung der Hände und bei völliger Fixation der Wirbelsäule in die Rückenlage. Lässt man ihn am Erdboden lagern mit dem Gesicht der Erde zu, so hat er grosse Mühe emporzukommen und geriert sich hierbei etwa so, wie die an progressiver Muskelatrophie leidenden Kinder. Mit Hülfe der Arme bringt er zunächst Rumpf und Oberschenkel vom Boden, so dass er sich in kniender Stellung befindet, dann bringt er durch Streckung im Kniegelenk auch die Unterschenkel empor und stützt sich nun noch mit Händen und Füssen auf, dann bringt er den Rumpf mit Hülfe der Hände, die er nacheinander auf die Oberschenkel stützt, empor, aber nicht in so ausgeprägter Weise an sich emporkletternd, wie es bei der progressiven Muskelatrophie bekannt ist.

In der Lenden- und Kreuzgegend wird Berührung, Druck und Stich überall gut empfunden, auch an den unteren Extremitäten ist das Gefühl überall erhalten.

Cremasterreflex deutlich.

Die Harnentleerung soll insofern beeinträchtigt sein, als der Harn nicht im vollen Strahle, sondern matt abläuft.

In den ausgestreckten Händen tritt ein sehr starker schnellschlägiger

Tremor hervor. Active Bewegungen erhalten, aber Druck der rechten Hand schwächer als der linken.

Pupillen von normaler Weite und Reaction; Bulbi gut beweglich. Keine wesentliche Sehstörung.

Flüstersprache wird beiderseits erst dicht vor dem Ohre gehört (schon vor der Verletzung).

Facialis und Hypoglossusgebiet ohne Lähmungserscheinungen, Zunge zittert stark fibrillär.

Sprache und Stimme bietet nichts Abnormes.

Geruch und Geschmack erhalten.

Im Gesicht und Bereich der Kopfhaut werden zwar alle Reize wahrgenommen, aber es besteht eine sich über Stirn und behaarte Kopfhaut erstreckende Analgesie.

Im Laufe der Beobachtung tritt besonders die abnorme Erregbarkeit des Herznervensystems und das Zittern in den Vordergrund. Bei leichten Anstrengungen, Gehen durch's Zimmer etc., erreicht der Puls eine Frequenz von 140—160.

Sobald der Kranke frei, d. h. ohne Unterstützung der Hände, zu stehen versucht, gerathen die Beine und nach und nach der ganze Körper in ein immer stärker werdendes Zittern. Es fällt dabei auf, dass die rechte Vena jugularis externa bis zur Kleinfingerdicke anschwillt, und sich das ganze Gesicht cyanotisch färbt. Sobald Pat. sich beruhigt hat, schwillt die Vene ab. Zur Erklärung ist wohl die Thatsache heranzuziehen, dass auch die Bauchmuskeln in's Zittern gerathen und damit die Respiration behindert wird.

Der Kranke wird in den Jahren 1887 und 1888 poliklinisch beobachtet. Der Zustand bleibt im Ganzen derselbe, nur tritt eine Sprachstörung hinzu.

Die Sprache wird häsitirend: einzelne Worte kommen geläufig hervor, andere zögernd und abgebrochen, er bleibt mitten im Worte stecken, wiederholt auch wohl eine und dieselbe Silbe mehrmals, ehe er zur Fortsetzung kommt. Durch ein Zittern der Lippe und Zunge wird auch die Sprache etwas tremulirend.

Nachtrag: Zustand unverändert; jedenfalls keine Besserung. Bei Untersuchung im Jahre 1891 wird ausser den alten Erscheinungen: Pupillendifferenz und fibrilläres Zittern festgestellt.

Beobachtung XXIII.

Ursache: Fall auf ebener Erde auf die linke Körperhälfte. — Stammt aus Verwandtschaftsehe, leidet an Retinitis pigmentosa.

Symptome: Psychische Alteration (Apathie, Verstimmung, Reizbarkeit), Schreckhaftigkeit. Analgesie, die sich über den ganzen Körper erstreckt, linksseitige totale Hemianästhesie, links Amaurose, rechts starke Gesichtsfeldeinengung; die übrigen sensorischen Functionen

beiderseits beeinträchtigt. Parese der linken Extremi-
täten, besonders des Beines, eigenthümliche Gehstörung.
Links paradoxes Phänomen. Vorübergehend Anorexie.
Hypnotische Erscheinungen.
Verlauf: Besserung der Lähmungserscheinungen nach
Excision kleiner Muskelstückchen von den linken Extremi-
täten. Weitere Ausbreitung der Anästhesie, Incontinentia
urinae et alvi, Uebergang der psychischen Alteration in
Paranoia, Entwickelung einer Phthise. Tod. — NB. hatte
keine Entschädigungsansprüche zu erheben.

A. K., Dienstmädchen, 30 Jahre alt, aufgenommen den 7. August 1886.
Anamnese: Die Eltern der Patientin sind Geschwister-Kinder. Nervenkrankheiten sind in der Familie nicht vorgekommen. Um Weihnachten 1885
stürzte die Patientin, welche bis dahin stets gesund war (bis auf einen Pro-
lapsus uteri), auf dem Glatteise, und zwar fiel sie auf die linke Körperhälfte. Sie lag 24 Stunden besinnungslos. Als sie wieder zu sich kam,
hatte sie Schmerzen in der linken Gesichtshälfte und ein Gefühl, als ob die
ganze linke Seite wie zerschlagen sei; auch konnte sie die linken Extremitäten
nicht bewegen. Nach drei Tagen sei die linke Körperhälfte angeschwollen.
Auch merkte die Patientin, dass das Gefühl hier geschwunden war.

Seit jener Zeit litt sie häufig an Schwindel, Flimmern, Ohrensausen und
Schwerhörigkeit. Eine Veränderung der Gemüthsstimmung hat sie nicht
wahrgenommen, denn sie will von Kindheit auf still und kopfhängerisch gewesen sein.

Der Schlaf ist unruhig.

Der Geruch ist seit der Verletzung geschwunden, und alles, was sie isst,
hat denselben salzigen Geschmack.

Status den 5. October 1886. Gegenwärtige Beschwerden sind: Fort-
dauernde Schmerzen im linken Arm und linken Bein, die meist in der
Richtung von unten nach oben (von Hand und Fuss centripetal) ziehen;
Schwerhörigkeit besonders auf dem linken Ohre und Salzgeschmack.

Auf dem linken Auge ist das excentrische Sehen ganz aufgehoben,
Pat. sieht nur central und erkennt hier auch Farben. Auf dem rechten Auge
ist das Gesichtsfeld nicht ganz so stark, aber ebenfalls concentrisch eingeengt.

Ophthalmoskopisch: Beiderseits mittlere Myopie, ferner typisches
Bild der Retinitis pigmentosa, doch ist das Centrum in ziemlicher Ausdehnung frei. Pat. liest 0,5 auf jedem Auge ohne Gläser. Die Sehstörung
ist nur zum Theil durch die Retinitis pigm bedingt (NB. Pat. giebt mit
Bestimmtheit an, bis zum Tage der Verletzung gut gesehen zu haben), sonst
sicher Amaurosis hysterica (Dr. Uhthoff).

Pupillen gleich- und mittelweit, von normaler Reaction, Augenbewegungen
nicht behindert.

Die Hörfähigkeit ist auf beiden Ohren stark herabgesetzt, besonders aber auf dem linken, hier wird lautes Sprechen erst in unmittelbarer Nähe gehört.

Knochenleitung der Töne für Stimmgabel rechts erhalten, links aufgehoben.

Geruch fehlt auf linkem Nasenloch.

Geschmack ist überhaupt völlig aufgehoben (Acid. acet , Chinin etc. erzeugt keine Geschmacksreaction).

Das Gefühl ist auf der linken Körperhälfte (incl. Schleimhäute) völlig aufgehoben. Durchbohren des Nasenknorpels, der Lippen etc. erzeugt nicht die geringste Schmerzempfindung. Der anästhetische Bezirk schneidet aber keinesfalls scharf in der Mittellinie ab, sondern reicht 1—2 Zoll und darüber über die Mittellinie hinaus nach rechts (im Gesicht und am Rumpf). Ferner ist auch in dem fühlenden Bezirk der rechten Körperhälfte das Schmerzgefühl erloschen, so dass eine totale Analgesie besteht, und der rechte Unterschenkel anästhetisch ist. Die linke Nasenschleimhaut und die gesammte Mund- und Rachenschleimhaut ist gefühllos. Auch fehlen die Rachenreflexe. Pat. hat keine genaue Vorstellung von der Lage der linken Extremitäten. Reizt man den linken Facialis energisch mit faradischem Strom, so merkt sie das nicht an der Contraction der linksseitigen Gesichtsmuskeln, sondern an der Verzerrung der rechten Gesichtshälfte.

Im Gebiet des Facialis und Hypoglossus keine Lähmungserscheinungen.

In den linken oberen Extremitäten keine Steifigkeit. Die activen Bewegungen sind zwar erhalten, werden aber ruckweise, unter Zittern und mit starker Herabsetzung der groben Kraft ausgeführt. Beim Auskleiden bedient sie sich fast ausschliesslich der rechten Hand und controlirt alle Bewegungen mit dem rechten Auge, indem sie durch Drehen des Kopfes die agirende Extremität in den erhaltenen Theil des Gesichtsfeldes zu bringen sucht.

Das linke Bein, welches keine Zeichen von Atrophie, auch nicht von Steifigkeit zeigt, hebt sie nur langsam und in einzelnen Absätzen circa 1 Fuss hoch von der Unterlage mit sehr wenig Kraft, in derselben Weise werden die übrigen Bewegungen in der Hüfte und im Kniegelenk ausgeführt; die Bewegungen des Fusses und der Zehen sind auf ein Minimum reducirt.

Sohlenreflex fehlt links vollständig, ist rechts erhalten.

Kniephänomen von normaler Stärke.

Am linken Fuss lässt sich das paradoxe Phänomen in ausgesprochener Weise hervorrufen.

Beim Gehen wird das linke Bein steif gehalten, nachgezogen, so dass es in etwas auswärts rotirter Stellung mit der ganzen Sohle am Boden schleift.

Gegen die Schlaflosigkeit, über welche Pat. zu klagen hat, erhält sie Morphium ohne Erfolg, dagegen wirkte Paraldehyd prompt.

Im Monat November erlischt das Sehvermögen auf dem linken Auge ganz, die Pupillarlichtreaction bleibt aber erhalten.

Therapie: Kalte Brause. Sie fühlt sich darauf im Kopf viel freier, erscheint auch in ihrem Wesen lebhafter.

Es stellt sich aber Ende des Monats bei dauerndem Salzgeschmack eine vollständige Appetitlosigkeit ein; sie nimmt ausserordentlich wenig Nahrung zu sich. Ferner hartnäckige (8 tägige) Obstipatio alvi. — Besserung durch Clysmata.

Es entwickelt sich eine blaurothe Verfärbung und ein Oedem des linken Unterschenkels, welche Erscheinungen unter der Anwendung der Massage nach Verlauf einer Woche schwinden.

Im Beginn des Jahres 1887 ändert sich der Zustand nur wenig.

Pat. giebt an, dass sie beim Essen und Trinken das Gefühl der Nahrungsaufnahme erst hat, wenn die Speisen heruntergeschluckt seien.

Das paradoxe Phänomen ist schon im Februar nicht mehr zu erzielen.

Am 15. Februar wird Folgendes constatirt:

Schliesst man der Pat. die Augen, so sinkt zunächst der Kopf, dann der ganze Körper links hinüber. Pat. fällt zu Boden und versinkt in Schlaf. Die passiv erhobenen Extremitäten fallen völlig schlaff herunter. Durch Reize, welche die linke Körperhälfte treffen, ist Pat. nicht zu erwecken, dagegen genügt ein leichter Schlag auf die rechte Wange und den rechten Arm, um sie wach zu machen. Sie fährt erschreckt empor und weiss nicht, was mit ihr vorgegangen. Suggestionen u. dgl. sind in dem geschilderten Zustande nicht herbeizuführen.

Am 14. Juli Exstirpation eines kleinen Muskelstückes aus dem linken Biceps. Operation fast wie am Cadaver, insofern als nicht die geringste Empfindung und nur minimale Blutung eintrat. Befund: Verlust der Querstreifung in den meisten Fasern und Schwellung einzelner Primitivfasern. Wenige Tage darauf bessert sich die Beweglichkeit des linken Arms bedeutend, worauf Pat. selbst aufmerksam macht.

Am 22. Juli wurde dann in derselben Weise aus dem Musc. tib. ant. ein kleines Stückchen exstirpirt mit dem Erfolg, dass die Gehfähigkeit sich von Tag zu Tag besserte.

Im September neue Operation am Bein. Auch darauf wiederum Besserung, so dass sie bald darauf Arm und Bein ziemlich frei bewegen konnte.

Pat. ist jetzt sehr gereizter Stimmung, weil sie glaubt, dass man sie im Verdacht der Uebertreibung habe.

Ende des Jahres 1887 entwickelt sich eine rechtsseitige Lungenspitzenaffection.

Anfang 1888 Incontinentia urinae et alvi. Man constatirte eine vollständige Anästhesie der Schleimhaut des Genitalapparates, des Orific. urethrae und der Analschleimhaut. Sie spürt den Harndrang nicht.

Mai 1888: Klagt über abnorme Sensationen im Leibe und in der Brust, ein Gefühl, das vom Bauche bis in den Hals steigt, als solle sie gewürgt werden. Hartnäckige Schlaflosigkeit, so dass sie regelmässig Morphium-Chloral nehmen muss. Speisen nimmt sie mit grossem Widerwillen und bricht sie häufig wieder aus.

Noch weitere Ausbreitung der Sensibilitätsstörung und sensorischen Störung.

Im Juni wird gegen die Schlaflosigkeit Sulfonal mit Erfolg angewendet.

Im Juli entwickelt sich eine Seelenstörung unter dem Bilde der hallucinatorischen Verrücktheit, so dass wegen wachsender Erregung die Verlegung in die Irren-Abtheilung nothwendig wird. Pat. fühlt sich fortwährend beobachtet, hört, dass Schlechtes über sie gesprochen, sie der Verstellung bezichtigt wird, man wolle sie in Nacht und Nebel forttragen etc.

Die Pat. stirbt nach kurzer Zeit.

Obductionsbefund: Makroskopisch quoad Nervensystem negativ.

Beobachtung XXIV.

Ursache: Contusion des Rückens durch hernieder-fallenden Ziegelstein.

Symptome: Hypochondrisch-melancholischer Seelen-zustand. Abmagerung. Druckempfindlichkeit einzelner Dornfortsätze. Schwäche in den Extremitäten und Steigerung der Sehnenphänomene. Sensibilitätsstörungen. Fortdauernde Beschleunigung der Pulsfrequenz.

Verlauf: Zunahme der Beschwerden. Es entwickelt sich Arteriosklerosis und Herzhypertrophie.

W. H., Maurer, 42 Jahre alt, aufgenommen den 28. October 1887, entlassen den 28. December 1887. Neue Aufnahme im August 1888.

Anamnese: Stammt aus gesunder Familie und war früher gesund.

Am 18. April d. J. fiel ihm, als er in gebückter Stellung eine Leiter erstieg, ein halber Ziegelstein aus der Höhe der 4. Etage auf den Rücken in die Gegend der Wirbelsäule zwischen den Schultern. Es wurde ihm schwarz vor den Augen, und er musste sich fest an die Leiter klammern, um nicht zu stürzen. Er vermochte dann aber noch die letzten Sprossen der Leiter zu erklimmen, wenn er auch einen heftigen stechenden Schmerz an der Stelle der Verletzung empfand, so dass er, oben angelangt, sich die Beinkleider auszuziehen nicht mehr im Stande war.

Dazu kamen Stiche, welche die ganze Brust bis zum Rücken hin durchdrangen; ferner stellte sich allgemeine Mattigkeit und Schwäche in den Beinen ein, so dass er sich nach circa 50 Schritten wieder setzen musste und Schwindel sowie Uebelkeit empfand.

Schröpfköpfe, Eisbeutel, Einreibungen, Medicamente ohne Erfolg.

Elektrische Behandlung schaffte nur vorübergehend Besserung.

Hinzugesellte sich Gefühl von Taubheit und Schwäche in beiden Armen, besonders im linken, sowie Schlaflosigkeit.

Die Stimmung wurde sehr niedergedrückt, besonders wegen der Unfähigkeit zu arbeiten und der dadurch bedingten materiellen Noth.

5*

Status: Leichte rundliche Kyphose der Brustwirbelsäule. Kein Gibbus. Durch Betastung ist an den Wirbeln etwas Pathologisches nicht zu erkennen. Auf Percussion abnorm empfindlich sind die Dornfortsätze der oberen 5—7 Brustwirbel. Diese Gegend ist die von der Verletzung betroffene.

Pat. bringt sich sehr vorsichtig aus der Rückenlage in die sitzende Stellung mit Zuhilfenahme beider Arme. Auch beim Niederlegen, sowie bei den Seitwärtswendungen sucht er jede Bewegung in der Wirbelsäule zu vermeiden.

In den Gelenken der unteren Extremitäten keine Erschwerung der passiven Bewegungen.

Kniephänomene überaus lebhaft, es kommt beim Beklopfen der Patellarsehne zu klonischen Zuckungen im Quadriceps. Beiderseits deutlicher Patellarclonus. Auch das Achillessehnenphänomen ist gesteigert.

Die active Beweglichkeit des rechten Beines ist erhalten, wenn auch ein mässiger Grad von Schwäche besteht. In dem von der Unterlage erhobenen linken Bein tritt ein deutlicher Tremor hervor, der mit der Zeit zunimmt, auch wenn die Aufmerksamkeit des Pat. abgelenkt ist. Auch ist die grobe Kraft in den Muskelgruppen des linken Beines etwas stärker herabgesetzt als in denen des rechten.

Sensibilität: R. U. E. Während am Oberschenkel und Fuss gut gefühlt wird, ist die Sensibilität in allen Qualitäten am Unterschenkel stark abgestumpft und giebt sich das auch in dem Verhalten der Reflexbewegungen kund.

Nur das Lagegefühl ist unbeeinträchtigt.

Harn- und Stuhlentleerung unbehindert.

Wenn Pat. sich aus der liegenden Stellung in die sitzende bringt, stellen sich Schmerzen im Rücken und in der Brust ein.

Auch an den oberen Extremitäten sind die Sehnenphänomene gesteigert. ebenso die mechanische Muskelerregbarkeit. Spontan klagt Pat. über taubes Gefühl an der Streckseite des linken Unterarms.

In den ausgestreckten Händen lebhafter schnellschlägiger Tremor.

Die activen Bewegungen der oberen Extremitäten werden bedeutend verlangsamt und mit beträchtlich verringerter Kraft ausgeführt.

Sensibilität am rechten Arm intact. Dagegen ist der linke Unterarm gegen Nadelstiche völlig unempfindlich. Das anästhetische Gebiet grenzt sich ziemlich scharf ab an der Ellenbogengelenk- und Handgelenklinie. Wärme und Kälte werden nur am unteren Drittel des Unterarms nicht genau unterschieden.

Herzgrenzen nicht erweitert, erster Ton an der Herzspitze unrein, kein Geräusch etc.

Zunge tritt gerade hevor, zittert leicht fibrillär. Gesichtsbewegungen frei.

Linke Pupille eine Spur weiter als rechte. Gute Reaction.

Ueber die Sinnesfunctionen hat Pat. nicht zu klagen. Excentrisches Sehen nicht behindert.

Pat. zeigt eine sehr gedrückte Stimmung, liegt zusammengekauert im Bett oder sitzt in einem Winkel mit finsterem, leidendem Gesichtsausdruck, ohne dass er jedoch das Bestreben hätte, Klagen vorzubringen. Er ist im Gegentheil wenig mittheilsam und schliesst sich auch gegen seine Umgebung ab.

Auch bei ruhiger Lage beträgt die Pulsfrequenz 120.

Im Laufe der Beobachtung stellen sich häufig Angst- und Beklemmungsanfälle ein, die ihren Sitz in der linken Thoraxgegend haben.

Therapie: Priessnitz'sche Umschläge, Setaceum in den Nacken.

Anfangs etwas Erleichterung, aber nur vorübergehend.

Am 25. Februar: Ohrensausen und Schwindel, darauf Erbrechen. An den folgenden Tagen Verschlimmerung. Puls bis 144.

Entlassen.

Wiederaufgenommen im August 1888. Der Zustand hat sich verschlimmert. Der linke Ventrikel ist hypertrophirt. Die peripherischen Arterien sind rigide und stark geschlängelt. Pulsbeschleunigung wie früher.

Nachtrag: Fortdauernde Verschlimmerung (persönliche Untersuchung im Jahre 1891).

Beobachtung XXV.

Ursache: Sturz von einer Leiter auf den Hinterkopf. Symptome: Kopfschmerz, Schwindel und Herzklopfen. Schlaflosigkeit, Verstimmung und Angstzustände. Constante Beschleunigung der Pulsfrequenz. Verstärkte Herzthätigkeit, diastolisches Blasen über Mitralis und Schwirren.
Verlauf: Keine wesentliche Besserung.

M. T., Arbeiterin, 23 Jahre alt, aufgenommen, den 7. Juli 1888, entlassen den 7. August.

Anamnese: Will früher immer gesund gewesen sein. Arbeitet seit zwei Jahren in einem Wollgeschäft. Im November 1887 fiel sie von einer Leiter rücklings aus einer Höhe von 10—12 Fuss herunter, so dass sie mit dem Hinterkopf und Rücken auf die Sprossen der Leiter aufstiess. Sie wurde bewusstlos, erwachte für einige Secunden, um dann auf's Neue die Besinnung zu verlieren. Als sie wieder zu sich gekommen, hatte sie starken Kopfschmerz, Schwindelgefühl und Uebelkeit. Nach 8 Tagen begann sie trotz dieser Beschwerden wieder zu arbeiten, musste aber, da dieselben sich steigerten, unterbrechen.

Etwa 3 Wochen nach dem Unfall gesellte sich als weiteres Symptom starkes Herzklopfen hinzu, welches seitdem in gleicher Intensität fortbestanden hat. Durch jede Bewegung und körperliche Anstrengung wird es vermehrt. Nach dreimonatlicher Unterbrechung versuchte die Kranke wieder zu arbeiten, musste aber bald wieder von dem Versuch Abstand nehmen. Im weiteren Verlauf trat Abmagerung ein und ein Gefühl grosser Ermattung.

Die Kranke betont noch, dass sie seit dem Unfall sehr ängstlich und

reizbar geworden sei und leicht in's Weinen gerathe, dass der Schlaf sehr
unruhig geworden, und sie durch wüste Träume aus demselben aufgeschreckt
werde.

Status: Haut und Schleimhäute etwas blass; dürftiger Ernährungszustand.

Sehr beschleunigte und verstärkte Herzthätigkeit. Pulsfrequenz: 160
pro Minute.

Herzgrenzen nach links nicht erweitert, Spitzenstoss im V. Intercostalraum in der Mamillarlinie, man fühlt hier ein praesystolisches
Schwirren. Ueber den Gefässen kein fühlbarer Klappenschluss. Schall über
dem Proc. ensiformis gedämpft, doch lässt sich eine Verbreiterung des Herzens
nach rechts nicht mit Sicherheit constatiren. Ueber der Mitralis hört man ein
lautes praesystolisches Blasen und einen verstärkten ersten Ton. Sowohl der II. Pulmonalton als der II. Aortenton sind als verstärkt zu bezeichnen.

Der Lungenschall reicht R. V. etwas weiter herab als normal und H. U.
bis unter die 12. Rippe.

Auscultatorisch über den Lungen nichts Abnormes.

Im Harn kein Albumen.

Schädel klein.

Gaumen hoch und schmal.

Was die Psyche anlangt, so ist in intellectueller Hinsicht eine
wesentliche Anomalie nicht nachzuweisen. Die Pat. giebt gute Auskunft über
ihre persönlichen Verhältnisse, weiss einfache, sich auf historische, geogra-
phische, politische Verhältnisse beziehende Fragen correct zu beantworten und
rechnet auch leidlich im Kopf.

Dagegen fällt ihre grosse Reizbarkeit und Rührseligkeit auf.

Ueber Schmerzen in der Hinterkopf- und Nackengegend hat sie fast
fortwährend zu klagen, dieselben werden manchmal so heftig, dass sie stöh-
nend und ohne Nahrung zu sich zu nehmen im Bett liegt. Schon die Berührung der Haut wird in dieser Gegend unangenehm und schmerzhaft empfunden, weit schmerzhafter ist ein Druck, der die tieferen Partien trifft. Man
fühlt in der Hinterhauptsgegend einige Unebenheiten am Knochen, die aber
nicht als pathologisch zu deuten sind.

Keine Nackensteifigkeit. Die Beweglichkeit des Kopfes ist nicht beschränkt. Die Sensibilität ist im Gesicht und auf der Kopfhaut nicht herabgesetzt.

In den ausgestreckten Händen wird ein leichtes Zittern bemerkt.

Die Bewegungen der oberen Extremitäten sind nicht beschränkt, der
leichte Grad von Schwäche ist wohl auf die allgemeine körperliche Erschlaffung
zu beziehen.

In der Musculatur der unteren Extremitäten keine Steifigkeit. Kniephänomene gesteigert. Leichtes Fusszittern.

Am Gange nichts Abnormes. Kein Schwanken bei Augenschluss.

Durch Verschluss der Augen gelingt es, die Pat. nach kurzer Zeit in
eine Art von hypnotischem Zustand zu versetzen. Sie klagt zunächst über

heftigeren Kopfschmerz, wimmert und stöhnt, dann erschlaffen die Muskeln schnell, und sie liegt wie eine Ohnmächtige da, aber immer noch wie im Schlafe wimmernd.

Weiter werden die Versuche nicht ausgedehnt.

Im Bereich der Sinnesorgane nichts Abnormes.

Pulsfrequenz schwankt während der Dauer der Anstaltsbeobachtung zwischen 120—160; steigert sich namentlich durch körperliche Anstrengung, z. B. schon bedeutend während eines Ganges durch's Zimmer.

Der Schlaf ist fortgesetzt schlecht.

Weder die elektrische, noch die medicamentöse Behandlung hat einen wesentlichen Erfolg erzielt.

Nachtrag: Zustand unverändert.

Beobachtung XXVI.

Ursache: Kopf- und Gesichtsverletzung durch herabstürzende Laterne.

Symptome: Angstzustände, Pavor nocturnus. Zittern von grosser Heftigkeit. Schwindelgefühl und torkelnder Gang.

C. L., Bahnwärter, 58 Jahre alt, aufgenommen den 4. April 1887.

Anamnese: Dem Kranken, der seit 12 Jahren als Weichensteller beschäftigt ist, fiel am 28. August 1886 die Laterne der Signalstange aus einer Höhe von 5 Meter auf die Nase, so dass er hintenüberstürzte und für einige Minuten das Bewusstsein verlor. Dann aber konnte er allein nach Hause gehen. In den nächsten Tagen stellte sich geringer Kopfschmerz ein, und Pat. fiel der Umgebung durch sein verändertes Wesen auf. Die Zugführer mussten sich über ihn beschweren, weil er ohne Kopfbedeckung verwirrt umherlief und so wenig Acht auf sich hatte, dass man Angst haben müsse, ihn zu überfahren. Er musste somit vom Dienste suspendirt werden.

Der Kranke selbst empfand folgende Beschwerden: Schwindel, unsicheren, taumelnden Gang, Flimmern vor den Augen, Zittern und allgemeines Angstgefühl. Der Schlaf wurde unruhig und durch schwere Träume beeinträchtigt, auch sprang Pat. mitten in der Nacht aus dem Bette, weil er es vor Angst nicht aushalten konnte, lief hinaus in's Freie, lange Strecken die Bahn entlang.

Status: Die der objectiven Beobachtung zugänglichen Symptome sind folgende: Es besteht ein fast fortwährendes Zittern des Kopfes und der Extremitäten, namentlich der oberen, das aber zuweilen sich auf den gesammten Körper ausdehnt. Es ist ein an Intensität wechselnder schnellschlägiger Tremor, der besonders von psychischen Erregungen abhängig ist. Er wächst deshalb während der Unterhaltung oder wenn Pat. von Angst ergriffen wird, nimmt ab, wenn er ruhig dasitzt, stellt sich aber auch ein, wenn Pat. sich nicht beobachtet glaubt.

Das Zittern hat keine Aehnlichkeit mit dem der Schüttellähmung, es fehlen auch die Contracturen und Deformitäten.

Von Zeit zu Zeit erreicht das Zittern ohne erkennbaren Grund eine solche Heftigkeit, dass Pat. sich die Nahrung nicht zum Munde führen kann. Durch willkürliche Bewegungen wird es nicht gesteigert.

Pat. geht wie ein Betrunker, indem er von einer Seite zur anderen torkelt.

Er schwankt bei Augenverschluss, doch nicht in hohem Maasse.

In ängstlich erregter Stimmung befindet er sich fast fortwährend. Die Unruhe steigert sich in der Nacht. Er stöhnt im Schlaf, verlässt mitten in der Nacht das Bett und läuft unruhig im Zimmer auf und nieder. Er berichtet am Morgen von erschreckenden Träumen, aus denen er auffuhr, und es im Bett nicht mehr aushalten konnte.

Keinerlei Lähmungserscheinungen, wenn die Bewegungen auch nicht mit ausreichender Kraft ausgeführt werden.

Keine Anomalien im Bereich der Sensibilität und der sensorischen Functionen.

Arteriae radiales stark geschlängelt und rigide, Puls von gewöhnlicher Frequenz. Spitzenstoss an normaler Stelle, Herzgrenzen nicht erweitert. Herztöne rein, aber dumpf. Töne über den Gefässen wegen des starken Zitterns der Musculatur nicht distinkt zu hören.

Der Kranke stand nur kurze Zeit unter Beobachtung.

Beobachtung XXVII.

Ursache: Verletzung des rechten Fusses durch eine herabfallende Schiene. (Aeussere Wunde und Gelenkschwellung.)

Symptome: Fortdauernde Schmerzen, die sich besonders bei Bewegungen steigern. Cyanose der Haut des rechten Fusses und Unterschenkels sowie ödematöse Anschwellung desselben. Schwäche und Zittern des rechten Beines, weniger des Armes. Rechtsseitige Hypästhesie ohne Betheiligung der Sinnesfunctionen. Gehstörung.
Verlauf: Geringe Besserung.

F. H., Arbeiter, 45 Jahre alt, aufgenommen den 14. Januar 1887, entlassen den 14. Mai 1887.

Anamnese: Der bis da stets gesunde Mann erlitt im April 1886 einen Unfall dadurch, dass ihm eine Eisenbahnschiene auf den rechten Fuss fiel. Er trug eine starke Quetschung und eine offene Wunde davon. Er wurde in ein hiesiges Krankenhaus aufgenommen, wo die Wunde verheilte; es bestanden aber fortwährend heftige Schmerzen im rechten Fusse, sowie beim Auftreten in der Wadengegend. Als er nach einiger Zeit wieder zu arbeiten versuchte, stellte sich eine starke Anschwellung des rechten Fusses ein, und die Schmerzen nahmen an Intensität zu. Nun erfolgte die Aufnahme in ein zweites und drittes Krankenhaus, und wurde von Seiten der Aerzte bald der Verdacht eines Rückenmarksleiden, bald auf Simulation ausgesprochen. Die Behandlung mit kalten Umschlägen und Elektricität hatte keinen wesentlichen Erfolg. Ein erneuter Versuch, die Arbeit wieder aufzunehmen, scheiterte wiederum an der Steigerung der Schmerzen. Er wurde dann in die chirurgische Abtheilung der Charité aufgenommen und daselbst mit Heftpflasterverband behandelt; — darauf wurde er der Nervenabtheilung überwiesen.

Status: Beiderseits besteht Pes planus.

Die Haut des rechten Fusses, sowie der untere Theil des Unterschenkels ist blaur oth verfärbt. Auch besteht in dieser Gegend eine leichte ödematöse Schwellung. Ueber dem 2. Metatarsalknochen findet sich eine kleine Narbe, die von der früheren Verletzung herrühren soll.

Der Kranke klagt gegenwärtig über stechende Schmerzen, die von der Narbe ausgehend nach verschiedenen Richtungen hin ausstrahlen. Sobald er ein paar Schritte gegangen ist, sollen sich diese Schmerzen bis zur Hüftgegend ausbreiten und sich dort kleine Knollen unter der Haut bilden. Ein Gefühl von Schwäche hat er im ganzen rechten Bein, sowie ein Zittern im rechten Arm, das sich bei Bewegungen einstellt.

Keine Steifigkeit in den Gelenken der unteren Extremitäten, kein Fusszittern etc. Kniephänomene von normaler Stärke.

Die activen Bewegungen werden zwar in den Gelenken der rechten Unterextremität in normaler Ausdehnung ausgeführt, aber langsam, mit beträchtlich verringerter Kraft und unter Zittern

Kein Schwanken bei Augenschluss.

Beim Gehen stützt er sich mit der linken Hand auf einen Stock oder hält sich am Bettrande fest. Er schleift das rechte Bein, indem er es in toto und besonders im Fussgelenk steif hält, nach, aber nicht mit der Spitze, sondern mit der Ferse am Boden klebend — und zwar giebt er zur Erklärung an, dass er beim Auftreten auf den vorderen Theil des Fusses grössere Schmerzen empfinde. Während es ihm mit dem linken Bein vorauf leidlich gelingt, einen Stuhl zu erklimmen, bringt er es nicht zu Stande, wenn er den Versuch mit dem rechten Bein macht.

Kein Schwanken bei Augenschluss.

Die Sensibilitätsprüfung lehrt, dass Patient alle Reize am rechten Bein abgestumpft wahrnimmt; die Differenz wird besonders deutlich bei schmerzhaften Eingriffen und spricht sich auch in dem Mangel der Abwehrbewegungen aus. Diese Hypästhesie erstreckt sich auch auf die rechte Brusthälfte, auf den rechten Oberschenkel und die rechte Gesichtshälfte bis zur Stirngegend hin. Bei wiederholten Prüfungen erhält man immer dasselbe Resultat. Cremasterreflexe beiderseits deutlich.

Die Bewegungen der rechten Hand werden von einem schnellschlägigen Zittern begleitet und sind nicht ganz so kräftig, als die der linken.

Im Bereich der Sinnesorgane nichts Abnormes. Pat. ist reizbar, kommt leicht ins Weinen.

Unter der Behandlung mit Einpackung in feuchte Laken und wollene
Decken wird nur vorübergehende Besserung erzielt.

Als ich nach 1¹/₂ Jahren dem Pat. zufällig auf der Strasse begegnete,
war die Gehstörung dieselbe, aber er gab an, nicht mehr so sehr von Schmerzen gequält zu werden.

Nachtrag: Verschlimmerung, dann Tod im Jahre 1888. der auf den
Unfall ärztlicherseits zurückgeführt wurde.

Beobachtung XXVIII.

Ursache: Schwere Maschinenverletzung der linken
Hand.

Symptome: Nach einem halben Jahre Schmerzen, be-
sonders im linken Ulnarisgebiet, Zittern, vornehmlich im
linken Arme, Flimmern vor dem linken Auge. Hyper-
ästhesie der Narbe. Leichte Flexionscontractur des III.,
IV. und V. Fingers. Vasomotorische Störungen. Psychische
Abnormitäten (wahrscheinlich schon vor der Verletzung).
Steigerung der Sehnenphänomene, besonders an den linken
Extremitäten.

Verlauf: Besserung durch locale Bäder sowie durch
Excision der Narbe und Resection des Capitulum ossis
metat. quart.; aber dann Zunahme der allgemeinen Ner-
vosität.

K. L., Metallhobler, aufgenommen den 22. Juni 1887, entlassen den
17. September 1887.

Anamnese: Am 8. November 1886 erlitt L. dadurch einen Unfall. dass
die linke Hand von einer Metallhobelmaschine ergriffen, der kleine
Finger völlig weggerissen, der vierte stark gequetscht wurde. Die Wunde
war nach vier Wochen geheilt.

Im April dieses Jahres stellten sich Schmerzen in der linken Oberextremität ein und Zittern des Armes. Eine elektrische Behandlung hatte keinen
Erfolg.

Vor drei Jahren schon hatte sich Pat. den rechten Arm verletzt, indem
derselbe zwischen Thür und Pfosten in der Gegend des Ellenbogengelenks
stark gequetscht wurde. Er konnte zwar den Arm in der Folgezeit gebrauchen.
aber die Extremität befand sich nach seiner Schilderung lange Zeit in einer
abnormen Stellung, welche durch Contractur im Ellenbogengelenk (fast im
rechten Winkel) bedingt war. Dieser Zustand besserte sich unter elektrischer
Behandlung.

Gegenwärtig klagt er überziehende Schmerzen, besonders im linken
Arm, sowie über Zittern, allgemeine Schwäche, Flimmern vor dem linken Auge. Gebrauchsunfähigkeit des linken Arms.

Status: Pat. ist ein psychisch-abnormes. überaus redesüchtiges
und quärulirendes Individuum; schimpft auf die früheren Aerzte, die ihm den

Arm zu Schanden gemacht, ihn verleumdet hätten, als ob er der. Arm künstlich krank mache etc.

Der V. Figner der linken Hand ist amputirt. Die Amputationsnarbe ist überaus empfindlich. Schon eine leichte Berührung der Haut wird hier als sehr schmerzhaft empfunden, und zwar ist es ein ausstrahlender Schmerz, der nach Schilderung des Pat. in der Narbe beginnend dem Verlauf des Ulnaris folgt.

Die linke Hand ist etwas blauroth verfärbt, fühlt sich kühler an als die rechte. Pat. klagt über Steifigkeit der Finger, kann die Endphalangen nicht strecken. Auch die passive Streckung der Endphalangen des II., III. und IV. Fingers gelingt nicht, es besteht eine leichte Flexionscontractur in den Fingern.

Die spontan auftretenden Schmerzen verlegt er in den Stumpf des V., den IV. und III. Finger. sowie in ein Gebiet der Vola manus, das ziemlich exact dem vom Ulnaris versorgten Bezirk entspricht.

Volle Kraft hat er nur im Daumen und giebt an, alles das, was er mit der linken Hand leisten kann, mittelst des Daumens und Zeigefingers zu bewerkstelligen.

Versucht er mit der linken Hand einen Gegenstand festzuhalten, so klagt er sofort über Steigerung der Schmerzen. Der Arm zittert lebhaft, das Gesicht und die Haut am Hals und Thorax röthen sich.

Ab und zu stellt sich das Zittern auch in der Ruhe ein.

Sehnenphänomene an beiden oberen Extremitäten erhalten, links gesteigert. Der rechte Arm lässt sich im Ellenbogengelenk nicht vollständig strecken in Folge eines im Gelenk liegenden Hindernisses. Wird er aufgefordert, die Arme zu erheben, so macht er zunächst allerlei Manipulationen, verzerrt das Gesicht, sagt, er habe zu viel Spannung, könne die Arme nicht emporbringen. will beim Beugen im rechten Ellenbogengelenk ein schmerzhaftes Ziehen im linken Arm empfinden. Schliesslich bringt er aber alle Bewegungen mit dem rechten Arm zu Stande, wenn er auch nur geringe Kraft dabei leistet. Das Zittern in der linken oberen Extremität tritt auch auf, wenn die Aufmerksamkeit des Kranken vollständig abgelenkt ist.

In der linken Oberextremität ist die Kraftleistung eine äusserst geringe, beim Händedruck schwellen die Venen hier stärker an als bei den entsprechenden Bewegungen der rechten oberen Extremität. Die mechanische Muskelerregbarkeit ist entschieden gesteigert.

Sensibilität an den oberen Extremitäten für alle Reizqualitäten erhalten.

Im Bereich der Sinnesorgane nichts Abnormes.

In den unteren Extremitäten keine abnorme Muskelanspannung.

Die Sehnenphänomene sind gesteigert und am linken Bein noch lebhafter als am rechten.

Therapie: Seesalzbäder für den linken Arm

1. Juli. Pat. verspürt Besserung im linken Arm. Das Zittern und die Schmerzen lassen nach.

Nach jeder anstrengenden Bewegung der linken oberen Extremität steigert sich das Zittern. Es sind ziemlich ausgiebige, in schneller Folge auftretende Zitterbewegungen.

An der Spitze des Amputationsstumpfes genügt die leiseste Berührung, um Schmerz und Zittern zu erzeugen, während der Kleinfingerballen, der Ulnarisstamm etc. auf Druck nicht empfindlich sind.

Nachdem noch eine Massagekur erfolglos angewandt worden, wurde Pat. am 22. Juli behufs Excision der Narbe der chirurgischen Abtheilung überwiesen. Es wurde dort das Capitul. oss. metacarp. V. resecirt. Die Wunde verheilte per priman.

Nach der Operation zunächst Besserung, die aber nur drei Wochen anhält. Dann treten die Schmerzen von Neuem auf, namentlich, wie Pat. angiebt, wenn die Hand kalt wird. Man beobachtet, dass sich in der Kälte die linke Hand cyanotisch färbt. Die Druckempfindlichkeit des Stumpfes ist nicht mehr nachzuweisen.

Auch über den rechten Arm klagt Pat. häufig, sowie über „Schlottrigsein in den Knien“ und Ameisenlaufen in den unteren Extremitäten. Diese Beschwerden haben sich erst seit der letzten Zeit eingestellt.

Nachtrag: Zustand, soweit aus den Acten zu ersehen, gebessert.

Beobachtung XXIX.

Ursache: Maschinenverletzung und Erschütterung des rechten Armes. Schreck.

Symptome: Unmittelbare Folge ausser leichten äusseren Verletzungen und Sugillationen: Lähmung und Anästhesie des rechten Arms. Psychische Anomalien wahrscheinlich von jeher. Schlaffe Parese des rechten Armes. Vasomotorische Störungen. Erweiterung der rechten Pupille.

Verlauf: Im Krankenhause keine wesentliche Besserung; über späteren Verlauf nichts bekannt.

R. V., Arbeiter, 34 Jahre alt, aufgenommen den 20. April 1887, entlassen den 10. Mai 1887.

Anamnese: V. ist am 18. Juni 1886 dadurch verunglückt, dass sein rechter Arm von einer Welle erfasst wurde. Er kam nämlich mit demselben einer Kehlmaschine (zum Anfertigen von Holzleisten) zu nahe, der Hemdsärmel wurde von der in der Minute 2000—3000 Umdrehungen machenden Welle erfasst und der Arm so lange umhergeschleudert, bis Pat. mit der freigebliebenen linken sich an einen eisernen Träger festklammerte, und nun das Hemd in der Brust- und Schultergegend zerrissen wurde. Unmittelbar darauf soll er den Arm emporgehoben haben unter der Bemerkung, dass er sich nur wenig verletzt habe. Er will aber vor Angst am ganzen Körper gezittert haben.

Er wurde zwei Tage darauf von Prof. M. untersucht und von demselben folgendes constatirt:

„Hautabschürfungen an der inneren Seite des oberen Drittels des rechten Oberarms, am Ellenbogengelenk und in der Gegend des Handgelenks. Der ganze Arm erheblich geschwollen, hier und da blaurothe, sehr schmerzhafte Sugillationen. Ausserhalb dieser letzteren ist die Sensibilität am ganzen Arm erl|oschen. Die Motilität aufgehoben. Druck auf die Nervenpunkte schmerzhaft."

In der Folgezeit stellten sich starke Schmerzen im rechten Arm ein, die Pat., wie er angiebt, durch starkes Trinken zu betäuben suchte.

Er habe dann fünf Monate lang wieder gearbeitet, aber wesentlich mit dem linken Arm, und indem er die Schmerzen durch starken Spirituosengenuss (50—60 Pf. Rum pro die) überläubt habe.

Dann aber seien Schwäche und Schmerzen zu sehr angewachsen, und er habe die Arbeit einstellen müssen.

Im Uebrigen hat er noch über Verlust des Geruchs und Abnahme des Gedächtnisses zu klagen.

Status: Pat. ist ein von Haus abnormer Mensch, schwachsinnig, reizbar, quärulirt gern, überschätzt sich und seine Leistungen, glaubt sich beeinträchtigt etc. Auch galt er in der Fabrik, in welcher er arbeitete, als wunderlicher Kauz, Narr etc.

Seine Hauptbeschwerden beziehen sich auf Schmerzen im rechten Arm und besonders in den Gelenken. Sie sind permanent und werden durch Bewegungen bedeutend gesteigert.

Die rechte obere Extremität hat in ihrer ganzen Ausdehnung eine andere Färbung als die linke, sie ist blauroth verfärbt und fühlt sich viel kühler an als die linke. Die passiven Bewegungen sind unbehindert, aber schmerzhaft. Der passiv erhobene Arm fällt wie gelähmt herunter, auch wenn die Aufmerksamkeit des Kranken abgelenkt wird, indessen kann er es durch besondere Anstrengung auch dahin bringen, dass der Arm erhoben bleibt. Dabei stöhnt er und klagt über heftige Schmerzen. Die activen Bewegungen sind nicht aufgehoben, aber beschränkt, verlangsamt und abgeschwächt; namentlich macht es ihm Schwierigkeit, die Hand zur Faust zu ballen.

Abgemagert ist der Arm nicht, auch ist die elektrische Erregbarkeit nicht herabgesetzt. Die Sehnenphänomene sind am rechten Arm schwächer als links.

Alle Reize werden an der rechten oberen Extremität wahrgenommen, aber, wie er angiebt, nicht so deutlich wie links. Diese Differenz zwischen links und rechts besteht auch noch in der oberen Thorax- und Supraclaviculargegend (Angaben aber hier unbestimmt).

An den unteren Extremitäten nichts Pathologisches.

Eigenthümlich ist, dass Pat. ganz schön schreibt, doch will er nach circa 10 Minuten ermüden.

Die oftmals wiederholten Versuche ergaben, dass die passiv erhobene rechte Hand wie eine gelähmte herabfällt und nur durch einen besonderen Willensakt emporgehalten werden kann.

Pat. quärulirt fortwährend, schimpft auf seine früheren Aerzte, Mitarbeiter etc.

Die rechte Pupille ist bedeutend weiter als die linke.

Puls klein und frequent.

Andere Anomalien nicht nachweisbar.

Nachtrag: Verschlimmerung, die Lähmungserscheinungen nehmen an Intensität und Ausbreitung zu, Krämpfe und Erregungszustände.

Beobachtung XXX.

Ursache: Verletzung, die zur Fractur des linken Unterschenkels führte.

Symptome: Psychische Störungen epileptischer Art schon vor der Verletzung. Schmerz, Schwellung und Schwäche des linken Beines. Anfall von Bewusstlosigkeit, danach Angstzustände, Schlaflosigkeit und Krämpfe des linken Armes, sowie Parästhesien in der linken Körperhälfte. Hemiplegia sinistra ohne Betheiligung des Facialis und Hypoglossus; zweifellos psychische Lähmung. Oedem des linken Beines. Hypästhesie der linken Körperhälfte mit Betheiligung der Sinnesorgane.

Verlauf: Besserung. — NB. Keine Entschädigungsansprüche.

E B., Buchbinder, 54 Jahre alt, in die Charité aufgenommen am 31. August 1887. der Nervenabtheilung überwiesen am 26. Januar 1888.

Anamnese: Keine hereditäre Belastung.

Pat. will immer von „ängstlichem Gemüth" gewesen sein, so wurde er beim Stehen auf einer Leiter, oder wenn er aus dem Fenster einer höheren Etage heraussah, von Schwindel ergriffen, musste sich festhalten etc. Ferner berichtet er von eigenthümlichen pathologischen Rauschzuständen, in denen er „einen Mord ohne Wissen" hätte begeben können. „Schon als Lehrling war ich in der schlimmen Lage. meinen Bruder erstechen zu wollen, wenn mein Vater mir nicht in die Arme gefallen wäre, aber ohne dass ich völlig bewusstlos geworden wäre; ich musste gebunden ins Bett gebracht werden. Am andern Tage erschrak ich sehr, wie mir dieses alles erzählt wurde. Dann kann ich keine Musik, keine tragischen Schauspiele. überhaupt keine traurigen Fälle hören. selbst beim Lesen muss ich weinen, mich häufig abwenden oder fortgehen, um meine Erregtheit nicht sehen zu lassen."

1874 machte er eine Lungenentzündung durch und hatte während der Zeit verschiedene Visionen: er sah die Gestalt seines Bruders am Bett sitzen, glaubte Männer zu sehen, die ihn abholen wollten, sah auf den Bäumen nackte Frauengestalten. Auch nachdem er wieder hergestellt war, kamen noch ähnliche Zustände vor, so dass er einmal mehrere Stunden weit fortlief, weil er sich von Gensdarmen verfolgt wähnte.

Sonst war er gesund bis zum 7. Mai 1886. An diesem Tage stolperte er über einen Gegenstand, fiel hin und verlor das Bewusstsein. Er wurde in die chirurgische Abtheilung der Charité gebracht, hier eine Fractur des l. Unterschenkels constatirt und ein Gypsverband angelegt. Als er nach 11 Wochen wieder Gehversuche machen durfte, verspürte er eine Schwäche im linken Bein und heftige Schmerzen. Auch war der Fuss noch geschwollen. Pat. wurde nach 20 Wochen entlassen; aber auch in der Folgezeit blieben Schmerz, Schwellung und Schwäche bestehen. In der nächsten Zeit traten häufig Schwindelanfälle ein; er empfand eine eigenthümliche Angst vor der Sonne.

Am 31. August 1887 hatte er einen heftigen Anfall. Es war ihm, als würde er plötzlich in den Nacken gefasst und zur Erde geworfen; er verlor die Besinnung und wurde in die Krampfabtheilung der Charité gebracht. Hier hatte er über Flimmern, Ohrensausen und Angstzustände zu klagen; man constatirte einen fortwährenden Schütteltremor des linken Armes. Diese Beschwerden, sowie Schlaflosigkeit bestanden mehrere Wochen. Es entwickelte sich eine Schwerhörigkeit auf dem linken Ohr und Parästhesien in der ganzen linken Körperhälfte. Auch Sinnestäuschungen traten wieder auf, und seit Ausgang September entwickelte sich eine stetig zunehmende Schwäche des linken Armes.

„Ich glaubte immer, irgend eine Katastrophe müsste eintreten, entweder Wahnsinn oder Hirnschlag; ich wünschte letzteres sehr, da mir das Leben schon verhasst war, und ich es mir zu nehmen zu schwach war."

Im November wurde er einer inneren Abtheilung der Charité überwiesen; hier wurde die Lähmung der linken Extremitäten eine vollständige.

Status praesens: An den inneren Organen der Brust- und Bauchhöhle nichts Abnormes nachweisbar.

Am linken Unterschenkel Callus in der Malleolargegend.

Pat. nimmt die Rückenlage ein.

Die passiv erhobenen linken Extremitäten fallen völlig schlaff herunter, Pat. will dieselben nicht rühren können. Sobald aber seine Aufmerksamkeit abgelenkt wird, gelingt es, den Nachweis zu führen, dass Arm und Bein nicht gelähmt sind; so bleibt die starr erhobene Extremität erst eine Weile erhoben und wird dann plötzlich gesenkt. Er kann nach vielen Fehlversuchen gehen, aber so, dass er das linke Bein völlig fixirt hält und mit dem linken Fuss den Boden überhaupt nicht berührt. Obgleich er nun angiebt, dass er den linken Arm nicht im geringsten bewegen kann, lässt sich feststellen, dass, sobald es sich nicht um einen echten Willensact handelt, die linke Oberextremität durchaus bewegungskräftig ist. Man ergreift seine linke Hand, die zunächst schlaff und wie leblos in der Hand des Untersuchenden liegt, und fordert ihn nun zum Gehen auf und fühlt, dass er hierbei sich mit der linken kräftig aufstützt und namentlich dann, wenn er in Gefahr kommt zu fallen, energisch zugreift.

Im Laufe der Beobachtung entwickelt sich häufig ein beträchtliches Oedem am linken Fuss sowie an der linken Hand.

Die Musculatur ist nicht merklich abgemagert und die scheinbare Herabsetzung der elektrischen Erregbarkeit erklärt sich wohl zur

Genüge aus der Erhöhung des Leitungswiderstandes, welche an der Haut der linken Extremitäten besteht.

Excision eines kleinen Muskelstückes aus dem linken Arm.

Muskelbefund (bei Operation keinerlei Schmerz): Verlust der Querstreifung in vielen Fasern, hyaline Entartung einzelner Primitivfasern (Artefact?).

Die Sensibilität ist an der Haut und den Schleimhäuten der linken Körperhälfte gegen rechts herabgesetzt für alle Reize; dasselbe gilt für Geruch und Geschmack.

Flüstersprache wird auf dem linken Ohr erst in nächster Nähe, rechts in Entfernung von einigen Metern gehört.

Trotz einstündiger Application eines Magneten keine Transfert-Erscheinung.

Facialis, Hypoglossus, Augenmuskelnerven — ohne Lähmungserscheinungen.

Conjunctival-, Cornealreflexe, Cremaster- und Bauchreflex beiderseits erhalten.

Der Sohlenreflex kommt in modificirter Form zu Stande, indem statt der Dorsalflection im Fussgelenk eine Plantarflection der Zehen eintritt.

In psychischer Beziehung fällt die grosse Reizbarkeit und Verstimmung des Patienten auf. Er hält sich für sehr schwer leidend, macht den Arzt fortwährend auf Symptome aufmerksam etc.

Er klagt viel über Sausen auf dem linken Ohr und zunehmende Schwerhörigkeit.

Die Behandlung mit dem faradischen Strom hat guten Erfolg, noch wirksamer erweist sich die Massage. Zur Zeit ist Pat. so weit hergestellt, dass er an einem Stock durch den Garten geht, er schleift aber immer noch das linke Bein nach.

Beobachtung XXXI.

Ursache: Contusion der rechten Hüftgegend.

Symptome: Schmerzen im Gelenk und besonders in dessen Umgebung. Hyperästhesie der Haut in der Umgebung des Gelenkes sowie der tieferen Theile. Abstumpfung der Sensibilität am ganzen rechten Bein bis in die Abdominalgegend. Coxalgische Gehstörung. R. Pupille > L. Gesichtsfeld auf rechtem Auge etwas eingeschränkt. Leichte Atrophie des rechten Beins mit Abnahme der electrischen Erregbarkeit.

Verlauf: Ueber den Verlauf der Erkrankung nach Entlassung nichts bekannt.

K. P., Arbeiter, 53 Jahre alt, aufgenommen den 1. Juni 1888, entlassen den 30. Juni 1888.

Anamnese: In der Familie sind Nervenkrankheiten nicht vorgekommen.

Im April 1887 fielen dem bis dahin gesunden Manne ca. 30 Blechkästen in die rechte Lenden- und Hüftgegend. Er lag 14 Tage zu Bett, war aber dann, wenn auch mit Unterbrechungen und unter vielen Schmerzen, bis zum December arbeitsfähig. Dann nahmen die Schmerzen in der rechten Hüftgegend an Intensität zu, und es stellte sich eine Mattigkeit im rechten Bein ein, besonders nach längerem Gehen.

Status: Gegenwärtige Beschwerden: Schmerzen in der Gegend des rechten Hüftgelenks, besonders oberhalb des Trochanter major. Der Schmerz tritt anfallsweise auf und leitet sich mit einem Kriebeln ein. Heftiger wird er besonders durch Bewegungen. Beim Sitzen muss Pat. sich auf die linke Glutäalgegend stützen.

Schon das Aufheben einer Hautfalte wird in der Gegend oberhalb des rechten Trochanter major schmerzhaft empfunden, noch empfindlicher ist ein in die Tiefe ausgeübter Druck.

Am Hüftgelenk ist etwas Pathologisches nicht nachzuweisen. Ab und zu sieht man im Bereiche der Glutaei, besonders der rechten, ein fibrilläres Zittern.

Pat. geht breitbeinig, hält das rechte Bein in allen Gelenken fixirt, im Hüftgelenk stark abducirt und hebt beim Pendeln das Becken auf der rechten Seite, der Fuss schleift dabei am Boden. Unter allen Bedingungen sucht Pat. diese Stellung und Haltung des Beines innezuhalten.

Im rechten Knie- und Fussgelenk lassen sich die passiven Bewegungen frei ausführen.

Ueber das Verhalten der Motilität des rechten Beines lässt sich kein ganz sicheres Urtheil gewinnen, da jede Bewegung ihm Schmerzen in der Hüftgegend verursacht.

An der rechten Unterextremität werden zwar alle Reize wahrgenommen, aber das Schmerzgefühl ist hier stark verringert. Diese Störung tritt auch noch in der Abdominalgegend hervor und schneidet etwa in der Nabelhöhe ab. Obgleich schon eine Berührung der Haut in der Gegend des Hüftgelenks empfindlich ist, wird doch der durch Nadelstiche hervorgerufene Schmerz als ein tauber bezeichnet. Auch ist der Sohlenreflex links constant lebhafter als rechts, während das Verhalten des Cremaster- und Bauchreflexes auf beiden Seiten ein gleiches ist.

Die Muskulatur des rechten Beines ist im Ganzen ein wenig schlaffer als die des linken.

Die elektrische Prüfung (mit Gebrauch des absoluten Galvanometers) lehrt, dass die directe wie indirecte Erregbarkeit der Muskulatur des rechten Beines gegen die des linken etwas herabgesetzt ist für beide Stromesarten, während eine Erhöhung des Leitungswiderstandes der Haut nicht zu constatiren ist.

Ueber die oberen Extremitäten hat Pat. nicht zu klagen. Auch die objective Untersuchung weist hier ausser einem mässigen Zittern bei activen Bewegungen nichts Pathologisches nach.

Die rechte Pupille ist dauernd etwas weiter als die linke.

Die Lichtreaction beiderseits gut erhalten.

Bewegungen der Bulbi nicht beschränkt; bei den Seitwärtsbewegungen tritt ein Zittern des Kopfes ein.

In Bezug auf die Sinnesorgane ist nur zu bemerken, dass das Gesichtsfeld auf dem rechten Auge für Weiss und Farben in geringem Grade concentrisch eingeengt ist.

Harn- und Stuhlentleerung unbehindert. Keine Abnahme der Potenz.

Die Behandlung mit Massage und Electricität, Einreibungen etc. bleibt erfolglos.

Versuch der Hypnose misslingt.

Nachtrag: Verschlimmerung. Ausbreitung der Parese und Gefühlsstörung auf die obere Extremität.

Beobachtung XXXII.

Ursache: Verletzung in der Fabrik. Heftige Erschütterung des linken Armes.

Symptome: Im Beginne Schmerzen, später Contractur, besonders der linken Hand und der Finger, Cyanose der Haut, Temperaturherabsetzung, Steigerung des elektrischen Leitungswiderstandes der Haut. Schwäche des linken Armes, Lähmung der Hand und der Finger, Anästhesie in Handschuhform. Abnahme der elektrischen Erregbarkeit. Mikroskopisch nachweisbare Veränderungen der Musculatur. L. Pupille $>$ R. Linksseitiger Kopfschmerz.

Verlauf: Bisher nur geringe Besserung.

G. H., Schmiedegeselle, 32 Jahre alt. Aufgenommen am 26. April 1888.

Anamnese: Am 23. Februar 1888 erlitt der bis da gesunde Arbeiter einen Unfall dadurch, dass der linke Arm, in welchem er eine schwere Zange, die ein Eisenstück festhielt, trug, von dem auf das Eisen niederfallenden Dampfhammer heftig erschüttert wurde. Er fühlte sogleich ein Dröhnen durch den ganzen Arm, das sich bis in die Schulter erstreckte. Es stellte sich auch sogleich ein taubes Gefühl in der Hand und im Unterarm ein, „als wäre die Hand nicht mehr da". Gleich darauf hatte er aber noch den Hebel eines schwergehenden Balancers zu drehen und verspürte eine grosse Ermüdung im linken Arm.

Als er beim Fortgehen seinen Hut aufsetzen wollte, konnte er den linken Arm nicht heben.

Er wurde, da die Lähmung bestehen blieb, wenige Tage nach der Verletzung in die chirurgische Abtheilung der Charité aufgenommen.

Die Behandlung bestand in feuchten Einwicklungen. Der Zustand besserte sich soweit, dass er den Arm bis zur halben Höhe erheben und die Hand leidlich schliessen lernte. Nach der Entlassung verschlimmerte sich aber das Leiden wieder. Das Gefühl von Kälte und Taubheit im linken Unterarm und in der linken Hand machte sich im höheren Grade geltend. Nun wurde er mehrere Wochen lang mit dem faradischen Strom behandelt, aber ohne Erfolg. Er wurde zur weiteren Behandlung der Nervenabtheilung überwiesen.

Status praesens: Allgemeiner Ernährungszustand vorzüglich.

Bei der Betrachtung der linken Oberextremität fällt es zunächst auf, dass der Unterarm, besonders aber die Hand und die Finger blauroth verfärbt sind und sich entschieden kühler anfühlen als die rechte.

Die Stellung der Hand und der Finger ist eine eigenthümliche. Es ist nämlich die Hand im Handgelenk überstreckt, die Finger sind in den Metacarpophalangengelenken stark flectirt und leicht ulnarwärts gewandt. die Endphalangen gestreckt, der Daumen leicht opponirt, die Finger lassen sich passiv aus dieser Stellung herausbringen, man hat aber dabei einen Widerstand zu überwinden. Auch im Handgelenk sind die passiven Bewegungen durch abnorme Muskelanspannung erschwert. In dem Ellenbogen- und Schultergelenk sind die passiven Bewegungen frei.

Die Muskulatur des Unterarms und der Hand fühlt sich etwas hart und derb an, was wohl im Wesentlichen auf Rechnung der dauernden Contraction zu bringen ist.

Die Nägel haben eine ganz livide Färbung.

Die mechanische Muskelerregbarkeit ist nicht pathologisch verändert.

Die activen Bewegungen werden im linken Schulter- und Ellenbogengelenk überaus langsam und schwerfällig ausgeführt, angeblich weil der Kranke dabei Schmerzen im Oberarm, in der Schulter und in der Pectoralisgegend empfinden will. Die Beweglichkeit der Hand und Finger ist fast gleich Null.

Sensibilität: An der linken Hand und am Unterarm besteht eine Anästhesie von eigenthümlicher Verbreitung und scharfer Abgrenzung. Sie reicht nämlich bis fast zur Mitte des Unterarms hinauf, und die Grenze des gefühllosen gegen den fühlenden Bezirk bildet eine Kreislinie. Das anästhetische Gebiet entspricht also etwa dem Theile der Extremität, welcher von einem Fausthandschuh bedeckt wird. Die Anästhesie begreift alle Qualitäten, auch das Lagegefühl, so dass der Kranke bei Augenschluss mit der rechten Hand die linke nicht sofort zu ergreifen versteht, sondern an derselben vorbeiirrt.

Die elektrische Prüfung zeigt, dass die Erregbarkeit der kleinen Handmuskeln, im geringeren Grade die der Unterarmmuskeln, gegen rechts beträchtlich herabgesetzt ist. Dabei ist zunächst in Rücksicht zu ziehen, dass der Leitungswiderstand der Haut an der linken Hand gesteigert ist (Normalelektrode auf rechtem Handrücken bei 20 El. Nadelausschlag von 1 M. A., auf linkem von 0,5 M. A.).

Aber auch abgesehen von der Erhöhung des Leitungswiderstandes ist eine Verringerung der elektrischen Erregbarkeit nachweisbar: Während sich z. B. der rechte Interosseus primus schon bei 1 M A (directe Reizung) deutlich contrahirt, erhält man links erst bei 5 M A eine minimale Zuckung.

Bei mittlerer Beleuchtung ist die linke Pupille merklich weiter als die rechte, aber die Reaction auf Lichteinfall ist beiderseits gut erhalten.

Das Gesichtsfeld ist auf dem rechten Auge fast normal. Auf dem linken besteht eine deutliche concentrische Einengung für Weiss und Farben.

Pat. ist auf dem rechten Ohr schon seit vielen Jahren schwerhörig, auf dem linken hört er Flüstersprache in Entfernung von 1 Mtr.

Im Bereiche der motorischen Hirnnerven keine Lähmungserscheinungen.

Pat. klagt viel über Kopfschmerz, der sich seit der Verletzung täglich einstellt und seinen Sitz besonders in der linken Stirngegend hat.

Motilität und Sensibilität der unteren Extremitäten, Sehnenphänomene etc. bieten nichts Abnormes.

Behandlung mit Massage, faradischem, galvanischem Strom, faradischem Pinsel, localem elektrischen Bade und mancherlei Medicamenten erzielt keinen bleibenden Erfolg.

Ein aus dem Extensor digitorum comm. sinister entnommenes Muskelstück (NB. Operation ohne Chloroform, fast schmerzlos) zeigt Verlust der Querstreifung in vielen Fasern, ferner merkliche Vermehrung der Kerne und Hypertrophie der Primitivfasern.

Ungeheilt entlassen.

Nachtrag: Keine Besserung.

Beobachtung XXXIII[1]).

Ursache: Schwere Verletzung der rechten Hand in Folge Quetschung zwischen Mühlsteinen.

Symptome: Nach Heilung der Verletzung, die 7 Monate in Anspruch nahm, allgemeine nervöse Beschwerden und Parästhesien in der rechten Körperhälfte, sowie Krämpfe in derselben mit Aura von der Narbe aus, Bewusstlosigkeit und Pupillenstarre. Die Narbe ist eine epileptogene Zone. Nach den Anfällen Sprachstörung und rechtsseitige Hemiparese. Dauernde starke concentrische Gesichtsfeldeinengung, besonders auf dem rechten Auge.

Verlauf: Besserung durch Umschnürung des rechten Unterarms. Exstirpation der Narbe, darauf Ausbruch einer Psychose, Heilung derselben und Remission aller Krankheitserscheinungen.

K., 44 Jahre alt, Mühlenwerkführer.

Anamnese: Pat. stammt aus gesunder Familie, hat früher weder Krämpfe noch Syphilis gehabt, hat eine Kopfverletzung nicht erlitten und ist ein durchaus nüchterner Mann.

---

[1]) Schon von Thomsen mitgetheilt. Charité-Annalen. Jahrgang XIII.

Er war bis zum Frühjahr 1886 geistig und körperlich gesund.

Am 20. März 1886 erlitt er einen Unfall, indem er mit der rechten Hand zwischen zwei in Bewegung befindliche Mühlsteine gerieth, wodurch er sich eine Quetschung des rechten Handgelenks und der Weichtheile, sowie eine Zerreissung der Haut zuzog. Ob der Knochen verletzt wurde, liess sich nicht ermitteln, andere Körpertheile wurden nicht betroffen, Pat. fiel nicht um, scheint aber kurze Zeit ohnmächtig gewesen zu sein.

Die Heilung der ausgedehnten Wunde nahm (in Folge von Phlegmone) sieben Monate in Anspruch, und hatte Pat. während der ersten Woche so heftige Schmerzen, dass er nicht schlafen konnte.

Allmählich stellten sich nach dem Unfall allerlei Beschwerden ein: Pat. bekam anfallsweise auftretendes Herzklopfen und Schmerzen im Kreuz.

Der Schlaf blieb unregelmässig, zuweilen schreckte er einige Male Nachts auf, ohne aber ängstliche Träume zu haben und ohne Schrei.

Bei Tage fühlte sich Pat. sehr müde und abgeschlagen, er konnte nicht lange gehen und hatte eine Empfindung, als seien ihm Arm und Bein, besonders der rechten Seite, mit Gewichten beschwert — eine Störung des Gefühls bemerkte er nicht.

Auffallend war dem Kranken und seiner Frau ferner eine zunehmende Erschwerung des Sprechens, die bald nach der Verletzung vorhanden war: er konnte die Worte schwer aussprechen, auch war die Stimme leiser wie früher; ein Fehlen der Worte bestand aber nicht.

Schliesslich hatte Pat. auch oft Kopfschmerzen, besonders Morgens.

Eine Störung der Intelligenz, der Stimmung und des Gedächtnisses hat Pat. nicht bemerkt.

Die Frau constatirte zu der Zeit, wo die Anfälle häufig und schwer waren, eine gewisse geistige Schwerfälligkeit, sowie Vergesslichkeit, die sich in den längeren Intervallen fast ganz verlor.

Im Herbst 1886 (vorher hatte die Frau nie Zuckungen beobachtet) traten ferner „Anfälle" auf, oft 5—6 Mal am Tage mit Pausen von mehreren Wochen. Den Anfällen ging ein Gefühl von schmerzhaftem Kriebeln im rechten Arm voraus, das von der Narbe aufsteigend in den Arm, das rechte Bein und die rechte Gesichtshälfte sich ausdehnt, gleich darauf beginnen Zuckungen im rechten Arm, welche sich annähernd in gleicher Weise verbreiten. Wenn die Zuckungen das Gesicht erreicht haben, verliert Pat. das Bewusstsein.

Nach dem Anfall, der vielleicht $\frac{1}{4}$ Stunde dauert und während dessen Pat. bewusstlos ist, fühlt er eine Schwäche im rechten Arm (und Bein) und kann zunächst garnicht, später schlecht sprechen; er kann nicht angeben, worin das Sprachhinderniss besteht.

Nach Angabe der Frau, welche den Verlauf der Anfälle ganz ebenso beschreibt, war Pat. stunden-, ja tagelang nach dem Anfalle sprachlos und ausser Stande, den rechten Arm zu bewegen, resp. auf dem rechten Beine zu stehen.

Die Anfälle traten erst selten, später häufiger auf, im August 1887 kamen fast täglich mehrere Anfälle, von da ab doch mindestens alle 8 bis 14 Tage einer.

Die Dauer und Intensität sowohl der Sprachstörung, wie der rechtsseitigen Hemiparese entsprach der Schwere und Häufigkeit der Krampfanfälle.

Hallucinatorische oder Verwirrtheitszustände sind zu Hause niemals beobachtet worden.

Am 9. Januar 1888 wurde K. auf die Nervenabtheilung der Kgl. Charité aufgenommen.

Er ist ein etwas hagerer, mässig muskulöser Mann, dem das Fehlen der meisten Zähne mit Atrophie des Alveolarrandes ein seniles Aussehen verleiht. Die Untersuchung der inneren Organe ergiebt nichts Besonderes.

Gleich nach der Aufnahme kam ein Anfall zur ärztlichen Beobachtung: es bestanden klonische Zuckungen der rechten Körperhälfte, gleichzeitig aber eine tonische Starre der linksseitigen Extremitäten.

Pat. ist ohne Bewusstsein, die Pupillen sind weit und lichtstarr. Nach Ablauf des kurzdauernden Anfalles besteht eine Lähmung des rechten Armes, der passiv erhoben, schlaff herabfällt.

Gleichzeitig besteht eine erhebliche Störung der sprachlichen Aeusserung: Pat. spricht äusserst langsam, als ob er fortwährend den Faden verlöre, er besinnt sich bei jedem Wort, findet es aber schliesslich stets. Dabei ist die Sprache etwas näselnd und deutlich articulatorisch gestört. — Pat. will von Jugend auf etwas gelispelt haben.

Durch Druck auf die Narbe (cf. später), der dem Pat. sehr schmerzhaft ist, lässt sich nach Verlauf einiger Minuten ein Anfall auslösen. Pat. legt sich zurück, Kopf und Bulbi stellen sich nach rechts, gleich darauf treten Zuckungen im Gesicht auf, die rechts stärker sind als links, sowie Zuckungen im rechten Arm und Bein. Während dieses sehr kurzen Anfalles scheint Pat. bewusstlos, doch ist die Pupillenreaction erhalten.

Leichtes Ueberfahren mit der Hand über die Narbe verursacht sehr unangenehme Empfindungen, Pat. ist sich nicht bewusst, dass die Narbe eine epileptogene Zone darstellt.

Es wurde dem Kranken die Abschnürung des Armes durch ein Lederband bei herannahendem Anfall empfohlen, was den Erfolg hatte, dass die in den nächsten Nächten auftretenden Anfälle leichter waren, und dass Pat. dabei die Besinnung nicht verlor.

12. Januar. Status praesens: Pupillenreaction auf Licht und Convergenz erhalten. Augenbewegungen frei, keine Ptosis. Augenhintergrund normal.

Leichte, besonders mimische Parese des rechten Mundfacialisastes, Bewegung der Zunge und des Gaumensegels normal. Schlucken gut.

Die rechte Hand fühlt sich kühler an, die Finger stehen in Hyperextension, namentlich die 4. und 5., die Phalangen leicht gebeugt, der Daumen ist an den Zeigefinger adducirt.

Daumen- und Kleinfingerballen abgeflacht, das rechte Handgelenk ankylotisch, die Finger in der beschriebenen Stellung fast unbeweglich.

Etwa dem medialen Bezirke des rechten Handgelenkes entsprechend befindet sich eine bohnengrosse tiefe eingezogene Narbe, dicht daneben eine kleine lineare auf dem Handrücken und am Daumenballen. Ein Druck auf den

Stamm des N. ulnaris und medianus wird rechts schmerzhaft empfunden, links nicht.

Die Bewegungen der rechten oberen Extremität sind (abgesehen von der rein mechanischen Behinderung der Hand) deutlich schwächer als die der linken, doch fällt gar keine Bewegung ganz aus.

An den unteren Extremitäten lässt sich eine Bewegungsstörung resp. Differenz in der groben Kraft auf beiden Seiten nicht constatiren.

Reflexe und Sehnenphänomene beiderseits normal und gleich.

Eine Sensibilitätsstörung der Haut besteht nirgendwo am ganzen Körper.

Das Sehvermögen ist gut, das Gehör beiderseits gleich. Geruch und Geschmack, nicht besonders fein, sind subjectiv links schärfer als rechts.

Das Gesichtsfeld ist rechts enorm (5—20°), links mässig (20—40°) für weiss eingeengt, die Farben rechts in normaler Reihenfolge dem entsprechend, links wurden sie nicht geprüft. Nach zwei Tagen fand sich eine mässige beiderseitige Erweiterung.

Vom 12. ab wurde ein neuer Anfall nicht beobachtet, das Verhalten des Pat. war ein unverändertes.

Am 29. Januar wurde die Narbe von Herrn Geheimrath Prof. Bardeleben exstirpirt. Die Operation verlief normal.

Am nächsten Tage erhob sich die Temperatur auf 39,5°, die Wundränder waren leicht entzündlich geröthet, Pat. war benommen und zeigte eine stärkere Zunahme der Sprachstörung, aber keine Zuckungen.

Am nächsten Tage stellte sich der alte Zustand wieder her, Krampfanfälle traten nicht auf, doch klagte Pat. über Kopfweh und Mattigkeit und zeigte dieselbe Schwerfälligkeit der Sprache.

Am 14. Februar stand Pat. Nachts auf und ging mit dem Uringlase in der Hand zwecklos im Saale umher. Als der Wärter ihn anredete, liess er das Glas fallen und sprach unverständliche Worte, musste ins Bett zurückgebracht werden. Am nächsten Morgen wusste er von der ganzen Sache nichts.

Etwa vom 19. Februar zeigte nun der Kranke ein deutlich verändertes psychisches Verhalten. Er wurde deprimirt und weinerlich und producirte Wahnideen, denen Sinnestäuschungen zu Grunde lagen.

Die Mitpatienten sprechen schlechtes von ihm, sie bestehlen ihn, verbrennen seine Papiere, er glaubt die Stimme seiner Frau und seines Kindes zu hören, beklagt sich, dass der Arzt es schlecht mit ihm meine, und ihn für syphilitisch erklärt habe.

Dabei zeigte sich die Sprache womöglich noch schlechter als früher, sodass der Kranke, als er am 23. Februar zur Irrenabtheilung verlegt wurde, wegen seines gehemmten Denkens, seines ängstlich benommenen Wesens, der Schwäche seiner Beine und der schleppenden, stolpernden Sprache beim ersten Anblick fast den Eindruck eines Paralytikers machte.

Er fühlt sich sehr matt, behauptet nicht gehen zu können, er sei hierher verlegt, weil er syphilitisch sei, man habe alles mögliche Schlechte gegen ihn im Sinne.

Die perimetrische Untersuchung ergiebt eine sehr starke Einengung des rechten Gesichtsfeldes bei normalem Farbensinn, links dagegen eine mässige concentrische Einengung mit Verwechslung von blau und grün auf dem rechten Auge.

Die Uhr wird rechts in $1^{1}/_{2}$ Fuss, links auf $^{1}/_{2}$ Fuss, Flüsterstimme rechts in 20, links in 12 Fuss gehört. — Knochenleitung erhalten.

Sehschärfe normal.

Geruch und Geschmack unsicher, aber erhalten, beiderseits gleich.

Bis zum 26. Februar hallucinirte Pat. lebhaft, er beklagte sich über die anderen Kranken, die Gemeinheiten von ihm und seiner Frau erzählten, fragte öfters, ob er noch nicht zur Syphilis-Station verlegt werde, lief ins Nebenzimmer, weil er die Stimme der Frau gehört hatte, liess sich auch nicht ausreden, dass die Frau, mit der er übrigens nichts mehr zu thun haben wolle, da sie mit seinem Vetter jetzt Ehebruch treibe, da wäre, war dabei immer ängstlich und deprimirt.

Von da ab hörten die Sinnestäuschungen auf, der Gesichtsausdruck wurde freier, der Kranke heiterer und vom 1. März ab konnte bei dem Pat., der völlige Krankheitseinsicht für die Sinnestäuschungen und Wahnideen der letzten Woche hatte, überhaupt keine Störung der Stimmung oder Intelligenz mehr nachgewiesen werden.

Auffallend war dabei, dass die Sprachstörung, die grade in der letzten Zeit so sehr ausgesprochen gewesen war, rasch vollständig verschwand, und einer normalen Sprache Platz machte.

Schon am 27. Februar zeigten sich die Gesichtsfelder erheblich erweitert, wenn auch noch eine Unsicherheit der Unterscheidung von blau und grün auf dem rechten Auge nachweisbar war.

Das Gehör zeigte auch jetzt eine leichte Differenz zu Gunsten der rechten Seite.

Am 5. März waren die Gesichtsfelder für weiss und Farben beiderseits fast normal, ebenso der Farbensinn des linken Auges. Pat. gab an, jetzt besser, weniger trübe wie früher zu sehen und sich in jeder Beziehung geistig wie körperlich durchaus wohl zu fühlen.

Die Sprache ist normal, das Gehen ungehindert, nur der rechte Arm und Mundfacialis zeigen eine leichte Differenz zu Ungunsten der rechten Seite.

Gesichtsfeld am 8. März 1888 ganz normal.

Die Hörschärfe war beiderseits fast gleich; Flüsterstimme in 20 Fuss, Uhr rechts in 2 Fuss, links in 1 Fuss. Am Ohr wird die Uhr beiderseits gleich laut gehört.

Geruch und Geschmack normal.

Am 16. März 1888 konnte Pat., bei welchem sich keinerlei krankhafte Symptome gezeigt hatten, entlassen werden. NB. Nach einigen Monaten Rückfall.

Beobachtung XXXIV[1]).

Ursache: Verletzung des linken Fusses durch einen Lastwagen.

Symptome: Parese des linken Beines, später des linken Armes. Vollständige linksseitige Hemianästhesie. Kopfschmerzen. Typische Anfälle corticaler Epilepsie in der linken Körperhälfte. Gehstörung. Herabsetzung der Sinnesfunctionen linkerseits. Psychische Anomalien. Potenzverlust. Oedem des linken Unterschenkels und Verminderung der elektrischen Erregbarkeit.

Verlauf: Anfangs Besserung, dann wieder Verschlimmerung. — NB. Ansprüche auf Entschädigung hat Pat. nicht zu erheben, da er auf seinem eigenen Acker von seinem Wagen überfahren worden ist.

G. St., 59 Jahre alt, Landmann.

Anamnese: Pat. ist angeblich hereditär in keiner Weise belastet. Er ist seit 1856 verheirathet, Vater von 3 gesunden Kindern und selbst bisher stets gesund gewesen.

Mitte Mai d. J. wurde Pat. von einem schwer beladenen Wagen über den linken Fuss gefahren. Er hat dabei keine besonderen Schmerzen empfunden und konnte noch den Tag über seine Arbeit verrichten. Eine kleine Wunde, die er am linken Fuss zurückbehielt, behandelte er mit kalten Umschlägen; dieselbe hat nie sonderlich geschmerzt und heilte in ca. 8 Tagen mit Hinterlassung einer Geschwulst. Nach 14 Tagen fiel dem Pat. auf, dass sein linkes Bein anfing, allmählich schwächer zu werden, sodass er mehrmals beim Gehen „umkippte", bald darauf wurde auch der linke Arm ergriffen. Auch will er seit der Verletzung zuweilen schwindlig geworden und umgefallen sein, das Bewusstsein jedoch nie dabei verloren haben. Seit ungefähr 3 Wochen haben sich Kopfschmerzen eingestellt, die mit kurzen Remissionen bis jetzt angehalten haben. Zweimal sollen auch im linken Bein Zuckungen aufgetreten sein, und zwar bestanden dieselben nach der Schilderung des Kranken hauptsächlich in Beuge- und Streckbewegungen der Zehen. Im linken Arm sind Zuckungen nicht zur Beobachtung gekommen.

Schmerzen sind in der linken Seite nicht aufgetreten, doch hat sich nach und nach ein eigenthümliches, dumpfes Gefühl im linken Bein und Arm entwickelt.

Schlaf und Appetit sind seit der Verletzung sehr mangelhaft geworden. Urin- und Stuhlbeschwerden waren nicht vorhanden.

Die Intelligenz habe gelitten, ebenso sei eine Aenderung des Gemüthszustandes eingetreten, indem Pat. verstimmt, weinerlich, ängstlich und schreckhaft geworden ist.

---

[1]) Beobachtungen XXXIV—XLII sind in der ersten Auflage nicht enthalten.

Status praesens:

Beiderseits leichter Pes excavatus, auf dem Dorsum des linken Fusses ist eine kleine Excoriation wahrzunehmen.

Im Muskel-Volumen der unteren Extremitäten fällt bei blosser Betrachtung ein Unterschied nicht auf. Das passiv erhobene linke Bein fällt wie gelähmt herunter; doch kann Pat., wenn er sich Mühe giebt, es auch eine Spur erhoben erhalten. Die passiven Bewegungen in den Gelenken der linken unteren Extremität sind frei.

Bei Dorsalflexion des linken Fusses gelingt es, ein leichtes Fusszittern hervorzurufen, rechts nicht.

Kniephänomene beiderseits von gewöhnlicher Stärke.

Pat. hebt das linke Bein nur ein paar Zoll von der Unterlage und lässt es dann wieder heruntersinken. Er ist gegenwärtig nicht dazu zu bringen, das Bein höher zu heben. Auch Einzelbewegungen, wie die der Zehen, kann er nur im geringsten Masse ausführen.

Im rechten Bein ist die active Beweglichkeit erhalten.

Die linke obere Extremität hängt schlaff am Thorax, Hand und Finger in Flexionsstellung; wird sie passiv erhoben, so fällt sie bei allen Versuchen wie gelähmt herunter.

Zu activen Bewegungen aufgefordert, bringt Pat. kaum eine Spur von motorischer Action zu Stande und erhebt den Arm nicht von der Unterlage. Sobald man aber die Hand ergreift, lässt sich der Beweis führen, dass noch ein gewisser Grad von Motilität vorhanden ist, ja es gelingt, allmälig, den Pat. durch fortwährendes Auffordern und Manipuliren mit der Hand dahin zu bringen, dass er einen ziemlich kräftigen Druck ausübt, beachtenswerther Weise immer unter Controle der Augen; sobald jedoch die intensive Willensanspannung seinerseits aufhört, fällt der Arm wieder schlaff und durchaus nach Art eines gelähmten herunter. Auch ergiebt sich, dass, wenn man die Aufmerksamkeit stark ablenkt, der Arm eine Weile in erhobener Stellung verbleibt. Spontan bewegt Pat. den linken Arm nie, auch nicht bei Gesten, doch genügt es, die gelähmte Hand zu ergreifen, an derselben zu zerren und immer aufs Neue den Willen des Pat. anzuspornen, um anfangs eine schwache und schliesslich eine kräftige active Leistung derselben hervorzubringen.

In den Gelenken der linken oberen Extremität ist nirgends eine Steifigkeit vorhanden. Die Sehnenphänomene lassen sich an beiden oberen Extremitäten nicht deutlich erzielen.

Die Haut fühlt sich am linken Arm und Bein kühler an als an den rechten Extremitäten.

Pinselberührungen werden an der ganzen linken Körperhälfte nicht wahrgenommen, rechts dagegen prompt. Dasselbe gilt für Stieldruck.

Nadelstiche werden, wie es scheint, am linken Fusse gar nicht empfunden. Ueberhaupt ist das Schmerzgefühl an der linken Körperhälfte gegen rechts merklich herabgesetzt. Nach dem Gesicht hin nimmt der Grad der Analgesie ab.

Auch die Schleimhäute nehmen an der Hypästhesie theil.

Sohlenreflex erfolgt auf Nadelstiche rechts prompt, fehlt links. Conjunctival- und Cornealreflex ist links weniger lebhaft als rechts.

Das Lagegefühl ist in dem Masse gestört, dass Pat. bei Augenschluss die Hand des Untersuchenden ergreift und sie für die eigene hält. Gegenstände werden in der linken Hand nicht unterschieden.

Der Gang ist typisch hemiplegisch. Beim Gehen muss Pat. von 2 Personen gestützt werden, damit er nicht zusammenbricht. Bei einer neuen Untersuchung jedoch vermag er mit Unterstützung schon eine Weile auf dem linken Bein zu stehen, und nach einiger Zeit geht er allein durchs Zimmer.

Kopfschmerzen bestehen fortwährend. Der Kopf ist in der Regel nach der rechten Seite hinübergeneigt; überhaupt benimmt sich Pat., als ob die linke Seite für ihn gar nicht existire.

Im Gesicht ist keine Asymmetrie wahrzunehmen. Bei Bewegungen könnte man vielleicht von einem spurweisen Ueberwiegen des rechten Mund-Facialis sprechen; später erscheint diese Parese zuweilen deutlicher.

Die Zunge tritt gerade hervor und ist frei beweglich.

Die Sprache ist in keiner Weise gestört.

Kopfschmerzen bestehen fortwährend. Pat. verlegt den Sitz derselben in die Stirngegend.

Bemerkenswerth sind die Aeusserungen und das Gebahren des Pat. Er ist sehr betrübt und stöhnt oftmals: „Eine solche Krankheit ist noch nicht dagewesen! Ich werde nie wieder gesund!" Ein anderes Mal äussert er: „Meine Gedanken sind nur bei meiner Frau und meinen Kindern, ich habe keine Ruhe hier, ich muss nach Hause, hier werde ich erst recht krank, der Kopf thut mir so weh, dass ich nicht schlafen kann" Eine Heilung seiner Krankheit, die er für ein Unicum hält, scheint ihm vollständig aus dem Bereich der Möglichkeit zu liegen. Seine Klagen bringt er nur auf Befragen vor; spontan spricht er überhaupt nicht.

In der vorderen Scheitelgegend, der Sagittallinie entsprechend, findet sich ein zungenförmig gestalteter Bezirk, an welchem die Haare z. th. ausgefallen, z. th. vollständig ergraut sind. Nähere Angaben über die Entstehung dieses Zustandes kann Pat. nicht machen.

Die wiederholentlich ausgeführte ophthalmoskopische Untersuchung (Prof. Uhthoff) ergiebt einen normalen Augenhintergrund und gute Pupillenreaction.

Pat. liest mit $+ 7,5$ D rechts fliessend, links zögernd Schweigger 0,3.

Die Prüfung des Gesichtsfeldes ergiebt eine beiderseitige, aber links stärkere concentr. Gesichtsfeldeinengung für Weiss und Farben

Riechvermögen ungestört. Asa foetida und Acidum aceticum werden zuerst als beiderseits die gleiche Empfindung hervorrufend angegeben. Erst auf Befragen giebt Pat. an, rechts stärker zu riechen.

Flüstersprache wird auf dem linken Ohr in ca. $1\frac{1}{2}$ m Entfernung, auf dem rechten Ohr in ca. 3 m Entfernung vernommen. Die Kopfknochenleitung ist für Stimmgabeltöne erhalten. Otoskopisch: normaler Befund.

Der Appetit ist sehr schlecht.

Die männliche Potenz ist erloschen.

Urin und Stuhlbeschwerden bestehen nicht.

Am linken Unterschenkel entwickelt sich ein ziemlich beträchtliches Oedem.

Die elektrische Prüfung ergiebt folgendes Resultat.

Faradischer Strom: ED = 1 cm.

	R.	L.
Erbscher Punkt	130 cm	130 cm
N. median.	130 -	130 -
- ulnar.	130 -	130 -
- radial.	128 -	128
- crural.	125 -	125 -
- peron.	125 -	110 - (Oedem)
- tibial. post.	138 -	105 -

Galvanischer Strom:

	R.		L.	
N. median.	40 Elem.	4,0 M.A.	40 Elem.	4,0 M.A.
- ulnar.	20 -	2,2 -	25 -	2,5 -
- radial.	35 -	3,2 -	32 -	3,2 -
- crural.	35 -	4,2 -	40 -	5,0 -
- peron.	35 -	4,4 -	40 -	9,0 -
- tibial. post.	20 -	2,2 -	40 -	12,0 -

Directe galvanische Reizung:
ED = 3—4 cm

M. tib. ant. dext.	42 Elem.	6,0 M.A.	blitzf.	KSZ.
- - - sin.	50 -	7,5 -	-	-
- extens. digit d.	40 -	6,5 -	-	-
- - - sin.	50 -	10,2 -	-	-
- triceps surae d.	40 -	6,5 -	-	-
- - - sin.	55 -	13,0 -	spurweise	-

Während also in den oberen Extremitäten sich die elektrische Erregbarkeit ganz gleich verhält, besteht an den Beinen, namentlich an der Unterschenkelmuskulatur, eine erhebliche Differenz, und zwar eine einfache quantitative, aber nicht unerhebliche Herabsetzung der Erregbarkeit der Muskeln und Nerven des linken Unterschenkels. Es lag zunächst nahe, dieselbe als eine scheinbare aufzufassen, bedingt durch Zunahme des Leitungswiderstandes (Oedem). Da diese sich jedoch nicht constatiren lässt, muss man die Erregbarkeitsverminderung wohl als eine echte auffassen.

Während des Aufenthalts im Krankenhause wurden bei dem Pat. im Monat Juli zwei typische halbseitige epileptische Anfälle beobachtet. Dieselben begannen mit Kriebeln in den Zehen des linken Fusses und in einem sich allmählich im ganzen linken Fuss verbreitenden Spannungsgefühl. Hieran schlossen sich Zuckungen, erst im linken Fuss, dann auch im linken Ober- und Unterschenkel. Darauf wurde der rechte Arm ergriffen. Zuletzt wurde die gesammte linksseitige Hals- und Gesichtsmuskulatur in Mitleidenschaft gezogen. Der erste Anfall dauerte fast eine halbe, der zweite eine viertel Stunde. Bewusstsein und Pupillenreaction waren beide Male erhalten.

Unter elektrischer Behandlung tritt eine deutliche Besserung ein, bei der Entlassung jedoch, die vorzeitig erfolgt, bestehen die alten Beschwerden.

Beobachtung XXXV.

Ursache: Verletzung der linken Hand durch herabfallenden Balken.

Symptome: Anfangs Schwäche der linken Hand, nach mehr als einem halben Jahre Ohnmachtsanfall mit nachfolgenden schwereren Störungen in der linken Körperhälfte. Verstimmung, Schwindelanfälle, Reizbarkeit, Pupillendifferenz bei herabgesetzter Beleuchtung, Cyanose, besonders der linken Hand, motorische Schwäche in den linksseitigen Extremitäten, Gefühlsabstumpfung und herabgesetzte Reflexerregbarkeit auf der linken Körperhälfte, conc. G. F. E. Zittern, abhängig von seelischer Erregung.

Verlauf: Besserung.

A. B.. Zimmermann. 48 Jahre alt, aufgenommen den 10. März 1891, entlassen den 1. Mai 1891.

Anamnese: Vater starb an Blutsturz, Mutter an Lungenentzündung. Nervenkrankheiten sind in der Familie nicht vorgekommen.

Pat. war früher gesund, hat aber wiederholentlich Verletzungen erlitten, so fiel ihm im Jahre 1872 eine Kette auf den Kopf. mit leichter Verwundung, er konnte bald geheilt aus der Behandlung entlassen werden.

Er ist verheirathet, hat 5 gesunde Kinder, war nicht inficirt, hat nicht getrunken.

Am 12. October 1889 fiel ihm ein Balken auf die Hand. Die Hand lag mit der Dorsalfläche auf einem eisernen Haken, die Volarfläche nach oben. auf diese fiel ein 18 Fuss langer Balken mit solcher Wucht, dass der Haken gegen die Dorsalfläche der Hand getrieben wurde, die Verletzung der Haut war hier jedoch nur eine geringe. während die Handwurzelknochen gequetscht gewesen sein sollen. Nach 8 Wochen war die Hand von den Wunden geheilt, Pat. versuchte leichte Arbeit zu thun, doch ging es noch nicht recht. Er wurde dann einer elektrischen Behandlung unterzogen. Während des Elektrisirens wurde er am 11. Juni 1890 ohnmächtig, als er wieder zu sich kam, fühlte er sich sehr schwach. Er verspürte die Schwäche besonders im linken Arm, ermüdete schnell beim Gehen, hatte Kreuzschmerz. Bei einem Suspensionsversuch, der im Krankenhause gemacht wurde, fiel er wieder in Ohnmacht.

Er klagt jetzt über Schwäche, Kriebeln und taubes Gefühl in der linken Hand. über Herzklopfen mit heftiger Angst und Gedankenverwirrung. dabei stellt sich ein Kältegefühl in der ganzen linken Körperseite ein.

Er hat es wiederholt versucht. die Arbeit wieder aufzunehmen, es sei ihm aber unmöglich gewesen, dieselbe länger wie eine $^1/_2$ Stunde auszuhalten.

Status: Bei der Erzählung seiner Unfallgeschichte kommt Pat. ins Schluchzen, dabei stellt sich ein lebhafter schnellschlägiger Tremor in der linken Oberextremität ein. Dieser ist um so stärker, je grösser die seelische Erregung des Pat. ist, und schwindet bei anderweitig in Anspruch genommener Aufmerksamkeit.

Ab und zu ergreift das Zittern auch den rechten Arm und. nachdem er durch die Untersuchung ermüdet und erregt ist. alle 4 Extremitäten und die Sternocleidomastoidei, wobei sich dann in den Armen und Händen eine Haltung ausbildet wie bei Paralysis agitans.

Die linke Pupille ist für gewöhnlich etwas weiter als die rechte. bei herabgesetzter Beleuchtung ist die Differenz besonders deutlich. Pupillenreaction und Augenbewegungen normal. Centrale Sehschärfe normal, leichte Presbyopie. Erhebliche conc. G. F. E. auf linkem Auge für weiss und Farben, mittlere auf rechtem.

Beim Aufknöpfen des Hemdes greift Pat. auch mit der linken Hand zu. Dieselbe fühlt sich kühler an wie die rechte, ist zeitweise blauroth verfärbt (weniger die rechte) und wird gewöhnlich in Schreibestellung gehalten; es handelt sich aber nicht um Contractur, vielmehr lässt sich diese Stellung mühelos ausgleichen. nur kehrt die Hand sofort in dieselbe zurück.

Mechanische Muskel- und Nervenerregbarkeit an beiden O.-E. etwas gesteigert. die activen Bewegungen der l. O.-E. sind im Ganzen erhalten, werden aber unter Zittern ausgeführt und mit verringerter Kraft. Die Abnahme derselben macht sich besonders beim Händedruck geltend. Pat. kann jedoch mit Willensanspannung die Kraftleistung etwas steigern.

Pinselberührungen werden an der l. O.-E. fast gar nicht empfunden, an der linken Rumpfhälfte hie und da. in der linken Gesichtshälfte stumpfer wie rechts, in der Stirngegend beiderseits gleich.

Geht man (bei Augenschluss) mit dem Pinsel von der linken Brusthälfte nach der rechten streichend hinüber, so stellt es sich heraus. dass die Hypaesthesie ziemlich scharf in der Mittellinie abschneidet. Deutlich ist die Hypalgesie an der linken Körperhälfte ausgeprägt, namentlich wird an der Hand selbst das Durchstechen der Hautfalten nicht schmerzhaft empfunden.

Dem Verhalten der Empfindung entspricht im Grossen und Ganzen das der Reflex- und Abwehrbewegungen. die links fast vollständig fehlen. rechts sehr stark ausgeprägt sind.

Wenn man den Pat. überrascht, zuckt er zuweilen auch bei Stichen in der linken Körperhälfte zusammen (Schreckwirkung?) Auch kommt es vor, dass bei Stichen, die die rechte Seite treffen, die Reflexbewegung etwas verspätet eintritt

An den Beinen keine Steifigkeit.

An beiden Unterschenkeln Narben von alten Verwundungen und Verletzungen. (Für specifische Infection keine Anhaltspunkte, am Penis keine Narbe etc.)

Gleich bei der ersten Untersuchung fällt es auf, dass der Sohlenreflex links fehlt, während er rechts prompt erfolgt.

Das linke Bein wird zunächst nur 1 Fuss hoch von der Unterlage erhoben, dann aber mit Anstrengung noch etwas höher. Pat. will dabei Schmerz im Hüftgelenk verspüren.

Die grobe Kraft, die er dabei leistet, ist eine sehr geringe. Mit etwas mehr Kraft werden die übrigen Bewegungen des linken Beins ausgeführt.

Die Beweglichkeit des rechten Beins im Ganzen erhalten.

Beim Gehen stützt sich Pat. mehr auf das rechte Bein und schleift das linke ein wenig nach.

Die Hypästhesie erstreckt sich auch in objectiv-ausgeprägter Weise auf das linke Bein.

Puls normal, nur beim Erzählen seiner Leidensgeschichte 25 in $^1/_4$ Minute. Herztöne rein, Herzdämpfung nicht erweitert etc.

Zeitweilig Schwindelanfälle.

Dynamometer R. 75, L. 50.

Therapie: Anfangs Salzbäder, später kalte Abreibungen etc.

Am 26. März bei der Visite Färbung der linken Hand normal gefunden, Zittern fehlt.

28. April. Besserung in Bezug auf Allgemeinbefinden und seelischen Zustand.

Linke Hand wieder cyanotisch und viel kälter als rechte. Zittern, wie früher beschrieben. Er will beobachtet haben, dass das Zittern, wenn es in der linken Hand nachlässt, in der rechten hervortritt.

Die Sensibilitätsstörung ist nicht mehr so stark ausgeprägt wie früher.

Pat. wird gebessert entlassen.

Beobachtung XXXVI.

Ursache: Verletzung der rechten Brustgegend durch Wagendeichsel (Rippenfractur).

Symptome: Schmerzen in rechter Brustseite und im rechten Arme. Nach einem Krampfanfall, der zu klonischen Zuckungen im rechten Arme führt, entwickelt sich Schwäche und Taubheitsgefühl in diesem. Die Zuckungen treten häufiger auf. Gefühlsstörung am rechten Arm und in der rechten Brustgegend, völlige Analgesie in rechter Hand. Störungen im Bereich der Sinnesfunctionen. — Fibrilläres Muskelzittern. — Zeichen eines Aortenaneurysmas (traumatischen Ursprungs?).

G. F., Arbeiter, 40 Jahre alt, aufgenommen den 8. Mai, entlassen den 2. Juni 1890.

Anamnese: Keine neuropathische Belastung. Patient selbst will immer gesund und kräftig gewesen sein. Sein jetziges Leiden führt er auf einen Unfall zurück, den er im Januar d. J. erlitten haben will. Er habe einen grossen leeren Transportwagen eine Strecke weit fortschieben wollen, hatte dabei das freie Ende der Deichsel in der Hand, als plötzlich das eine Vorderrad in eine ausgefahrene Höhlung des Weges gerieth. Dadurch erfuhr der Vordertheil des Wagens eine plötzliche Drehung und Patient, der nicht zur Seite springen konnte, erhielt durch die Deichselspitze einen so kräftigen Stoss gegen die rechte Brust, dass er zurücktaumelte und von Schwindel ergriffen wurde. Trotz heftiger Schmerzen in der rechten Brustgegend konnte er an diesem Tage noch arbeiten, am folgenden zogen sich die Schmerzen hinauf in die rechte Schulter und strahlten dann in den r. Arm aus. Der Arzt constatirte eine Rippenfractur, verordnete Eisblase und legte dann einen Heftpflasterverband an, den Pat. 7 Wochen lang trug. Die Schmerzen steigerten sich. Medikamente, Electricität wurden erfolglos angewandt.

Vor 8 Wochen wurde Patient in der Nacht erweckt durch einen ziehenden Schmerz im rechten Arm. Zugleich bemerkte er, dass der Arm im Ellbogengelenk gebeugt war, dann stellten sich Zuckungen im Arm ein, die bis zum Morgen andauerten bei erhaltenem Bewusstsein. Nach diesem Anfall war das Gefühl im rechten Arm so abgestumpft, dass er den Stock aus der Hand verlor. Nun machte sich eine sich allmälig steigernde Schwäche im rechten Arm bemerklich und von Zeit zu Zeit wurde er von klonischen Zuckungen, die ca. $1/_4$—$1/_2$ Stunde andauerten, ergriffen. Die Schmerzen in der Brust wurden heftiger und zogen sich auch in die linke Brustseite. In Folge dieser und der Kraftlosigkeit des r. Arms will Pat. nicht arbeiten können.

Status: Ernährungszustand dürftig, Schleimhäute blass.

Von Zeit zu Zeit stellt sich eine einfache, kurze Zuckung im rechten Arme ein Durch Reizung der schmerzhaften Partien in der rechten Brustgegend lässt sich ein Krampfanfall nicht auslösen.

Keine Steifigkeit im rechten Arm.

Mechanische Muskelerregbarkeit beiderseits erhöht; es kommt beim Percutiren zu localer Wulstbildung.

Active Bewegungen im rechten Arm erhalten, motorische Kraft herabgesetzt.

Die Sensibilität ist am rechten Arm, in der rechten Brust- und Halsgegend herabgesetzt, besonders für schmerzhafte Reize: die Analgesie ist eine absolute an der rechten Hand. Auch sehr starke faradische Pinselströme werden an der rechten Hand schmerzlos empfunden. Es giebt allerdings eine Intensität der Stromstärke — bei welcher sich die kleinen Handmuskeln contrahiren — die eine geringe Schmerzempfindung hervorruft.

Bei Wiederholung der Sensibilitätsprüfung zu anderer Zeit erscheint es zunächst verdächtig, dass er Pinselberührung an einzelnen Stellen des rechten Armes, z. B. in der Ellenbeuge manchmal empfindet, andere Male nicht, auch die Angaben dann sehr zögernd und nur auf besondere Aufforderung macht. Indess schwindet bei weiterer Prüfung jedes Suspicium, indem es sich herausstellt, dass es sich um eine Abstumpfung der Empfindung, nicht um ein völliges Erloschensein handelte, sodass er je nach Intensität des Reizes denselben bald gar nicht, bald nur sehr undeutlich empfindet und ihn auch nicht genau zu localisiren vermag.

Für Nadelstiche ist die Störung ausgeprägter, dieselben erzeugen an der rechten Hand überhaupt keine Schmerzempfindung und Reaction.

Das Gesichtsfeld ist auf dem rechten Auge eingeengt, doch nur so mässig, dass die Störung erst beim Vergleich mit dem des linken Auges hinreichend gewürdigt werden kann.

Geruch beiderseits erhalten. Geschmack auf rechter Zungenhälfte vermindert.

Ophthalmoskopisch normaler Befund (Uhthoff), Augenbewegung, Pupillenreaction normal.

Im Gebiet der Facialis und Hypoglossus keine Lähmungssymptome.

In den Beinen keine Muskelrigidität, Kniephänomene normal, active Bewegungen nicht beeinträchtigt. Sensibilität nicht vermindert. Sohlenreflex erhalten.

Während der Untersuchung stellt sich im Gebiet des Quadriceps und der Adductoren ein lebhaftes fibrilläres Zittern ein. — Es wird beobachtet, dass Patient die rechte Hand beim Essen scheinbar ganz geschickt gebraucht. Ein anderes Mal fällt es dem Beobachter auf, dass die Bewegungen der rechten Hand beim Auskleiden unter Zittern zu Stande kommen.

In der Brust- und Bauchmuskulatur zeitweise starkes fibrilläres Zittern.

Der Kranke klagt viel über Herzklopfen. Der Puls ist beschleunigt (100 pr. M.). Spitzenstoss im V. Intercostalraum, ausserhalb der Mamillarlinie, hebend. Ausserdem sichtbare und fühlbare Pulsation im II. u. III. Intercostalraum rechts. Hier ist der Percussionsschall deutlich abgeschwächt. Pat. hat hier spontane Schmerzen und zuckt bei der Percussion vor Schmerz zusammen. Nach links geht die Herzdämpfung um 2 Querfingerbreit über die Mamillarlinie hinaus. Systolisches und diastolisches Blasen über der Herzspitze, das nach der Aorta zu an Deutlichkeit zunimmt. Ueber der Aorta hat das systolische Geräusch einen musikalischen Charakter.

Pulsus durus, celer, non magnus, in beiden Radiales synchron und gleich stark.

Laryngoskopisch keine gröberen Anomalien.

In der rechten unteren Thoraxgegend hört man bei tiefer Inspiration ein leichtes Crepitiren.

Application des Magneten hat keinen Einfluss auf das Verhalten der Sensibilität.

Die Diagnose: Aortenaneurysma, wahrscheinlich traumatischen Ursprungs, wird auch durch Untersuchung auf der Abtheilung des Herrn Geh. Medicinalrath Prof. Gerhardt, in dessen Klinik Patient vorgestellt wurde, bestätigt.

Wenn man von dem Aneurysma absieht, so waren die einzigen nicht subjectiven Anhaltspunkte für das Bestehen einer Neurose: die Gefühlsstörung und das fibrilläre Zittern. Auf die erstere konnte erst Gewicht gelegt werden, als man sich durch häufige Untersuchungen von der Aechtheit derselben überzeugt und die scheinbaren Widersprüche aufgeklärt hatte. Das fibrilläre Zittern dürfte wegen seiner Intensität und seines Auftretens im erwärmten Raum als Krankheitssymptom verwerthet werden. Die Gesichtsfeldeinengung war zu gering, als dass sie für die Beurtheilung hätte ausschlaggebend sein können. Die Erwerbsfähigkeit wurde als im Ganzen erheblich beschränkt bezeichnet.

Beobachtung XXXVII.

Ursache: Sturz aus 5 Meter Höhe auf den Kopf mit Verletzung der rechten Stirn- und Scheitelgegend (Basisfractur?).

Symptome: Nackensteifigkeit, psychische Anomalien, Schwindelanfälle mit Verlangsamung und Arhythmie des Pulses bei normalem Herzbefunde. Hypästhesie in R. Gesichts-, Hals- und Rumpfgegend, sowie am rechten Arm. Conc. G. F. E. auf dem rechten Auge.

F. R., Maurergeselle, 31 Jahre alt, aufgenommen den 23. Juli 1890, entlassen den 1. October 1890.

Anamnese: Eltern leben und sind gesund. War angeblich stets gesund, hat nicht getrunken. — Sein jetziges Leiden besteht seit einem am 30. Januar 1889 erlittenen Unfall. Er fiel in einem Kreuzgang des Marienburger Schlosses aus einer Höhe von 5 Metern auf den Kopf und war 9 Stunden besinnungslos. Aus Nase, Mund und Ohr soll Blut geflossen sein, der Arzt habe sich so ausgesprochen: „die Nähte des Schädels wären in der rechten Schläfegegend auseinander gewichen". Patient erwachte im Krankenhause mit stark geschwollenem Gesichte, besonders war die rechte Hälfte geschwollen. Im Verlaufe von circa 16 Tagen erholte er sich, so dass er entlassen werden konnte. Er verspürte aber eine Steifigkeit im Genick, so dass Bewegungen des Kopfes ihm sehr heftige Schmerzen verursachten, eine Taubheitsempfindung in der rechten Gesichtshälfte, der rechte Arm schlief ihm öfters ein. Auf dem rechten Ohr war die Hörfähigkeit herabgesetzt. Ausserdem hatte er über Schwindel, Schreckhaftigkeit und Schlaflosigkeit zu klagen.

Er meint, vollständig erwerbsunfähig zu sein.

Status: Während der Unterhaltung über sein Leiden kommen dem Patienten die Thränen in die Augen, es tritt ein Angst- und Beklemmungszustand ein, das Sprechen wird ihm schwer, Puls und Athmung beschleunigen sich (Puls 104 p. M.).

Die krankhafte Gemüthsstimmung ist eine andauernde, Pat. sitzt stumm und apathisch da, redet man ihn an, so stürzen die Thränen hervor und er jammert über seine traurige Lage. Angstzustände, in denen es zu starker Pulsbeschleunigung kommt, werden wiederholentlich beobachtet; ausserdem ist er überaus misstrauisch gegen den Arzt sowohl wie gegen seine Mitpatienten und wird von der Vorstellung beherrscht, dass man ihm übel will, seine Angaben in Zweifel zieht etc.

Bei allen Körperbewegungen hält Pat. den Kopf steif und in der Verticalen fixirt, die passiven Bewegungen des Kopfes sind erheblich erschwert, namentlich die Drehung nach R. und die Neigung nach hinten. Er verspürt dabei heftigen Schmerz. Bei den Schmerzensäusserungen verzieht sich der Mund ein wenig nach links. .

Patient bückt sich in sehr charakteristischer Weise, er lässt sich nämlich in die Kniee sinken bei völliger Fixation des Rumpfes und Kopfes.

Ophthalmoskopisch: normaler Befund.

Typische conc. G. F. E. auf dem rechten Auge. Die perimetrische Prüfung muss beim ersten Versuch unterbrochen werden, weil den Kranken Schwindel befällt. Dabei erhebliche Verlangsamung und Arhythmie des Pulses. Er sagt, dass es ihm wiederholentlich beim Bücken in ähnlicher Weise ergangen sei. Auch nachdem der Schwindel sich gelegt, ist der Puls noch etwas verlangsamt (50—60 Schläge), bei jeder tieferen Inspiration setzt der Puls auffallend lange aus. — Herzgrenzen nicht erweitert, Herztöne rein.

Druck auf die Gegend der oberen Halswirbel wird sehr schmerzhaft empfunden; besonders empfindlich scheint die Gegend des Querfortsatzes des III. Halswirbels zu sein — indess ist bei wiederholten Untersuchungen etwas Pathologisches hier nicht zu palpiren.

Pupillen von gleicher mittlerer Weite und guter Reaction. Augenbewegungen nicht behindert.

Am Schädel ist etwas Abnormes nicht zu finden, in der linken Stirngegend eine kleine, von einer Hautabschürfung herrührende Narbe.

In der rechten Gesichts- und Kopfhälfte werden Berührungen und Stiche gefühlt, die letzteren jedoch nach Angabe des Patienten und nach Massgabe der Reflexbewegungen rechts weniger deutlich als links. Auf der Lippen- und Nasenschleimhaut ist die Empfindung beiderseits gleich, auf der Zunge fühlt er Stiche rechts nicht so deutlich wie links.

Die Hypalgesie erstreckte sich auf die rechte Halsgegend und die rechte Oberextremität.

In der Hypochondriengegend besteht keine Störung mehr.

Für Pinselberührungen ist überhaupt keine Abnahme des Gefühls nachweisbar.

Das Erheben der Arme gelingt nicht ganz bis zur vollen Höhe wegen der Nackensteifigkeit.

Der Händedruck ist auch rechts ziemlich gut, wenn auch nicht ganz so kräftig wie links. Sehnenphänomene am rechten Arm etwas stärker als links.

In den Beinen keine Muskelsteifigkeit.

Kniephänomene beiderseits erhöht, die Percussion in der Gegend der Tibia führt rechts auch zu einer Einwärtsrollung des Oberschenkels, links nicht.

Die Bewegungen der Beine erhalten und nur insoweit beeinträchtigt, als
sich bei Kraftleistungen der Kopf- resp. Genickschmerz steigert.
Gefühl an den Beinen normal.
Geruch und Geschmack erhalten.
Centrale Sehschärfe normal.
Herabsetzung der Kopfknochenleitung für Stimmgabeltöne nicht fest-
zustellen.
Behandlung mit Massage wird nicht vertragen.
Tragen einer Pappkravatte bringt etwas Erleichterung.
Im Uebrigen medicamentöse Behandlung.

Beobachtung XXXVIII.

Ursache: Quetschung der rechten Schulter zwischen
den Puffern zweier Eisenbahnwagen.

Symptome: Parese und Contractur des rechten Armes,
Deviation der Zunge nach rechts, Schwäche des rechten
Beines, erhöhte Sehnenphänomene, besonders rechts (Fuss-
und Patellarclonus), geringe Atrophie des rechten Armes
mit entsprechender mässiger Herabsetzung der elektrischen Erregbarkeit, eigenthümliche vasomotorische Erscheinungen in der rechten Brust- und Schultergegend,
Zittern des rechten Armes, Störungen der Sensibilität
und Sinnesfunctionen auf der rechten Körperhälfte.

Nur behufs Begutachtung für kurze Zeit der Nervenklinik überwiesen.

C. L., Hilfsbremser, 30 Jahre alt, aufgenommen den 28. November 1888,
entlassen den 19. December 1888.

Anamnese: Die Eltern leben, Vater leidet an Phthisis pulmon., Mutter
ist gesund, ebenso die Geschwister.

Er selbst war gesund bis zum 10. Februar des Jahres 1885. (Soldat
wurde er nicht wegen Ptosis sinistra congenita.) An diesem Tage wurde er
dadurch verletzt, dass er, im Begriffe, die Laterne an einem Eisenbahnwagen
zu befestigen, mit der rechten Schulter zwischen die Puffer dieses und die
des heranfahrenden nächstfolgenden Wagens gerieth. Es bildete sich „eine
starke Schwellung und blauschwarze Verfärbung" der rechten Schulter- und
Brustgegend aus. Er war sehr erschreckt, verlor aber die Besinnung nicht
völlig, sondern war nur wie verwirrt. Die Schwellung soll circa 5 Monate
bestanden haben. - Er hatte fortdauernd heftige Schmerzen in der rechten
Schulter- und Brustgegend, während der Arm gleich gefühllos war
und in diesem sich nach und nach eine Schwäche einstellte.

Der Schlaf war nur durch Schmerzen gestört; besondere Unruhe oder
beängstigende Träume hatte er nicht.

Er trug zuerst ein paar Tage lang einen Eisbeutel auf der Schulter, dann
wurde im Krankenhaus Jodpinselung angewandt; anfangs trug er den Arm in

einer Binde, dann wurden circa 10 Wochen lang passive Bewegungen vorgenommen, die ihm starke Schmerzen verursachten. Auch hat der Arzt verlangt, dass er selbst den Arm stets bewegen soll, dazu sei er aber wegen
Schmerzen nicht im Stande gewesen. Später wurde er mit dem galvanischen
Strom behandelt etc.

Status: Während der Patient seine Leidensgeschichte erzählt, tritt eine
auffallende Veränderung in der Hautfärbung hervor. Zunächst bildet
sich eine diffuse, unter dem Fingerdruck schwindende Röthung in der oberen
Brustgegend aus; dieselbe verbreitet sich allmälig über die vordere Rumpfgegend, ist rechts intensiver und reicht hier weiter herab, nämlich bis in die
Abdominalgegend und erstreckt sich auch auf die rechte Schulter und den
Oberarm. An der Peripherie geht die diffuse Röthung in eine fleckige über.

Nach einiger Zeit kommt es zu starker Schweissbildung in der
Axillargegend, dieselbe ist rechts ebenfalls beträchtlicher.

Eigenthümlich ist die Haltung in der rechten Oberextremität: Der Arm
ist an den Thorax adducirt, im Ellenbogengelenk nahezu rechtwinklig gebeugt,
Hand und Finger befinden sich in Schreibestellung. Alle diese Stellungen
sind durch dauernde Muskelspannungen bedingt, lassen sich aber passiv
ohne besondere Mühe, wenn auch unter Schmerzensäusserungen redressiren.
Nach dem Versuch kehrt die Extremität sofort in die früher innegehabte Stellung zurück.

Seine Schmerzen verlegt der Patient in die rechte Schulter- und Brustgegend.

Im rechten Arm besteht ein an Intensität wechselnder leichter schnellschlägiger Tremor.

Die activen Bewegungen sind im Schultergelenk auf ein Minimum beschränkt, und zwar — wie Pat. angiebt — wegen der Schmeizen. Dasselbe
gilt für die Bewegungen im Ellenbogengelenke, die sehr langsam und in un-
vollständiger Ausdehnung unter schmerzhaftem Verzerren des Gesichtes erfolgen.

Bewegungen der Hand und Finger fast vollständig aufgehoben; nur hierbei giebt Pat. an, dass nicht Schmerzen die Ursache seien, sondern; „Macht-
losigkeit".

Die Sehnenphänomene sind an beiden O. E. lebhaft und eher links
etwas stärker als rechts.

Die Sensibilität ist zweifellos und objectiv an der rechten Oberextremität abgestumpft.

Am Oberarm werden Pinselberührungen ab und zu wahrgenommen, am
Unterarm und an der Hand nicht. Stieldruck wird am Ober- und Unterarm
empfunden (aber schwächer wie links), an der Hand nicht. Nadelstiche werden
am Ober- und Unterarm gefühlt, aber viel weniger schmerzhaft wie links, an
der Hand wird selbst ein Durchstechen von Hautfalten nicht schmerzhaft
empfunden.

Stellungsveränderungen werden an den Fingern rechterseits nicht wahrgenommen, besser in den grösseren Gelenken, doch, wie er meint, wesentlich

durch die Schmerzen, die sie in der Schulter hervorrufen. Bei Augenschluss greift er mit der linken Hand unsicher nach der rechten.

Das Temperaturgefühl ist an der rechten Hand völlig erloschen, an den übrigen Stellen der R. O. E. wird heiss als warm empfunden, kalt nicht deutlich.

Die Hypästhesie erstreckt sich über die ganze rechte Rumpfgegend, während das Gesicht frei ist.

Am rechten Bein werden zwar die Reize empfunden, aber als viel weniger intensiv bezeichnet wie links. Der Sohlenreflex ist beiderseits wenig ausgesprochen, aber rechts noch schwächer wie links, kommt erst auf tiefe Nadelstiche zu Stande.

Cremasterreflexe gegenwärtig beiderseits nicht zu erzielen. Bauchreflex lebhaft, links stärker wie rechts.

In den Gelenken des rechten Beines keine Steifigkeit, aber es lässt sich Fusszittern und Patellarclonus hervorrufen, beides auch links, aber weniger stark. Percussion der rechten Tibia führt zur Einwärtsrollung des Beines, links ist das nicht der Fall. — Die Bewegungen sind im rechten Bein erhalten, aber in allen Muskelgruppen gegen links deutlich abgeschwächt.

Das Zittern tritt im rechten Arm auch bei völlig abgelenkter Aufmerksamkeit auf.

Das linke Oberaugenlid hängt weit tiefer herab als das rechte und kann nicht ordentlich gehoben werden (angeborene Ptosis). Pupillen von normaler Weite und guter Reaction.

Ophthalmoskopisch nichts Abnormes.

Gesichtsfeld ist auf dem rechten Auge mässig concentrisch eingeengt, ausserdem wird Blau auf beiden Augen als Grün bezeichnet.

Die hervorgestreckte Zunge weicht nach rechts ab. Im Gesicht keine Asymmetrie.

Oleum Menthae soll auf dem linken Nasenloch eine stärkere Geruchsempfindung erzeugen als rechts.

Acid. acet. erzeugt auf der linken Zungenhälfte eine stärkere Geschmacksempfindung als auf der rechten.

Flüstersprache wird auf beiden Ohren in einer Entfernung von circa 1½ Metern gehört. Die otoskopische Untersuchung ergiebt keine wesentlichen Abnormitäten.

Pulsfrequenz nicht wesentlich beschleunigt, während der Untersuchung 92 p. M. Am Herzen nichts Abnormes.

Am Gange fällt nichts Besonderes auf. Die rechte Schulter hängt und hat Patient die Neigung, die rechte Hand mit der linken zu fixiren.

Der linke Oberarm misst 7 Ctm. über der Ellenbeuge 26½ Ctm., der rechte 24½ Ctm.

Linker Unterarm 4 Ctm. unterhalb des Ellenbogengelenks 27 Ctm., rechts 25½ Ctm.

Elektrische Prüfung: $E\,D = 2\ cm$

	Links.		Rechts.
Erb. P.	143 mm	R. A.	140 mm
N. med.	140 -		135 -
- uln.	142 -		128 -
- rad.	142 -		125 -
M. Deltoid.	128 -		128 -
- Biceps	168 -		152 -
- Sup. long.	140 -		150 -
- ext. carp. rad.	135 -		125 -
- - dig. comm.	138 -		125 -
Inteross. I	128 -		122 -

Galvanisch:

	Links		Rechts	
Erb. P.	20 E $= 0{,}25$	M. A.	24 E $= 1$	M. A.
N. med.	30 E $= 1$	-	35 E $= 1{,}5$	-
- uln.	17 E $= 0{,}9$	-	35 E $= 1{,}8$	-
- rad.	27 E $= 0{,}8$	-	30 E $= 1{,}5$	-

u. s. w.

Bei directer Reizung keine träge Zuckung, also einfache quantitative Herabsetzung der Erregbarkeit.

In Bezug auf die Psyche treten gröbere Störungen nicht hervor, die Intelligenz ist im Ganzen eine geringe, doch handelt es sich, soweit man feststellen kann, nicht um einen erworbenen Defect. Patient ist nur auffallend reizbar und weinerlich.

Keine Harn- und Stuhlbeschwerden.

Urin enthält nichts Abnormes.

Auch einstündige Anwendung des Magneten ruft keine Transfert-Erscheinungen hervor.

Beobachtung XXXIX.

(Nur einmalige poliklinische Untersuchung.)

Ursache: Sturz aus Höhe auf rechte Kopfhälfte und rechten Arm mit Fractur der rechten Schulterblattfortsätze.

Symptome: Ankylose des rechten Schultergelenks. Parese und Atrophie des rechten Arms. Symptomencomplex der Raynaud'schen Krankheit mit fehlendem Radialpuls auf rechter Seite. Gefühlsstörung am rechten Arm und rechter Gesichtshälfte. Pupillendifferenz. Conc. G. F. E.

A. L., 42 Jahre alt.

Anamnese: War angeblich gesund bis zum 26. April 1890. An diesem Tage stürzte er aus einer Höhe von 6 Metern auf den Kopf, beschädigte sich die rechte Kopfhälfte, den rechten Arm und die linke Hüfte, lag besinnungslos. Nach ärztlichem Bericht zog er sich eine Fractura colli scapulae et proc. coracoid. dextr. zu. Application eines Fixationsverbandes, später Brisement forcé des rechten Schultergelenks.

Nach dem Sturz verlor er die Besinnung; als er aus diesem Zustand erwachte, verspürte er heftigen Schmerz im Rücken, Kopf, in der Gegend rechts von der Brustwirbelsäule und besonders in der rechten Schulter und im rechten Arm, den er nur wenig zu bewegen vermochte. Ferner hatte er über Flimmern vor dem rechten Auge, Brausen im rechten Ohr, Schwerhörigkeit, Schwindel beim Aufstehen und beim Bücken zu klagen. Der Schlaf soll sehr schlecht sein, auch könne er jetzt nur auf der linken Seite schlafen, sobald er sich am rechten Arm stosse, werde er aus dem Schlafe erweckt, wie er überhaupt leicht aus dem Schlafe aufschrecke. Er giebt an, dass sein Gedächtniss geschwächt und die Stimmung niedergeschlagen sei.

Appetit schlecht. Kräfteverfall.

Status: Angaben klar und bestimmt und ohne dass ein Widerspruch unterläuft. Dürftiger Ernährungszustand, Zeichen allgemeiner Abmagerung.

Beträchtliche Atrophie der ganzen rechten Oberextremität besonders ausgeprägt am Biceps, Deltoideus und der Schultermuskulatur. Faradische Erregbarkeit an allen Muskelgruppen des rechten Armes erheblich herabgesetzt (Leitungswiderstand wurde nicht geprüft). Leichte Skoliose der Brustwirbelsäule nach links. Im rechten Schultergelenk nahezu vollständige Ankylose, passive Bewegungen sehr schmerzhaft, auch im r. Ellenbogengelenk ist die Streckung passiv nicht ganz ausführbar: in den übrigen Gelenken passive Beweglichkeit frei.

Der linke Cucullaris wird kräftig angespannt, der rechte nicht. Der Innenrand der rechten Scapula steht weiter von der Wirbelsäule ab als der der linken. Auffällig starke Cyanose der rechten Hand und der unteren Hälfte des rechten Unterarms, links ist diese Störung weniger ausgeprägt. An den Endphalangen der rechten Hand, die sich sehr kalt anfühlen, bilden sich (auch während der Untersuchung) tiefblaue Flecke. Radialispuls links deutlich, wenn auch klein, rechts fast gar nicht zu fühlen. Auch an der Axillaris ist noch ein Unterschied (zwischen r. und l.) zu constatiren.

Mechanische Muskelerregbarkeit im Ganzen gesteigert (allgemeine Abmagerung!) aber am rechten Arm noch mehr wie links. Mechanische Erregbarkeit der Nerven am rechten Arm entschieden gesteigert.

Active Bewegungen in allen Muskelgruppen der rechten Oberextremität beschränkt und durchaus kraftlos auch dort, wo mechanische Hindernisse nicht in Frage kommen, doch soll jeder Versuch der activen Bewegung Schmerzen erzeugen, die ihren Sitz namentlich in der Schulter haben; er pflegt daher bei Bewegungen der Hand und der Finger den Oberarm mit der anderen Hand zu fixiren.

Berührungen werden beiderseits gleichmässig empfunden.

Für **Nadelstiche** ist er an beiden Armen nicht sehr empfindlich, doch werden dieselben rechts noch weniger schmerzhaft gefühlt als links.

Bei Prüfung in der Brustgegend Angaben unsicher und widerspruchsvoll. Vasomotorische Reaction auf Hautreize erhöht. **Gefühl für Heiss** an R. O. E. **zweifellos vermindert.** Auch das Lagegefühl ist hier beeinträchtigt.

Rechte Pupille $>$ L., Unterschied gering, wird bei Beschattung deutlicher.

Gesichtsfeld auf rechtem Auge für **Weiss und Farben typisch** und stark **concentrisch eingeengt;** auf linkem Auge (hier nur für Weiss geprüft) Einengung weniger erheblich.

Geruch fehlt auf rechtem Nasenloch.

Im Verhalten der **Sohlenreflexe** macht sich zwischen R. und L. kein Unterschied bemerklich.

Kniephänomene beiderseits erheblich gesteigert.

Im rechten Bein macht sich eine leichte motorische Schwäche bemerklich, keine Muskelsteifigkeit. Kein paradoxes Phänomen.

An den inneren Organen bei einmaliger Untersuchung nichts Krankhaftes nachweisbar. Herztöne schwach und wegen starken Muskelzitterns nicht klar zu beurtheilen.

Beobachtung XL.

Ursache: Starke Quetschung der linken Hand im Flaschenzug.

Symptome: Contractur der linken Oberextremität. Schmerzen in der linken Körperhälfte. Zittern der linken Hand. Cyanose. Gefühlsstörung. Beeinträchtigung der Sinnesfunctionen und typische conc. G. F. E. Schwindelanfälle. L. Pupille dauernd weiter als R., Reaction auf Lichteinfall R. träge. Erhöhte Sehnenphänomene. Gehstörung.

Verlauf: Keine Besserung.

W. T., Maschinenheizer, 48 Jahre alt, aufgenommen d. 11. Oct. 1890, entlassen 24. Nov. 1890.

Anamnese: Die Mutter des Patienten ist an einer Brustkrankheit gestorben. Nervenleiden sollen in der Familie nicht vorgekommen sein. Er selbst hat im Jahre 71 an Fussgeschwüren gelitten, war sonst gesund. Er war nie syphilitisch inficirt, hat Schnaps gar nicht, Bier nur sehr wenig getrunken.

Im **Juli 90** gerieth er — als Heizer auf einer Dampfmaschine — mit den **sämmtlichen Fingern der linken Hand** und den beiden letzten Fingern der rechten Hand in einen **Flaschenzug.** Zugleich wurde der linke Arm von der Kette erfasst und die ganze linke Oberextremität nach hinten, oben und aussen gedreht. Dabei trug Pat. leichte Hautabschürfungen am Oberarm davon, Quetschwunden an den Fingern, am linken Daumen so stark,

dass die Endphalanx abgetragen werden musste. Es stellte sich eine Verstei-
fung der linken Hand, sowie Schwäche und Gefühllosigkeit des linken Armes
ein. Die beiden Finger der rechten Hand wurden ebenfalls steif, aber im geringeren Grade.

Am Tage darauf wurde Patient von Schwindel ergriffen. Ausserdem
empfand er Schmerzen in der ganzen linken Körperhälfte, welche in
der Folgezeit in wechselnder Intensität auftraten. Häufig hatte er das Gefühl,
als ob ihm der linke Arm nach hinten gezogen würde. Am rechten Arm verspürte er keinen Schmerz.

Drei Monate lang wurde er erfolglos mit Massage und Electricität behandelt, darauf orthopädisch, der Zustand wurde nicht besser, die Schwindelanfälle wurden stärker, sodass er wiederholt umfiel, ohne die Besinnung zu
verlieren. Erst im Juli 90 kam Schwäche und Taubheitsgefühl im
linken Bein hinzu, sowie eine geringe Schwäche im rechten, sodass der
Kranke nur mit Hülfe eines Stockes gehen konnte.

Als er sich nach einer ärztlichen Untersuchung, bei der er chloroformirt
wurde, auf den Heimweg begab, ergriff ihn ein so starker Schwindel, dass
er bewusstlos umfiel und per Droschke nach seiner Wohnung gebracht
werden musste. Nach ca. 1 Stunde kam er wieder zu sich.

In der letzten Zeit hat er besonders nach dem Elektrisiren Krampf in
beiden Waden verspürt.

Keine Harn- und Stuhlbeschwerden. Seit einiger Zeit fällt es ihm auf,
dass er schlechter hört und sieht (besonders links).

Aus mehreren Krankenhäusern sei er ungeheilt entlassen worden und suche
nun in der Charité sein Heil.

Status: Kräftiger Körperbau. Guter Ernährungszustand.

Der linke Arm wird dauernd in einer bestimmten Stellung
festgehalten, es ist nämlich der Oberarm an den Thorax adducirt, der Arm
im Ellenbogengelenk rechtwinklich gebeugt, die Hand leicht flectirt, die drei
letzten Finger in den Metacarpophalangealgelenken überstreckt, in den Interphalangealgelenken stark gebeugt, zweiter und dritter Finger befinden sich in
Spreiz- und Streckstellung, der Daumen in leichter Opposition. Die Endphalanx des Daumens ist amputirt. Diese Haltung ist überall durch Contractur bedingt, sobald man den Versuch macht, dieselbe zu überwinden,
steigert sie sich und Patient klagt über heftigen Schmerz. Die Schmerzensäusserungen werden von einem schnellschlägigen Zittern der rechten Hand
begleitet. Macht man den Versuch, die Contractur zu lösen, ganz langsam
und schonend, so lässt sie sich im Schulter- und Ellenbogengelenk bis zu
einem gewissen Grade überwinden, wenn auch unter heftigen Schmerzen.
Viel starrer ist die Beugecontractur der Finger und namentlich die Opposi-
tionscontractur des Daumens, die sich gegenwärtig — wenn man nicht allzu-
heftige Schmerzen erzeugen will — nicht überwinden lässt.

Die linke Hand und der unterste Theil des linken Unterarms sind blauroth verfärbt und fühlen sich kühl an.

Von Zeit zu Zeit stellt sich im linken Arm ein leichtes schnellschlägiges
Zittern ein. Auch sieht man ab und zu eine träge, wie ungewollt aus-

sehende Bewegung des Daumens und Zeigefingers. Derartige Spontan-
bewegungen kann man auch dadurch auslösen, dass man die Haut der
linken Hand bestreicht.

Reibt oder drückt man die linke Hand des Patienten, so wird sie für
einen Moment ganz blass, darauf röthet sie sich lebhaft; an der rechten Hand
ist die Erscheinung nicht so ausgeprägt.

Sehnenphänomene am linken Arme entschieden gesteigert, am
rechten nicht ganz so stark. Mechanische Muskelerregbarkeit nicht wesentlich gesteigert.

Die activen Bewegungen beschränken sich in allen Gelenken der
L. O.-E. auf ein Minimum, sie werden eigenthümlich langsam ausgeführt.
Versucht er den Arm im Schultergelenk zu abduciren, so spannt er das Pla-
tysma myoides stark an. Will er den Arm im Ellenbogengelenk strecken, so
spannt sich zunächst der M. Supinator long. stark an und erst ganz langsam
und stetig wird diese Anspannung überwunden. Vollständiger gelingt die
Beugung, aber auch ganz langsam, stetig und ruckweise. Alle diese Bewegungen
werden von schnellschlägigem aber inconstantem Zittern begleitet.

Am schwersten ist die Beweglichkeit der Hand und Finger
beeinträchtigt; so können die Finger nur wenig gestreckt und gar nicht
gebeugt werden. ganz unbeweglich ist der Daumen; auch klagt Patient, dass
die Narbe hier noch überaus empfindlich sei, sodass er diese Gegend durch
Watte vor jedem Druck zu schützen gezwungen ist.

Bei Betrachtung des Gesichtes fällt sofort eine erhebliche Pupillendifferenz auf, indem die linke constant weiter ist als die rechte, dabei ist
die Pupillarlichtreaction links erhalten. rechts entschieden träge und zeitweise nur minimal. Im Bereich der Nn. faciales keine Lähmungserscheinungen.
Zunge tritt gerade hervor, zittert nicht fibrillär.

An beiden Beinen, besonders aber am linken, starke Varicenbildung, am
unteren Theil des Unterschenkels eine ausgebreitete Pigmentirung (von einem
Ulcus herrührend).

Pinselberührungen werden am ganzen linken Arm sowie an der linken
Brusthälfte nicht wahrgenommen, doch kommt es ab und zu zu einer Empfindung, die aber als sehr schwach bezeichnet wird. Die Angaben in dieser Hinsicht sind inconstant. Das Schmerzgefühl ist am ganzen linken Arm und
an der l. Rumpfhälfte erloschen. An der linken Hand kann man Hautfalten
durchstechen, ohne Schmerz zu erzeugen, während R. die Stiche schmerzhaft
sind. Aus den Nadelstichwunden an der linken Hand entleeren sich keine
Blutstropfen oder sie kommen erst nach langer Zeit. Warm und kalt werden
an der linken Oberextremität gar nicht, an der linken Brustgegend abgestumpft
empfunden. — Bei Augenschluss greift er mit der rechten Hand unsicher nach
der linken.

In der linken Gesichtshälfte werden Nadelstiche abgestumpft empfunden,
auf der rechten deutlich. Auf den Nasenschleimhäuten ist die Empfindung
beiderseits erhalten, Nasenreflexe lebhaft.

Auf der Mundschleimhaut wird rechts schärfer gefühlt als links, auf der
Zunge wird beiderseits gleichmässig (aber wenig) gefühlt.

Cornealreflexe beiderseits erhalten.

Geruch beiderseits wohl etwas abgeschwächt.

Acid. acet. erzeugt auf der rechten Zungenhälfte sauren Geschmack, links nicht.

Flüstersprache wird beiderseits erst dicht am Ohr gehört. (Ueber otoskopischen Befund ist im Journal leider eine Notiz nicht gemacht.)

Das Gesichtsfeld ist auf beiden Augen, und zwar links stark, rechts mässig concentrisch eingeengt, für Weiss sowohl wie für Farben in typischer Folge.

Bei mehrmaliger Wiederholung der Gesichtsfeldprüfung an verschiedenen Tagen bleibt das Ergebniss das gleiche, wenn auch die Grenzen keine absoluten sind. Auch die Prüfung durch den Ophthalmologen (Herrn Dr. Hess) führt zu dem nämlichen Resultat: „Gesichtsfeld auf beiden Seiten deutlich eingeschränkt und links entschieden etwas mehr als rechts:

$$\text{Sehschärfe L.} = \tfrac{1}{4}$$
$$\text{R.} = \tfrac{1}{2}\text{“}.$$

Ophthalmoskopisch nichts Abnormes.

Elektrische Untersuchung.

Leitungswiderstand an beiden Händen und Fingern ungefähr gleich.

$$E\,D = 2\ cm$$

	L.	R.
Erb. P.	140 mm R. A.	150 mm R. A.
Med.	140 -	140 -
Uln.	150 -	150 -
Rad.	120 -	130 -

(Zu einer deutlichen Streckung kommt es erst, nachdem man passiv die Beugecontractur überwunden hat.)

	L.	R.
M. delt.	150 mm R. A.	150 mm R. A.
- biceps	150 -	160 -
Sup. long.	140 -	155 -
Ext. carp. rad. / - dig. comm.	120 -	130 -
Inteross. I	130 -	140 -
- II	125 -	130 -

(Effect infolge der Contractur gering.)

Galvanisch:

	L.			R.		
Erb. P.	25 El.	= 1,5 M. A.		20 El.	= 1 M. A.	
N. med.	28 -	= 5	-	23 -	= 4	-
- uln.	25 -	= 5	-	16 -	= 1,5	-
M. deltoid.	20 -	= 2		20 -	= 2	-
- biceps	25 -	= 2	-	20 -	= 1,5	-
- sup. long.	25 -	= 6		15 -	= 2,0	-
- ext. carp. Rad. et ext. dig. comm.	40 -	= 10	-	25 -	= 6	
Inteross. I	30 -	= 8	-	25 -	= 5	-

etc. 　 etc.

Resumé: Durchweg macht sich am linken Arm eine leichte Herab-setzung der Erregbarkeit bemerklich, die jedoch nicht so stark ist, dass sie sich nicht aus der Inactivität und Contractur erklären liesse. Am linken Unterarm hält Pat. einen Strom von 50 El. eine Minute lang aus, ohne die geringste Empfindung zu haben, rechts stellen sich schon in der 2.—3. Secunde heftige Schmerzen ein, setzt man trotzdem die Reizung fort, so röthen sich Hals und Gesicht lebhaft.

Im linken Bein besteht ein lebhafter Grad von Muskelsteifigkeit, es lässt sich Fusszittern hier hervorrufen, auch ist das Kniephänomen ent-schieden gesteigert.

Ganz dasselbe gilt für das rechte Bein.

Im Gebiet des Ext. M. quadriceps beobachtet man gegenwärtig fibril-läres Zittern.

Die activen Bewegungen sind im linken Bein erheblich verlangsamt und werden nur mit ganz geringer Kraft ausgeführt.

Nicht viel besser ist die Motilität des rechten Beines. Als Pat. zu-fällig — ohne besonderen Willensimpuls — das Bein einmal em-porhebt, gelingt es weit besser, als auf Aufforderung.

Von Zeit zu Zeit stellen sich Crampi in der Wadenmuskulatur ein.

Patient geht langsam, indem er sich mit der rechten Hand auf einen Stock stützt, setzt das rechte Bein vor, hält das linke vollständig steif und zieht es, auf der Hacke schleifend, ohne es zu circumduciren, nach.

Pinselberührungen werden am linken Bein fast nirgends gefühlt, nur an der Sohle kommt wohl einmal eine Empfindung zu Stande. Am rechten Bein werden sie überall wahrgenommen. Beim Bestreichen der linken Sohle beobachtet man als Reflexbewegung eine leichte Zehenbeugung. Selbst tiefe Nadelstiche erzeugen am ganzen linken Bein nur eine Berührungsempfindung, am rechten sind sie schmerzhaft.

Auf Nadelstiche, welche die linke Fusssohle treffen, erfolgt zunächst eine leichte Plantarflexion der Zehen, rechts tritt eine stärkere Zehenbeugung ein und wird bei stärkeren Reizen das ganze Bein zurückgezogen. Stellungs-veränderungen der Zehen werden links nicht so deutlich wahrgenommen als rechts.

In psychischer Beziehung machen sich auffällige Störungen nicht be-merklich. Patient klagt aber über Gedächtnissschwäche, will das, was er liest, schlecht auffassen und sogleich wieder vergessen, bei längerem Lesen schwimmen ihm die Buchstaben vor den Augen und es wird ihm schwach im Kopfe. Er dürfe sich auch nicht viel unterhalten, weil er das Sprechen gleich im Kopfe verspüre.

Nach den Angaben der Mitpatienten ist er ganz mittheilsam und bittet die Anderen, dass sie ihm vorlesen etc.

Der Schlaf soll sehr unruhig sein.

11. November. Klagt heute über Kopfschmerz, Schwindel, zu-nehmende Sehstörung, Stuhlverstopfung. Therapie: Sal. Therm.

Bei Wiederholung der Sensibilitätsprüfung ist das Resultat in manchen

Beziehungen ein wechselndes. Immer jedoch ist es evident, dass die Empfindung, namentlich die für schmerzhafte Reize, beträchtlich gestört ist. So erzeugt ein Durchstechen von Hautfalten an der linken Hand gar keine, an der rechten nur eine geringe Schmerzreaction. An den übrigen Stellen der linken Oberextremität und linken Rumpfhälfte gab er bald an, die Reize gar nicht, bald, sie undeutlich, stumpf zu empfinden, oder seine Angabe war eine zögernde, als ob er sich erst darauf besinnen müsse oder als ob es ihm Schwierigkeiten bereite, die Aufmerksamkeit der linken Körperhälfte zuzuwenden, während bei den Reizen, die die rechte Seite trafen, die Angaben sicher und schnell erfolgen.

Uebrigens erzeugten auch leichte Pinselberührungen links meistens eine Empfindung. Beim Versuch, die Stelle der Berührung oder des Stiches anzugeben, geht Pat., wenn es sich um die linke Seite handelt, langsam und unsicher vor, tastet mit dem Finger zunächst in der Umgebung der getroffenen Stelle umher, trifft sie dann aber schliesslich genau. Bei den Reizen, welche die rechte Seite treffen, ist die Localisirung eine correcte und sichere.

Die Abstumpfung des Schmerzgefühls ist zu allen Zeiten eine erhebliche und entspricht einer fast völligen Analgesie.

Hydrotherapie, psychische Behandlung, die Anwendung der statischen Elektricität — alles blieb erfolglos und musste Patient ungeheilt entlassen werden.

Beobachtung XLI.

Ursache: Kopfverletzung.

Symptome: Zunächst Kopfschmerz und Schwindel. Einige Monate später Zittern besonders des Kopfes und der oberen Extremitäten, ähnlich dem der Paralysis agitans, auch Pillendrehbewegungen. Parese der rechtsseitigen Extremitäten, Contractur nur in den Nackenmuskeln. Sensibilitätsstörungen. Auffällig gesteigerte mechanische Muskelerregbarkeit. Pulsbeschleunigung. Psychische Alteration. Sprachstörung. Keine G. F. E.

Verlauf: Besserung in Bezug auf das Zittern.

W. Sch., Schuhmacher, 43 Jahre alt, aufgenommen den 21. Januar, entlassen d. 6. Juni 1891.

Anamnese: Stammt aus gesunder Familie, war selbst früher gesund. Am 13. September 1890 ging er über einen Hof, als ihm aus der Höhe des 3. Stockwerkes ein Brett auf den Kopf fiel. Er stürzte zu Boden und lag $^3_4$ Stunden bewusstlos. Er hatte sich nur eine äussere Verletzung am Kopf zugezogen.

Am selben Tage wurde er nach dem Krankenhaus am Urban gebracht, wo er drei Wochen verblieb. In dieser Zeit hatte er fortdauernd Kopfschmerz, Flimmern vor den Augen, Schwindel, in den ersten Tagen auch Erbrechen und Uebelkeit. Nach 3 Wochen wurde er als arbeitsfähig entlassen.

Er arbeitete circa zwei Tage in seiner früheren Stellung, musste sich aber wegen Kopfschmerz und Schwindel hinlegen, beim Gehen musste er geführt werden. Er wurde dann in eine innere Abtheilung der Kgl. Charité gebracht. Hier stellte sich ca. 8 Tage nach seiner Aufnahme ein Zittern des Kopfes und eine Sprachstörung ein, das Zittern steigerte sich allmälig.

Vor 14 Tagen kamen Schmerzen in der Schulter und darauf Zittern im rechten Arm hinzu, ebenso ein Gefühl von Taubheit und Kriebeln in der rechten Hand. Bisweilen treten auch im ganzen Körper Zuckungen ein.

Klagt ausserdem über ein zusammenschnürendes Gefühl im Halse.

Status: Während Pat. aufrecht im Bette sitzt, beobachtet man ein in Nickbewegungen bestehendes Zittern des Kopfes, das bald stärker, bald schwächer wird, auch zeitweise spontan zur Ruhe kommt. Die Hals- und Nackenmuskulatur fühlt sich dabei gespannt an und die Sternocleidomastoidei, namentlich der mehr angespannte rechte, machen dabei den Eindruck von hypertrophischen Muskeln. Er klagt über Schmerzen in der Genickgegend. Auch die Respirationsmuskulatur nimmt an diesem Zittern theil, sodass In- und Exspiration zuweilen hörbar saccadirt sind.

Vorübergehend kommt es auch einmal zu einer Tic-artigen Zuckung im Gebiet der N. Faciales beiderseits.

Zuweilen ändert Patient die Haltung des Kopfes, als ob er Müdigkeit empfinde. Während er sitzt, stützt er sich mit den Händen auf.

Zeitweise stellt sich das Zittern auch im rechten Arm ein, besteht wesentlich in Pro- und Supinationsbewegungen, sowie in Streckung und Beugung der Hand. Es kommen etwa 5 Schwingungen auf die Sekunde.

Ferner beobachtet man in den Mm. Quadric. sowie in der rechtsseitigen Wadenmuskulatur ähnliche Zitterbewegungen.

Die linke Hand verharrt längere Zeit in Schreibestellung, besonders typisch ist die Oppositionsstellung des Daumens. Zwischen diesem und dem Zeigefinger kommt es von Zeit zu Zeit in Folge des Zitterns zu den bekannten Zupf- oder Pillendrehbewegungen.

Gegenwärtig ist der Körper des sichtlich aufgeregten Pat. mit Schweiss bedeckt, das Gesicht geröthet, Puls 128, voll und kräftig.

Die Sprache ist in eigenthümlicher Weise gestört, indem er manchmal einzelne Silben oder Buchstaben wiederholt, dann wieder Pausen zwischen die Silben setzt und endlich auch einmal ein Wort schnell hervorschiessen lässt.

Wenn Pat. liegt, so sucht er eine Stellung des Kopfes ausfindig zu machen, in der das Zittern desselben aufhört.

Keine Narbe am Schädel zu finden.

Abgesehen von der Nackenmuskulatur lassen sich tonische Muskelspannungen an keiner Stelle nachweisen.

Die Kniephänomene sind nicht wesentlich gesteigert.

Wenn die Aufmerksamkeit des Patienten intensiv gefesselt ist, z. B. bei einer Sensibilitätsprüfung hört das Zittern am ganzen Körper auf.

Das Schmerzgefühl ist in der rechten Gesichts-, Kopfhälfte, am

rechten Arm und auch noch an der rechten Rumpthälfte deutlich etwas abgestumpft.

Die rechte l'upille ist zuweilen etwas weiter als die linke. Pupillarlichtreaction sehr prompt.

Ophthalmoskopisch nichts Abnormes.

Eine genaue Aufnahme des Gesichtsfeldes ist wegen des Kopfzitterns
nicht möglich, doch lässt sich soviel feststellen, dass eine wesentliche Einengung nicht vorliegt.

Pat. geht ohne Unterstützung mit nach vorn geneigtem Kopf und Rumpf
und vom Thorax etwas abstehenden Armen; ausserdem geräth er beim Gehen
etwas ins Trippeln und Laufen.

Gang und Haltung erinnern an Paralysis agitans.

In der Rückenlage sind die activen Bewegungen der Beine im Ganzen
erhalten, auch ist abgesehen von einer geringen motorischen Schwäche des
rechten Beines nichts Abnormes nachzuweisen.

23. Januar. Puls gegenwärtig, im Beginn der Untersuchung, 128.

Die Sensibilitätsprüfung ergiebt dasselbe Resultat wie gestern.

Nach der Nahrungsaufnahme zuweilen Ructus.

Ueber den Geruch nichts Sicheres zu ermitteln (Schnupfen!).

Geschmack erhalten.

Bei Augenschluss und bei Zähnefletschen verzieht sich der Mund ein
wenig nach links, doch ist es nach den Angaben des Pat. wahrscheinlich, dass
er früher (genaue Daten fehlen) an einer peripheren Facialislähmung gelitten hat.

Mechanische Erregbarkeit an der Muskulatur des Rumpfes und
der oberen Extremitäten ganz beträchtlich erhöht, es kommt überall zu starken
localen Wulstbildungen, ohne dass in dieser Hinsicht ein Unterschied zwischen
links und rechts besteht. (N. B. Guter Ernährungszustand.)

Schon durch ein einfaches Kneifen kann man die Wülste hervorrufen.
Die mechanische Nervenerregbarkeit ist nicht erhöht.

Im Facialisgebiet ist auch die mechanische Muskelerregbarkeit nicht gesteigert.

Im rechten Arm ziemlich beträchtliche motorische Schwäche, links ist
dieselbe weniger ausgeprägt.

Electrische Erregbarkeit an den Armen normal.

Die active Bewegung zeigt keine constante Beziehung zum Tremor, doch
führt sie gewöhnlich zu einer Beschwichtigung derselben.

Während sich Pat. ausserhalb des Bettes befindet, verfärben sich Hände
und Füsse trotz gut erwärmten Zimmers cyanotisch.

Kniephänomene gegenwärtig erheblich gesteigert.

Pat. kann sich schnell vom Stuhl erheben.

Zuweilen Angstanfälle, Hitzegefühl.

Unruhiger Schlaf. Erbrechen. Schmerzen in rechter Gesichts-, Rumpfhälfte und rechter Oberextremität.

Versuche, den Kranken zu hypnotisiren, misslingen gänzlich, das Zittern
steigert sich dabei beträchtlich in Folge der Aufregung des Patienten.

Die Pulsfrequenz, die täglich mehrmals durch den Unterarzt bestimmt wird, schwankt in den ersten Wochen zwischen 86 und 120, später sinkt sie zuweilen bis auf 76, einmal auf 68, schwankt aber meistens zwischen 100 bis 120 Schlägen, offenbar liegt nicht eine habituelle Beschleunigung, sondern nur eine leichte Erregbarkeit vor.

Pat. verträgt auch schwache galvanische Ströme nicht, bei dem Versuch erblasst er, sinkt zurück wie ohnmächtig, ohne jedoch die Besinnung zu verlieren.

Von Medicamenten wird Tinct. Gelsemii verabreicht.

Am 14. März wird ein Haarseil in der Nackengegend angelegt, Pat. fühlt nur das Aufheben der Hautfalte, aber nicht das Durchstechen der Haut.

Das Zittern lässt in den letzten Wochen des Krankheitsaufenthaltes entschieden nach, sodass Pat. oft längere Zeit von demselben befreit ist, namentlich wenn er ruhig ist und sich nicht beobachtet glaubt, während jede Erregung genügt, das Zittern wieder hervortreten zu lassen.

Als er sich ca. 6 Monate später in meiner Poliklinik wieder vorstellt, finde ich das Zittern ebenfalls beträchtlich vermindert, im Uebrigen sind die Erscheinungen dieselben geblieben.

Beobachtung XLII.

Ursache: Eisenbahnzusammenstoss.

Symptome: Bald nach der Verletzung Convulsionen und psychische Störung, Schwäche und Steifigkeit des linken Beins, später auch Schwäche des linken Arms; Rückenschmerz, Schlaflosigkeit. — Fixe Haltung der Wirbelsäule bei allen Körperbewegungen. Schwäche des linken Beins, geringere des linken Arms, Fussclonus etc. Geringe Parese des linken Facialis, Erweiterung der linken Pupille. Glutaealphänomen. Hypästhesie am linken Bein, die sich trotz wechselnden Verhaltens und trotz Dissimulation des Kranken objectivirt. Conc. G. F. E. Nach einer intercurrent auftretenden fieberhaften Erkrankung subjective Besserung. Darauf Einsetzen einer hallucinatorischen Paranoia mit Verfolgungsideen, anknüpfend an Simulationsverdächtigung. Schwinden einzelner Erscheinungen, z. B. der G. F. E. Ueberführung in Irrenanstalt.

F. H., Postschaffner, 53 Jahre alt. Aufgenommen d. 29. November 1890, entlassen den 18. August 1891.

Anamnese: Keine erbliche Belastung.

Patient selbst war früher gesund bis auf einen rechtsseitigen Leistenbruch, den er sich im Jahre 1876 beim Reiten zuzog.

Seine jetzige Krankheit datirt seit dem 17. Februar 1890, an welchem Tage er einen Eisenbahnunfall erlebte.

Er war in einem Postwagen beschäftigt, gegen den 6 zusammengekoppelte Wagen in voller Fahrt stiessen. Er wurde durch den Zusammenprall mit dem Kopf (und zwar mit der **rechten Kopfseite**) gegen die Wand des Wagens, dann gegen die **linke Kreuz- und Lendengegend** geschleudert, fiel um und war einige Zeit besinnungslos. Er wurde in das städtische Krankenhaus zu N. gebracht, wo sich in den nächsten Tagen Kopfschmerz, Appetitlosigkeit, Schmerzen im Rücken und in der linken Seite (d. h. in der linken Hypochondriengegend) die auch stark geschwollen war, einstellten. Er will damals hohes Fieber und durch die Schmerzen schlaflose Nächte gehabt haben

14 Tage nach dem Unfall traten, besonders Nachts, Zuckungen des ganzen Körpers auf, sie waren so stark, dass er aufwachte, dass der ganze Körper von der Unterlage emporgeworfen wurde. Er fühlte sich matt und schlaff, wurde **unruhig**, missmuthig, **aufgeregt**, weinerlich. Es stellte sich Brennen und Druckgefühl in beiden Augen, **Angstgefühl** und ein **Zittern** am ganzen Körper ein. Als er zum ersten Male aufstehen sollte, konnte er auf seinem linken Bein nicht stehen, er musste es im Knie gebeugt halten und mit der Spitze auftreten; versuchte er eine andere Haltung des Beines, so verspürte er bedeutende Schmerzen. Er musste seit dieser Zeit mit Hülfe eines Stockes gehen. Beim Aufstehen ergriff ihn ein **Schwindelgefühl**, das besonders stark wurde beim Treppabsteigen. Anhaltende Rückenschmerzen. Hartnäckige Stuhlverstopfung.

Nach 7 Wochen wurde er aus dem Krankenhause entlassen und seit der Zeit im Hause behandelt. Im Juni war er einige Zeit in der Augenklinik des Prof. Schöler wegen einer Augenbindehautentzündung.

Während die übrigen Erscheinungen bestehen blieben, gesellt sich eine mehr und mehr zunehmende **Schwäche des linken Armes** hinzu, der auch häufig von Zittern ergriffen wurde.

Der Druck des Bruchbandes erzeuge ihm jetzt grosse Schmerzen.

Auch klagt er über Stiche, die in der linken Rücken- und Lendengegend beginnen, sich über Bauch und Brust wegziehen und ihm fast die Luft nehmen.

Die Potenz soll völlig erloschen sein.

Status: Patient nimmt die Rückenlage ein, der Rumpf ist nach rechts hinübergebeugt, das l. Bein auswärts rotirt und im Kniegelenk flectirt. Alle Lageveränderungen des Rumpfes werden mit Unterstützung der oberen Extremitäten ausgeführt und wird die Wirbelsäule dabei möglichst **fixirt** gehalten.

Rotationsbewegungen im linken Hüftgelenk frei; auch kann man den Kopf in die Pfanne stossen, ohne Schmerz zu erzeugen. Dagegen erzeugt die Beugung des Oberschenkels gegen das Becken Schmerzen, welche in der linken Glutaeal- und Lendengegend empfunden werden.

Im Ganzen sind die passiven Bewegungen nicht behindert.

Ab und zu lässt sich links ein leichtes **Fusszittern** erzeugen, dasselbe ist nicht constant. Das Kniephänomen ist beiderseits erheblich gesteigert, namentlich aber erhält man **links klonische Zuckungen** im Quadriceps, schon wenn man mit dem Finger auf die Patellarsehne klopft.

Mechanische Muskel- und Nervenerregbarkeit nicht wesentlich gesteigert. Stoss in die linke Hypochondriengegend erzeugt Schmerz und wird mit einer lebhaften Muskelanspannung beantwortet.

Bauchreflex links entschieden stärker als rechts; ebenso der Cremasterreflex.

Will Patient sich aus der Rücken- in die Bauchlage bringen, so geschieht dies sehr langsam und unter Manipulationen, welche lehren, dass ihm das Schmerzen bereitet.

Bei Betrachtung der Rückengegend fällt es zunächst auf, dass die linke Glutaealfalte weit weniger ausgebildet ist als die rechte. Greift man plötzlich kräftig in die linksseitige Glutaealmuskulatur hinein, so erhält man klonische Zuckungen, rechts eine einmalige schwächere Zuckung.

Die activen Bewegungen sind im linken Bein auf ein geringes Mass beschränkt und werden nur mit sehr geringer Kraft ausgeführt. Patient meint, dass nicht allein Schmerz daran schuld sei, sondern dass es sich im Wesentlichen um Schwäche handele.

Rechtsseitiger reponibler Leistenbruch.

Pinselberührungen werden am linken Bein nicht oder nur undeutlich wahrgenommen.

Am rechten gelangen sie hier und da ebenfalls nicht zur Wahrnehmung. Wie es scheint, ist die Aufmerksamkeit des Pat. schwer zu fesseln. Die Unterscheidung zwischen Berührung und Druck ist am rechten Bein eine sichere, am linken wird auch Druck nicht erkannt.

Nadelstiche erzeugen am rechten Bein eine stärkere Schmerzempfindung als links.

Sohlenreflex auf Berührung fehlt links, ist rechts deutlich.

Beim Gehen hält er den Rumpf stark nach rechts hinüber geneigt, legt die linke Hand in die linke Lendengegend. Das Becken steht links höher wie rechts.

Rechte Glutaealfalte ausgeprägter wie die linke. Das linke Bein berührt nur mit der Fussspitze den Erdboden, ist im Hüft- und Kniegelenk leicht flectirt, steht ferner in leichter Auswärtsrotation.

Er stützt sich beim Schreiten auf das rechte Bein, während das linke in allen Gelenken ziemlich fixirt gehalten wird.

Nach dem Durchschreiten des Zimmers hat der Puls, der in der Rückenlage 22—25 in der Quart betrug, eine Frequenz von 30.

Linke Pupille deutlich weiter als rechte.

In den ausgestreckten Händen, namentlich in der linken, ein sehr lebhaftes schnellschlägiges Zittern.

Händedruck beiderseits matt, aber links entschieden schwächer als rechts.

Zeitweilig wird auch der Kopf von einem schnellschlägigen Zittern ergriffen.

Der Mund ist eine Spur nach R. verzogen, die rechte Nasolabialfalte ausgeprägter als die linke. Beim Sprechen, bei Bewegungen macht sich aber eine Asymmetrie nicht geltend.

Zunge wird grade, aber etwas zittrig vorgestreckt, ist leicht belegt. Der Kranke ist der Meinung, dass die ganze rechte Scheitel- und Schläfengegend aufgetrieben sei.

Obgleich das excentrische Sehen im Ganzen nicht wesentlich beschränkt ist, ist es doch mit Sicherheit festzustellen, dass auf dem linken Auge eine concentrische Einengung für Weiss und Farben besteht.

Als die Untersuchung nach einer Unterbrechung von ca. zwei Stunden wieder aufgenommen wird, ist ein deutlicher Unterschied in dem Verhalten der Sohlen- und Cremasterreflexe zwischen den beiden Körperhälften nicht vorhanden. Dieselben treten beiderseits deutlich hervor. (Es werden stärkere Reize angewandt.)

Als die Rede auf sein Verhalten in der Familie kam (die Frau hatte sich über seine Reizbarkeit und sein krankhaftes Misstrauen beklagt), füllen sich seine Augen sofort mit Thränen und er erklärt, dass ihn sein Leiden ganz unglücklich mache.

Auch bei der nach einigen Tagen vorgenommenen Sensibilitätsprüfung werden Nadelstiche am rechten Bein schmerzhaft empfunden, am linken als Berührung bezeichnet.

Stellungsveränderungen an den Zehen werden links nicht erkannt, rechts dagegen prompt.

In der linken Hypochondriengegend werden Berührungen meist gar nicht empfunden, Druck und Stich angeblich schwächer als rechts.

Die Angaben des Patienten sind aber sehr unsicher, müssen immer wieder herausgefordert werden, als ob er nicht recht bei der Sache ist und am liebsten unbehelligt bleiben will. So kommt es auch vor, dass in der rechten Bauch- und Hypochondriengegend die leichteren Reize nicht prompt angegeben werden.

Heiss und kalt werden in der Abdominal- und Hypochondriengegend empfunden, aber links schwächer als rechts, sodass Heiss hier als Warm bezeichnet wird.

Beim Erheben der Arme bleibt der linke etwas zurück. Er kann zwar auch mit diesem alle Bewegungen ausführen, aber mit geringer Kraft und unter starkem, an Intensität sehr wechselndem, schnellschlägigem Tremor. Wenn man ihn anfeuert, so kann er die Kraftleistung steigern.

Er macht darauf aufmerksam, dass er die Finger der linken Hand nicht so gut zu spreizen im Stande sei wie früher und wie die der rechten Hand und demonstrirt dies.

Die Beurtheilung der Sensibilität ist auch an den oberen Extremitäten recht schwierig. So sagt er einmal, als die linke Hand berührt wird, „das fühle ich nicht" und zeigt dadurch offenbar an, dass er doch eine Empfindung gehabt hat. Es stellt sich jedoch heraus, dass leichte Berührungen entweder gar nicht oder nur dumpf empfunden werden.

Nadelstiche werden links schwächer gefühlt. Die Abwehrbewegungen sind beiderseits nur schwach ausgeprägt, ein Unterschied tritt nicht hervor.

Warm und Kalt werden beiderseits erkannt und erzeugen ebenfalls wenig Reaction.

Im Gesicht gelingt es am wenigsten einen Unterschied in der Empfindung der beiden Seiten festzustellen. Im Ganzen werden Nadelstiche beiderseits gefühlt, aber es ist die Schmerzempfindung eine geringe.

Cornealreflex beiderseits deutlich.

Ophthalmoskopisch: nichts Abnormes.

Pupillenreaction gut. Augenbewegungen frei. Beiderseits leichte Presbyopie. Normale Sehschärfe.

Pat. klagt, dass er vollkommen schlaflos sei.

Asa foetida erzeugt auf beiden Seiten gleich starke Geruchsempfindung, ebenso ist der Geschmack beiderseits erhalten.

9. December. Seit gestern Fieber, 38,4. Scrotum stark geröthet, Schmerzen in der linken Leistengegend, Drüsenschwellung.

15. December. Allgemeinbefinden besser, namentlich hat der Rückenschmerz nachgelassen. Auch Stimmung und Schlaf hat sich gebessert, das Zittern ist geringer geworden.

In der Dammgegend hat sich ein Abscess entwickelt. Incision.

17. Januar 1891. An verschiedenen Körperstellen (namentlich Beugeseite der Extremitäten) hat sich eine stark juckende, aus kleinen, in Gruppen stehenden Knötchen bestehende Efflorescenz entwickelt; starkes Hitzegefühl an verschiedenen Körperstellen, heftiger Kopfschmerz.

21. Januar. Durchfall. Temp 38,6. P. 100. Zunge etwas trocken und belegt. Appetitlosigkeit.

Therapie: Acid. muriat.

24. Januar. Temperatur normal. Patient klagt wieder über heftige Schmerzen in der linken Hypochondrien- und Brustgegend, Schwäche des linken Beines, Hitze in der rechten Kopfhälfte etc. etc.

Links Fussclonus, Patellarclonus. Es kommt zu einem lange dauernden Nachzittern im linken Quadriceps. Auch am rechten Bein lassen sich diese Phänomene auslösen.

Wird er zu einer Kraftleistung des linken Beines aufgefordert, so stellt sich in demselben ein sehr lebhafter Schütteltremor ein, dabei kommen etwa 9—10 Schwingungen auf die Sekunde. Athmung und Puls werden beschleunigt und seine Augen füllen sich mit Thränen. Er selbst empfindet das nicht als Weinen, er meint, es komme ihm nur das Wasser aus den Augen.

Im rechten Bein sind die activen Bewegungen nur wenig beeinträchtigt.

Berührung und Druck werden heute an beiden Beinen wahrgenommen. Leichte Nadelstiche jedoch links als Berührung bezeichnet, rechts als Stich empfunden. Bei tieferen Nadelstichen verwischt sich die Differenz.

Cremasterreflex beiderseits deutlich, Bauchreflex beiderseits angedeutet.

26. Januar. Heute kein Zittern, weder in den ausgestreckten Händen, noch im l. Bein. Nur beim Gehen tritt das Zittern wieder auf.

Nach dem Gehversuch Puls 116.

Gefühl für Berührung, Druck und Stich an beiden oberen Extremitäten zwar erhalten, aber es werden Nadelstiche beiderseits so gut wie gar nicht schmerzhaft empfunden und links noch weniger wie rechts.

Selbst das Durchstechen von Hautfalten erzeugt hier keine Schmerzempfindung.

L. Pupille etwas weiter als R.

2. Februar. Wunde in der Dammgegend ganz geheilt.

16. Februar. Pat. kann jetzt ohne Stock durchs Zimmer gehen, aber noch langsam und mit fixirtem linken Bein. L. Pupille deutlich weiter als R.

3. März. Es treten die Zeichen einer schweren psych. Störung hervor. Pat. äussert heute unter Lachen: „Hier ist erst alles zum Vorschein gekommen" und berichtet, dass er ausserhalb des Krankenhauses den mannigfachsten Belästigungen ausgesetzt gewesen sei; fremde Menschen hätten ihn auf der Strasse scharf fixirt, höhnisch hinter ihm hergerufen: „Siehst du wohl, da kommt er!" Ein anderes Mal sind ihm 2 Männer in den Weg getreten und haben ihm in eigenthümlicher Weise Platz gemacht, ein Anderer sei direct auf ihn zugekommen mit den höhnischen Worten: „Seien Sie ruhig, wir wissen schon, was Ihnen fehlt".

Er denkt an ein Complott, das sich gegen ihn gebildet habe und von seiner ihn der Simulation beschuldigenden Behörde inspirirt werde.

Im Laufe des Monats wird er euphorisch, spricht von einer wesentlichen Besserung der Erscheinungen, auch objectiv erscheint der Gang viel freier. Dagegen Puls noch 120 in der Minute.

An einem der folgenden Tage berichtet er: „Eines Tages ging ich am Kronprinzenufer entlang, dort lag ein dicker Herr mit einem grossen Bart lang auf dem Boden und beobachtete, ob ich wirklich nicht mit dem ganzen Fuss auftreten könne. Er wähnt, dass unzählige Menschen von der Postdirection gedungen seien, ihn zu beobachten. Auch will er bemerkt haben, dass seine Frau ihm Gift in die Getränke gemischt habe, durch welches er seine Mannbarkeit verloren habe. Es sei in Folge dessen zur Entleerung des Sperma ohne Erection gekommen; selbst hier ins Krankenhaus habe ihm seine Frau ein mit einer braunen Masse beschmiertes Brödchen gebracht, dessen Genuss wiederum Spermatorrhoe ohne Erection bedingt habe.

11. Juli. Zittern nur noch bei seelischer Erregung; es zittern auch die einzelnen Finger für sich.

Bei der Gefühlsprüfung sucht Pat., der möglichst gesund erscheinen will, jetzt zu dissimuliren, doch lässt sich noch eine Abstumpfung des Gefühls in der l. Planta pedis nachweisen, auch ist der Sohlenreflex links viel schwächer als rechts.

Die Gesichtsfeldeinengung hat sich fast völlig ausgeglichen.

Ende des Monats wird Pat. erregt, hat in solchen Zuständen einen Puls von 160. Mit der Offenbarung seiner Wahnvorstellungen hält er zurück.

Im folgenden Monat giebt er zu erkennen, dass er sich auch in der Anstalt beobachtet und verfolgt wähne.

Die psychische Störung macht seine Verlegung in die Geisteskrankenabtheilung und alsdann seine Ueberführung nach Dalldorf erforderlich.

Die vorstehend mitgetheilten Krankheitsfälle habe ich aus der grossen Summe der von uns beobachteten herausgegriffen und bin der Meinung, dass sie ein erschöpfendes Material für die Beurtheilung aller in Betracht kommenden Fragen enthalten.

III. Art und Charakter der Verletzungen.

In einem Theil der von uns beobachteten Krankheitsfälle wurde die Verletzung durch einen Eisenbahnunfall herbeigeführt. Ganz unberücksichtigt blieben hierbei die durch Schädelbrüche, Fractur und Luxation der Wirbelsäule, wie sie bei heftigem Zusammenstosse mit Zertrümmerung der Fahrzeuge etc. zu Stande kommen können, bedingten Läsionen der nervösen Centralorgane. Es sind vielmehr die bei Entgleisungen oder Zusammenstoss durch die Erschütterung hervorgerufenen Functionsstörungen im Bereiche des centralen Nervensystems, denen unsere Besprechung gewidmet ist.

Der Modus der Einwirkung ist gewöhnlich der, dass das Individuum vom Sitz emporgeschleudert oder zurückgeworfen ist, bald auch mit Rücken und Kopf gegen die Wand, gegen den Kessel, event. auch wiederholentlich hin- und hergeschleudert wurde. Dabei sind äussere Verwundungen gar nicht entstanden, oder sie sind so unbedeutend und oberflächlich, dass sie für die nervösen Folgeerscheinungen nicht verantwortlich gemacht werden können. Darin aber stimmen die Ansichten der Autoren überein, dass eine derartige Erschütterung oder Jactation des Körpers zu einer Zerrung und Dehnung des Bandapparats der Wirbelsäule führen kann sowie zu heftigen Muskelzerrungen. Es kommt nicht selten vor, dass der Kranke, weil er sofort die Besinnung verlor oder schreckverwirrt nicht zum Bewusstsein seiner Situation kam, über die Art des Unfalls keine näheren Angaben machen kann.

Aber auch Eingriffe von scheinbar ganz anderem Charakter
können ganz dieselben pathologischen Zustände bedingen und
müssen deshalb hier erörtert werden. So wurde in einzelnen
Fällen Sturz von der im Fahren begriffenen oder still stehenden
Locomotive als Ursache angegeben. Schon dieser Umstand deutet
darauf hin, dass die durch Eisenbahnunfälle erworbenen Erkrankungen nichts Specifisches haben, und so lehrt denn auch ein Blick
auf die von mir gegebene Casuistik, dass Verletzungen mannig-
fachster Art den Anstoss zur Entwickelung der uns beschäftigenden
Krankheitszustände geben können.

Ein grosses Contingent stellen die in Fabriken und Werkstätten
durch Maschinenbetrieb herbeigeführten Unbilden. Da ist es eine
rotirende Welle, ein Schwungrad, eine Kurbel, welche Hand, Arm
oder Fuss ergriffen oder den Rücken erfasst hat, oder ein schwerer
Hammer, ein Hebel, welcher auf den Kopf oder eine andere Körperstelle des Arbeiters gewaltsam niederfiel. Oder das Individuum
ist von einem Treibriemen erfasst, fortgeschleift und bis zur Decke
emporgerissen worden etc. In anderen Fällen hat die Verletzung
einen bei einem Neubau beschäftigten Arbeiter betroffen, indem er
von einer Leiter herab- oder in eine Grube stürzte, indem ihm
ein Baugeräth oder ein Ziegelstein auf den Kopf, den Rücken oder
andere Körpertheile fiel. Auch kamen dieselben Krankheitserscheinungen dadurch zu Stande, dass herniederfallende Maschinentheile
mit grosser Wucht auf den Gegenstand (Hammer, Zange etc.) her-
abstürzten, die der Arbeiter in der Hand hielt. Mehrmals war
die Erschütterung dadurch bewirkt, dass ein Bretterhaufen über
dem Arbeiter zusammenstürzte. Andermalen wurde die Verletzung
gelegentlich einer Gasexplosion im Feuerwehrdienst u. dgl. acquirirt. Endlich sahen wir selbst bei neuropathisch veranlagten Personen, die auf ebener Erde ausglitten und zu Boden fielen, die
Symptome einer traumatischen Neurose sich entwickeln.

Damit ist denn der Nachweis geliefert, dass die Art und der
Angriffsort der Verletzung sehr variabel ist, und wir werden erfahren, dass auch das Symptomenbild nur in einzelnen Zügen von
der Art und dem Orte der Läsion abhängig ist.

Als selten sind die Fälle zu bezeichnen, in denen das Trauma
schwer genug war, einen Knochenbruch (des Schädels, der Tibia,
des Radius u. s. w.) zu erwirken, welcher erst im weiteren Ge-

folge die Symptome der traumatischen Neurose hatte. Diese Thatsache, welche Erichsen auffiel, hatte ihn zu der Hypothese gedrängt, dass in solchen Fällen die Gewalt des Stosses sich auf den gebrochenen oder verrenkten Theil beschränkt, sich hiermit gewissermassen erschöpft und auf diese Weise eine Erschütterung der feineren Nervenorganisation vermieden wird.

Dass in der von mir gegebenen Casuistik vorwiegend Unfälle geschildert werden, welche Personen betreffen, die im Dienste eines Fabrikherrn, einer Gesellschaft stehen, hat einen rein äusseren Grund; es werden eben vorwiegend derartige Individuen (Arbeiter, Betriebsbeamte) von Unfällen betroffen und von der Berufsgenossenschaft etc. dem Hospital zur Behandlung oder Begutachtung überwiesen.

Es braucht kaum hervorgehoben zu werden, dass dieselben Krankheitsformen nach Verletzungen auch bei Personen beobachtet worden sind, die keinerlei Entschädigungsansprüche zu erheben hatten und nur zum Zwecke der Heilung die ärztliche Hülfe aufsuchten; einige derartige Fälle sind auch in unserer Casuistik enthalten.

In der Mehrzahl der von mir mitgetheilten Fälle war der Unfall so beschaffen, dass er zu einer heftigen psychischen Erregung führen musste oder zu führen im Stande war. Meistens wurden auch Mittheilungen dieses Inhalts gemacht: Der Kranke war aufs heftigste erschreckt, stand wie angewurzelt, rathlos da, fühlte vor Schreck und Aufregung zunächst gar nicht, dass er Schmerzen hatte, dass er verwundet war, oder er verlor zunächst die Besinnung vollständig etc. Indessen giebt es einzelne Ausnahmen: es wird von dem Verunglückten nicht zugegeben, dass die psychische Erregung eine bedeutende gewesen ist, und es ist wohl auch nicht vorauszusetzen, dass ein kräftiger Arbeiter seelisch bedeutend erschüttert wird dadurch, dass ihm eine Eisenbahnschiene auf den Fuss oder ein Backstein auf den Rücken fällt. Natürlich ist der Grad der schreckhaften Aufregung in dem einzelnen Falle schwer zu bemessen. Dass dem Schreck aber eine hohe Bedeutung für die Entstehung der Neurose zukommt, erhellt am besten daraus, dass in einzelnen Fällen überhaupt nur der psychische Shock in Wirksamkeit trat, während es zu einer Verletzung gar nicht kam, so z. B. bei einem Feuerwehr-

mann, der sich im brennenden Hause scheinbar rettungslos einge-
sperrt sah, boi einom Locomotivführer, der seinen Zug auf einen
ihm begegnenden losfahren sah und hicrdurch aufs äusserste erregt wurde, aber den Zusammenstoss noch zur rechten Zeit ver-
hindern konnte.

Daraus darf nun keineswegs gefolgert werden, dass der mechanische Insult belanglos sei.

IV. Symptomatologie.

Allgemeine Skizze des Krankheitsbildes.

Bald im unmittelbaren Anschluss an die Verletzung, bald nach
einem Intervall von Wochen oder Monaten entwickeln sich nervöse
Krankheitserscheinungen, die zwar in den verschiedenen Fällen nach
Intensität und Qualität nicht unerheblich variiren, aber doch so
viel Gemeinschaftliches zeigen, dass man ein Krankheitsbild der
traumatischen Neurose entwerfen kann, welches die in der Mehrzahl der Fälle wiederkehrenden Erscheinungen repräsentirt. In
wieweit die Symptome nach Ort und Heftigkeit der Verletzung,
vielleicht auch nach der Individualität Schwankungen unterworfen
sind, wird sich bei der Analyse des Symptomenbildes heraus-
stellen.

Die unmittelbare Folge des Unfalls kann ein ausgeprägter
Shock von mehrstündiger oder mehrtägiger Dauer sein. Weit häufiger kommt es zu einem kurzwährenden Stadium der Bewusstlosigkeit, Benommenheit oder Verwirrtheit. Selten sind die Fälle,
in welchen im directen Gefolge des Unfalls sich eine schwere
Psychose unter dem Bilde der hallucinatorischen Verwirrtheit entwickelt. In recht vielen Fällen bietet der Verunglückte
zunächst gar keine Krankheitssymptome, er kann seinen Dienst
weiter versehen, Anderen hülfreich beispringen, bis sich gewöhnlich

nach einigen Tagen die ersten Krankheitszeichen einstellen, die
übrigens oft noch einen langen Zeitraum so unbedeutend bleiben,
dass ihnen wenig Beachtung geschenkt wird. Endlich giebt es
Fälle, in denen die Aufmerksamkeit des Kranken sowohl als die
des Arztes Wochen oder selbst Monate der chirurgischen Verletzung
zugewandt ist, während sich aus unmerklichen Anfängen heraus,
und ohne dass der Beginn derselben genau zu fixiren ist, die Neurose entwickelt. Die ersten Beschwerden sind gewöhnlich rein
subjectiver Natur: der Kranke empfindet Schmerz und zwar
da, wo es sich um eine örtliche Verletzung handelt, in der von
dem Trauma betroffenen Gegend oder in der ganzen entsprechenden
Körperhälfte, bei den allgemeinen körperlichen Erschütterungen
(Eisenbahnunfällen u. dgl.) vornehmlich in der Rücken-, Lenden-
und in der Kreuzgegend, sowie im Kopfe. Diese Schmerzen werden
durch Bewegungen gesteigert und zwingen den Kranken, den
betreffenden Körpertheil beim Stehen, Gehen, Greifen etc. nach
Möglichkeit zu fixiren. Zu den weiteren subjectiven Beschwerden,
die sich aber auch nach aussen hin markiren können, gehört ein
Gefühl von Unruhe, Aufregung, Angst und Schreckhaftigkeit, das bei den durch allgemeine und schwere Erschütterungen
hervorgerufenen Neurosen nur selten zu fehlen pflegt. Diese Anomalien stellen sich in allmälig oder schnell anwachsender Intensität ein und steigern sich häufig zu einer psychischen Alteration,
die sich besonders durch hypochondrisch-melancholische
Verstimmung, Angstzustände und abnorme Reizbarkeit
kennzeichnet. Eine der gewöhnlichsten Begleiterscheinungen ist
die Schlaflosigkeit. Die Intelligenz ist gewöhnlich nicht erheblich beeinträchtigt, kann aber auch in Mitleidenschaft gezogen
werden, und es wird selbst ein fortschreitender Verfall derselben
beobachtet. Schwindel und Ohnmachtsanfälle, mit oder ohne
Krampfzustände, bilden eine weitere überaus häufige Componente
des Krankheitsbildes. Sehr oft stellt sich ein einfaches Zittern
ein, auch werden andere motorische Reizerscheinungen, die in die
Kategorie des Tic convulsif, der Spasmi musculorum, der Chorea,
der Reflexepilepsie etc. etc. gehören, nicht selten beobachtet.

Hierzu kommen Lähmungserscheinungen und Gefühlsstörungen. Die Bewegungsstörung ist zum Theil auf Rechnung
der Schmerzen zu bringen; es werden die Bewegungen möglichst

eingeschränkt, welche Schmerzen verursachen. Ausserdem besteht fast regelmässig eine wirkliche Parese, die sich zuweilen bis zur vollständigen Paralyse steigert.

Je nach Art und Ort der Verletzung und anderen noch näher zu erörternden Bedingungen betrifft die Motilitätsstörung alle vier Extremitäten oder tritt unter dem Bilde einer Paraparese (der unteren Extremitäten), einer Hemiparese, einer Parese von nur einer Extremität oder (seltener) auch nur eines Abschnittes der Extremität auf. Niemals betrifft sie ausschliesslich die von einem Nerven versorgten Muskeln. Die Lähmung zeigt meistens gewisse Eigenschaften, welche sie von den bei materiellen Erkrankungen des Gehirns, Rückenmarks und des peripherischen Nervensystems in die Erscheinung tretenden Lähmungsformen unterscheidet. Abnorme Spannungszustände der Muskulatur werden nicht selten beobachtet. Auch diese unterscheiden sich gewöhnlich von der Contractur, wie sie die Paraplegie, Hemiplegie und Monoplegie auf organischer Grundlage begleitet. Zuweilen ist die Bewegungsstörung ausschliesslich durch Contractur bedingt.

Eine Steigerung der Sehnenphänomene ist sehr häufig, ein Erloschensein derselben wird niemals constatirt.

Meistens behalten die von der Lähmung resp. Schwäche betroffenen Muskeln ihr normales Volumen, indessen kommt nicht so selten eine sichtbare, sowie durch elektrische Prüfung dem Nachweis zugängliche Atrophie vor.

Was die motorischen Hirnnerven anlangt, so wird die Lähmung eines einzelnen fast niemals beobachtet. Es sind fast immer Bewegungen, die aus der harmonischen Thätigkeit verschiedener Muskelgruppen resultiren, welche eine Beeinträchtigung erfahren. Vor allem ist es die Sprache, die in einer ziemlich grossen Anzahl dieser Fälle eine Behinderung erleidet. Die Sprachstörung hat weder den Charakter der echten Aphasie, noch den einer einfachen Articulationsstörung, hat dagegen häufig nahe Beziehungen zum Stottern.

Häufig ist Pupillendifferenz, ungewöhnlich Pupillenstarre.

Eine ganz besonders wichtige und verbreitete Theilerscheinung des Symptomenbefundes bilden die Sensibilitätsstörungen.

Sie charakterisiren sich im Wesentlichen durch folgende Momente: Erstens: ihre Verbreitung entspricht niemals dem Ausbreitungsbezirke eines sensiblen Nerven, noch der topischen Anordnung, wie sie bei den materiellen Erkrankungen des Gehirns und des Rückenmarks beobachtet wird, wenn wir von einer einzigen, der Gliosis spinalis, absehen. Zweitens: mit der cutanen, eventuell auch mucösen Anästhesie verbinden sich Anomalien der Sinnesempfindungen, und zwar besonders häufig eine Beschränkung des excentrischen Sehens.

Vasomotorische Störungen sind sehr häufig.

Die Blasenfunction ist meistens nicht wesentlich beeinträchtigt, doch kommt es in Folge der allgemeinen Körpererschütterung nicht gerade selten zu Harnbeschwerden, die sich aber nur ausnahmsweise bis zur völligen Harnverhaltung oder Incontinenz steigern.

Abnahme des Libido sexualis ist ein häufiges Krankheitssymptom.

Das Verhalten der Hautreflexe ist ein wechselndes, sie können lebhaft gesteigert sein, doch sind sie meistens, namentlich in der anästhetischen Zone, abgeschwächt oder erloschen.

Eine abnorme Erregbarkeit des Herznervensystems bildet ein sehr häufiges Symptom der traumatischen Neurosen, seltener kommt es zu schweren Erkrankungen des Herzens.

Analyse der Symptome.

Psychische Anomalien.

Dieselben nehmen unter den Krankheitssymptomen die hervorragendste Stelle ein und bilden den Boden, auf welchem sich ein grosser Theil der übrigen entwickelt. Nur ausnahmsweise handelt es sich um eine Psychose im engeren Sinne des Wortes, die in den Rahmen einer der bekannten und wohlabgegrenzten psychischen Erkrankungsformen hineinpasst.

Freilich kann sich im unmittelbaren Anschluss an die Verletzung oder die Erschütterung die Form des primären traumatischen Irreseins entwickeln, wie sie Krafft-Ebing[1]) geschildert hat: unter dem Bilde eines primären Blödsinns mit grosser Bewusstseinsstörung, hallucinatorischer Verwirrtheit und hoher Reizbarkeit, die sich bis zu maniakalischer Erregung und Tobsucht steigern kann.

Einen derartigen Fall erwähnt Thomsen[2]). Ein bis da gesunder Mann, der bei einem Eisenbahnzusammenstoss eine Erschütterung erleidet, geräth sofort in einen Zustand schwerer psychischer Alteration. Dieselbe, eingeleitet durch eine auffallende Euphorie, trägt den Charakter einer schweren hallucinatorischen Verwirrtheit mit Delirien, in welchen der Kranke ganz unsinnige Grössen- und Verfolgungsideen vorbringt. Am 3. Tage verblasst die Psychose, von deren Inhalt der Kranke nicht die geringste Erinnerung hat, während die übrigen Symptome (vor allen charakteristische Sensibilitätsstörungen) bestehen bleiben.

Specifische Kriterien hat das traumatische Irresein nach Krafft-Ebing nicht, sondern es können die verschiedensten Formen psychischer Erkrankung durch Gehirntraumen gesetzt werden.

Ich gehe über zur Schilderung jener der psychischen Sphäre angehörenden Symptome, wie sie bei unseren Kranken gewöhnlich in die Erscheinung traten.

In der grossen Mehrzahl der Fälle fehlt die Wahnvorstellung einerseits, die dauernde Bewusstseinstrübung andererseits vollständig, und Stimmungsanomalien bilden den Kern der Seelenstörung. Die Kranken befinden sich in einem Zustande dauernder Verstimmung, der sich schon in dem Gesichtsausdruck und in dem äusseren Wesen offenbart.

Sie werden wortkarg, scheuen die Gesellschaft, suchen die Einsamkeit und hängen in dumpfer, gedrückter Stimmung ihren traurigen Vorstellungen nach, welche sich alle um einen Mittelpunkt schaaren, nämlich die Erinnerung an den erlittenen Unfall und die aus demselben erwachsenden Folgen. Diese Erinnerung ist eine so lebhafte, das Denken und Fühlen unserer Kranken in

---

[1]) l. c.
[2]) Zur Casuistik und Klinik der traumatischen und Reflex-Psychosen. Charité-Annalen. Jahrg. XIII.

solchem Maasse bestimmende, dass diese Vorstellung durch ihr
Festhaften, durch ihre Alleinherrschaft in der Seele, wie man fast
sagen kann, einen pathologischen Charakter gewinnt.

Diese Veränderung in der affectiven Sphäre und die Uni-
formität des Ideeninhalts bewirkt häufig eine Abstumpfung des
Interesses für die Aussenwelt, selbst für die Familie, welche, obgleich sie sich nur selten zur völligen Apathie und Indifferenz
steigert, dennoch eine nahe Verwandtschaft dieser psychischen Alteration mit der reinen Melancholie bekundet.

Die Depression geht einher mit einem Gefühl von Angst
und Beklemmung, das sich von Zeit zu Zeit zu heftigen Angst-
attaquen steigert. Der Kranke hat dabei jene schwerlastende, be-
engende und ängstlich-spannende Empfindung, die er dem Seelen-
zustande eines Menschen vergleicht, welcher ein Verbrechen begangen hat oder welcher in der Erwartung eines über ihm
zusammenbrechenden Unglücks steht. Das Angstgefühl wird gewöhnlich in die Herzgegend verlegt und manchmal auch über
gleichzeitig auftretendes Herzklopfen geklagt.

Hat man Gelegenheit, den Kranken während des Angstzustandes zu beobachten, so findet man gewöhnlich eine Anzahl
objectiver Kriterien für diesen krankhaften psychischen Zustand: Der Gesichtsausdruck trägt das Gepräge der Angst, Befangenheit und Rathlosigkeit; der Kranke sitzt zusammengekauert, in
zitternder Haltung in einer Ecke oder läuft unruhig im Zimmer
umher, die Sprache ist gehemmt, durch tiefe seufzerähnliche In-
spirationen unterbrochen. Häufig — und das ist wohl das wichtigste Zeichen — ist der Puls abnorm beschleunigt. Der
Patient hat auch wohl die Hand in der Herzgegend und klagt
über ein Gefühl der Oppression. Einige Male constatirte ich
während des Angstzustandes eine Erweiterung der Pupillen,
sowie eine Differenz derselben, seltener Erblassen oder starke
Röthung des Gesichts und übermässiges Schwitzen. Zuweilen ist
der Angstanfall von einer dem Globus entsprechenden Empfindung
und krampfhaften Erscheinungen im Gebiet der Respirationsmuskulatur begleitet.

Ein derartiger Anfall hat die Dauer von einigen Minuten, kann
aber auch bis zu einer Stunde und darüber anwähren; über ein
dauerndes Angstgefühl wird nur ausnahmsweise geklagt. Der Zu-

stand entwickelt sich spontan, vielleicht auch durch bestimmte
Vorstellungen geweckt, seltener ist es, dass er nur unter gewissen
äusseren Bedingungen eintritt, z. B. beim Ueberschreiten eines
grossen freien Platzes, also den Charakter der sogenannten Pho-
bien (Agoraphobie, Claustrophobie, Potamophobie etc.)
annimmt. Nur pflegen alle die Momente, die die Erinnerung an
den Unfall wachrufen, ein Angstgefühl auszulösen, so nach Eisenbahnunfällen der Pfiff der Locomotive, das Erblicken des Zuges
etc. (Rigler's Siderodromophobie). Ein Beispiel von Platzangst
wird schon von Erichsen mitgetheilt und durch meine Beobachtung XVI illustrirt. Mit dem Gefühl der Angst verknüpft sich
zuweilen auch das der Unsicherheit, des Zweifels, der Rathlosigkeit: „Ich weiss nicht mehr recht, was ich will, ich kann keinen
Entschluss fassen etc.

Grübelsucht und Zwangsvorstellungen begleiten nur ausnahmsweise die psychische Alteration.

Zwei Momente sind es besonders, welche diese Seelenstörung
wenigstens in der Mehrzahl der Fälle von der reinen Melancholie
unterscheiden. Zunächst die abnorme Reizbarkeit. Die Personen, obgleich sie in sich gekehrt und gleichsam weltabgeschlossen
über ihrem Zustand brüten, sind doch abnorm empfindlich gegen
die von aussen kommenden Reize. Ein geringer Anlass versetzt
sie in heftige Erregung, die sich auch nach Aussen reflectirt. Schon
die Unterredung mit dem Arzte vermag sie ausser |Fassung zu
bringen, einen Zustand ängstlicher Verlegenheit und Verwirrtheit
hervorzurufen und diejenigen somatischen Beschwerden, welche
unter dem Einflusse der Psyche stehen, wie das Zittern, die Pulsbeschleunigung, die vasomotorischen Phänomene, bedeutend zu
steigern. Gemüthliche Einflüsse, denen sie sonst gleichgültig
gegenüberstanden, versetzen sie in Erschütterung, und die Rührseligkeit ist so gross, dass durch den geringsten Anlass entsprechender Art die Thränen hervorgelockt werden. Dieser Umstand
ist dem Kranken besonders empfindlich. Oft genug erhielt ich
Angaben der folgenden Art: „Während ich früher sehr hart war,
darf ich jetzt nichts Trauriges sehen oder hören; wenn ich ein
Thier misshandeln sehe, einem Leichenwagen begegne, einen Choral
höre oder dergl., weine ich wie ein Weib und kann die traurigen
Empfindungen nicht los werden.“

Die gesteigerte Empfindlichkeit gegen alle von aussen kommenden Reize ist es auch, welche die Kranken veranlasst, sich aus der Gesellschaft in die Einsamkeit zurückziehen, und das: „Mir ist nirgends wohler, als wenn ich allein bin", ist eine gewöhnliche Phrase derselben.

Krafft-Ebing hebt unter den diagnostisch bemerkenswerthen Zeichen an erster Stelle hervor: „die auffallende, oft progressive Gemüthsreizbarkeit, die sich kaum bei einer anderen idiopathischen Psychose so ausprägt und in allen Stadien des Verlaufs so wiederfindet".

Die krankhafte Verstimmung bezeichnete ich als das wesentlichste Element der_ psychischen Störung. Ihre Intensität ist in verschiedenen Fällen eine sehr wechselnde; sie kann sich bis zu dem Grade steigern, dass sie zu Selbstmordversuchen führt. Die Literatur weist nicht wenige derartige Beispiele auf, in denen das Leiden durch Suicidium beendigt wurde. Manchmal kann es schwierig sein, festzustellen, inwieweit die Verstimmung Folge des Unfalls, inwieweit sie durch die Nichtbefriedigung der Ansprüche des Verletzten und seine Nahrungssorgen bedingt ist.

Ein weiterer Factor ist der hypochondrische Charakter der Seelenstörung. Ebenso mächtig wie die Erinnerung an den Unfall ist die Vorstellung, durch denselben schwer geschädigt zu sein. Unter der Herrschaft dieser Idee belauern sie ihren Körper, spüren jeder unangenehmen Sensation nach, und die hypochondrische Vorstellung schafft aus derselben allmälig ein immer schwerer empfundenes Leiden. Wir werden später erfahren, dass ein nicht geringer Theil der Beschwerden aus dieser Quelle seinen Ursprung herleitet.

Was das Verhalten der Intelligenz anlangt, so ist eine wesentliche Abnahme der Geisteskräfte in der Mehrzahl der Fälle nicht zu constatiren. Durch die einseitige Richtung des Ideenlebens und durch die fortdauernde Concentration der Aufmerksamkeit auf die Krankheit und alles, was mit derselben in Zusammenhang steht, wird allerdings ein die intellectuelle Thätigkeit hemmender Zustand geschaffen. Eindrücke, die sonst im Gedächtniss haften würden, werden nicht fixirt oder schnell verwischt, und so kommt es, dass der Kranke, weil er Namen, Daten, Aufträge etc. seinem Gedächtniss nicht mehr so fest einverleibt wie früher, über

Gedächtnissschwäche klagt. Indessen kann sich auch beträchtliche Demenz mit fortschreitendem Erinnerungsschwund entwickeln. So sah ich bei einem Kranken nach einem Unfall, bei
dem der Schreck seine Wirkung besonders mächtig entfaltet hatte,
progressiven Verfall der Geisteskräfte und des Gedächtnisses eintreten. Auch habe ich seither mehrmals Gelegenheit gehabt, bei
früher von mir behandelten Kranken im weiteren Verlauf des
Leidens Dementia eintreten zu sehen. Bernhardt[1]) berichtete
jüngst über einen schon früher von ihm geschilderten Fall, in
welchem sich im Verlauf der Jahre eine solche Verblödung ausgebildet hat, dass der psychische Zustand an das Bild der progressiven Paralyse erinnert. Es sind ja die Beobachtungen nicht
spärlich in der Literatur vertreten, in welchen sich nach schweren
Kopfverletzungen als das wesentlichste Symptom Dementia entwickelte, häufig vergesellschaftet mit Epilepsie. So kann denn
auch die Seelenstörung unter dem Bilde des epileptischen
Aequivalents und des epileptischen Irreseins auftreten,
wofür Westphal[2]) bereits Beispiele gegeben hat. Endlich sei
noch auf das Vorkommen von hallucinatorischen Delirien
hysterischen Charakters hingewiesen, sowie auf die von uns
nur selten beobachteten rein-hysterischen Formen der psychischen
Alteration mit dem charakteristischen Stimmungswechsel. Doch
sei auch an dieser Stelle erwähnt, dass nach Charcot's Auffassung
die Hysterie bei Männern sich durch einen Seelenzustand kennzeichnet, welcher dem oben geschilderten im Wesentlichen entspricht und erheblichen Schwankungen nicht unterworfen ist.

Ich kann diese Auseinandersetzungen über das psychische
Verhalten der Kranken nicht abschliessen, ohne noch auf eine
Thatsache hinzuweisen: dass nämlich, in seltenen Fällen, die traumatische Neurose ohne nachweisbare psychische Anomalien abläuft. Wir finden unter den Fällen, in welchen die Verletzung peripherisch eingegriffen, einzelne, welche nur Störungen
in der motorischen und sensorischen Sphäre aufweisen bei scheinbar intakten psychischen Functionen. Häufig werden vom Ver-

---

    [1]) Beitrag zur Frage von der Beurtheilung der nach heftigen Körper-
erschütterungen etc. Deutsche med. Wochenschr. 1888. No. 13.
    [2]) l. c.

letzten selbst psychische Beschwerden nicht hervorgehoben; wenn diese dann auch nicht in die Augen springen, sind bei genauerer Beobachtung doch meistens noch Anklänge der besprochenen seelischen Alteration nachzuweisen.

Schwindel- und Krampfzustände. Motorische Reizerscheinungen verschiedener Art.

Wegen ihrer engen Beziehung zu der psychischen Alteration sollen sie an dieser Stelle abgehandelt werden.

Ueber ein Schwindelgefühl sowie über Schwindelanfälle wird sehr häufig geklagt. Indessen ist es ja bekannt, dass ganz verschiedene Sensationen von Laien mit dem Worte Schwindel bezeichnet werden. Oft ist es ein plötzlich auftretendes rauschähnliches Gefühl, oft wird die Empfindung in charakteristischer Weise geschildert, es ist dem Patienten, als wenn sich alles mit ihm und um ihn herum dreht, sodass er sich festhalten muss, um nicht zu stürzen. Auch war ich mehrmals Zeuge dieser Zufälle, sah den Kranken plötzlich erblassen und hinstürzen, ohne dass von einem Verlust der Besinnung die Rede sein konnte. Häufig wird vom Verletzten betont, dass sich der Schwindel nur beim Bücken einstellt. In solchen Fällen kann man das Symptom nicht selten dadurch objectiviren, dass man den Schwindelanfall auslöst: beim Bücken und Wiederemporkommen röthet sich das Gesicht des Patienten stark, er geräth ins Torkeln, wird für einen Moment benommen und verwirrt, häufig ändert sich die Pulsbeschaffenheit, derselbe wird beschleunigt oder verlangsamt, nicht selten unregelmässig und aussetzend. (Um Täuschungen zu entgehen, muss man darauf sehen, dass der Kranke während des Bückens den Athem nicht anhält.) — Der Schwindel ist ein fast constantes Symptom der sich an Kopfverletzungen anschliessenden Neurosen, nur ausnahmsweise nimmt er den Charakter der Menière'schen Form an.

Mit dem Schwindel kann sich eine vorübergehende Trübung des Bewusstseins verbinden.

Anfälle völliger Bewusstlosigkeit ohne begleitende Convulsionen kommen nicht selten als Symptom der traumatischen Neurosen vor. Gewöhnlich sind sie nur von kurzer Dauer, können sich aber auch über mehrere Stunden ausdehnen. Echte epileptische Anfälle sind von uns nur ausnahmsweise durch die eigene Beobachtung festgestellt, häufig musste man sich auf die Schilderung der Kranken oder ihrer Umgebung verlassen und blieb üer die Natur der Krämpfe im Zweifel. Es sei aber noch einmal darauf hingewiesen, dass nach bereits vorliegenden Erfahrungen in der Symptomatologie der durch Kopfverletzungen sowie der durch Schreck bedingten Neurosen die Epilepsie einen wichtigen Factor bildet, wie sie ja auch den einzigen Folgezustand einer heftigen seelischen Erregung bilden kann. Westphal hat auch derartige Fälle von Epilepsie in Folge von Eisenbahnunfällen mitgetheilt und das Vorkommen von Schwindelanfällen, epileptoiden Traumzuständen, tobsüchtiger Aufregung mit Verlust der Erinnerung, sowie wirklicher convulsivischer Attaquen mit Bewusstlosigkeit hervorgehoben. Nicht unerwähnt möchte ich lassen, dass ich in drei Fällen nach relativ leichten an den peripherischen Theilen der Extremitäten angreifenden Traumen, die zwar nicht zu einer Verwundung, wohl aber zu einer Erschütterung geführt hatten, echte Epilepsie habe auftreten sehen und zwar in so unmittelbarer Folge, dass an dem Zusammenhang nicht gezweifelt werden konnte. Die Angaben verdienten volles Vertrauen, da Entschädigungsansprüche nicht in Frage kommen. Eine (hereditäre und toxische) Belastung war nur in einem der Fälle nachzuweisen. — Eine besondere Beachtung verdient an dieser Stelle die Reflexepilepsie. Ein classisches Beispiel dieser Art bietet unsere Beobachtung XXXIII. Der Unfall war hier dadurch zu Stande gekommen, dass die rechte Hand des Mannes zwischen zwei in Bewegung befindliche Mühlsteine gerieth, wodurch eine Quetschung des rechten Handgelenks und der Weichtheile sowie eine Zerreissung der Haut herbeigeführt wurde. Die Heilung der ausgedehnten Wunde nahm 7 Monate in Anspruch, und hatte Patient fortdauernd heftige Schmerzen in der Narbe. Nachdem sich eine Reihe nervöser Beschwerden entwickelt hatte, traten ca. 3 Monate nach der Verletzung Krampfanfälle auf. Denselben ging ein Gefühl von schmerzhaftem Kriebeln im rechten Arm vorauf, das von der Narbe aufsteigend über den Arm, das rechte Bein und die rechte Gesichtshälfte sich ausdehnte, dann folgten Zuckungen, welche ebenfalls im rechten Arm beginnend, sich in derselben Weise über die rechte Körperhälfte ausbreiteten. Wenn die Zuckungen das Gesicht erreicht haben, verliert der Kranke das Bewusstsein: Im Gefolge des Anfalls entwickelt sich eine Sprachstörung sowie eine Parese der rechten Körperhälfte. Durch Druck auf die Narbe, welcher schmerzhaft ist, lassen sich die geschilderten Anfälle auslösen.

Die Reflexepilepsie kennzeichnet sich also vornehmlich dadurch dass eine Aura von der Narbe ausgeht und die Zuckungen in der verletzten Extremität beginnen. Dass die Narbe eine epileptogene Zone bildet, wie in dem geschilderten Falle, darf wohl nicht als nothwendiges Postulat angesehen werden. Vielleicht sind auch gewisse Formen des Zitterns hierherzurechnen, die sich regelmässig mit einem von der Narbe ausgehenden Schmerzanfall einleiten.

Mittheilungen über typische hysterische Anfälle nach Verletzungen der verschiedensten Art finden wir besonders in der französischen Literatur, in den Abhandlungen von Charcot und seinen Schülern. In unserer Casuistik, welche sich fast ausschliesslich auf Verletzungsneurosen beim männlichen Geschlechte bezieht, sehen wir dieses Moment in den Hintergrund treten. — Lach- und Weinkrämpfe habe ich nicht beobachtet, Krämpfe der Respirationsmuskeln nur in einem Falle, in welchem der traumatische Ursprung des Leidens nicht ganz sichergestellt war. — Nicht selten kommt es zu Zuckungen in einzelnen Muskeln oder Muskelgruppen. So ist mir der Tic convulsif (besonders die Form des partiellen) in nicht wenigen Fällen begegnet und zwar meistens bei den sich an Kopfverletzungen anschliessenden Formen der Neurose. Einige Male beschränkte sich der Krampf auf das Gebiet des Orbicularis palpebrarum, in 2 Fällen wurde er durch jeden intensiven Lichtreiz ausgelöst, in einem anderen stellte er sich bei Anwendung des faradischen Pinsels an der betroffenen Oberextremität, im Orbicularis derselben Seite ein, in einem vierten spannte sich der Augenschliessmuskel unter fibrillärem Zittern krampfhaft an, sobald Patient die Zunge herausstreckte, nach und nach griff dann das Zittern auf das gesammte Facialisgebiet über. Immer wurde die Störung auf der auch sonst betroffenen Körperseite gefunden. — Seltener sah ich Muskelkrämpfe, die sich auf eine bestimmte Muskelgruppe beschränkten und sich mit einem gewissen Rhythmus

in stereotyper Weise wiederholten. So wurde mir ein kräftiger
Bursche vorgestellt, bei welchem sich nach einer Fractur des linken
Unterschenkels zunächst Schwäche und Gefühlsstörung im linken
Bein und erst nach einem Intervall von mehreren Monaten blitz-
artig-kurze, wie durch den elektrischen Reiz ausgelöste Zuckungen
im linken Arm, beschränkt auf das Gebiet des Cucullaris, Triceps
und besonders der Pectoralis major einstellten, die regelmässig
und in steter Wiederholung zu einer Adduction des Ober-, zu einer
Streckung des Unterarms führten und weder bei abgelenkter Aufmerksamkeit noch im Schlafe cessirten. Diese und verwandte
Muskelkrämpfe sind ja wiederholentlich beschrieben worden; bekanntlich ist gerade auf diesem Gebiet die Klassificirung eine un-
gemein schwierige; es sind diese Muskelkrämpfe als einziges Krankheitszeichen, sie sind andererseits in Verknüpfung mit den Symptomen der Hysterie beobachtet, ohne dass es möglich wäre, bestimmte Kriterien für die hysterische Natur derselben aufzustellen
(vergl. Pitres, Bitot[1]).

Auch choreatische Zuckungen habe ich im Verlauf der
traumatischen Neurose auftreten sehen, wie ja die Entwicklung
einer gewöhnlichen Chorea minor nach traumatischen Einflüssen
beobachtet worden ist (Schultze[2]). Dr. Schütz hatte die Güte,
mir vor Kurzen einen derartigen Fall vorzustellen.

Schlaf.

Ueber Beeinträchtigung des Schlafes wird von den meisten
Kranken dieser Art geklagt. Es handelt sich seltener um vollständige Schlaflosigkeit als um einen durch wilde Träume (der erlittene Unfall giebt auch den Träumen Stoff und Färbung) beun-
ruhigten und durch oftmaliges Aufschrecken unterbrochenen Schlaf.
Dieses Krankheitszeichen ist dem objectiven Nachweise zugänglich,
wird sogar für die Umgebung so lästig, dass die Kranken, die in
demselben Zimmer schlafen, Beschwerde führen, indem die Jactation, das Wimmern und Stöhnen im Schlafe, das Vorsichhinsprechen

---

[1] L'hystérie male. Paris 1890.
[2] Weiteres über Nervenerkrankungen nach Trauma. Zeitschr. f. Nerven-
heilkunde. Bd. 1.

und Aufschreien die Mitbewohner des Krankensaales nicht zur Ruhe kommen lässt. Manchmal steigern sich die Angstzustände besonders in der Nacht; die Kranken sind gezwungen, das Bett zu verlassen, und rennen unruhig im Zimmer umher. Von anderen wird betont, dass sie sich während der ganzen Nacht wie in einem Halbschlaf befänden. Auch kommt es vor, dass sie bei dem nächtlichen Aufstehen und Wandern ohne Besinnung sind und am folgenden Morgen keine Erinnerung für den Zustand haben. Einzelne meiner Patienten machten die Angabe, dass sie sehr schnell einschliefen, dann aber in einem so festen und tiefen Schlafe lägen, dass sie auf keine Weise zu erwecken seien.

Anomalien der Sensibilität und der Sinnesfunctionen.

Dieselben treten, wenn auch in sehr wechselnder Intensität und in den mannigfachsten Abstufungen, fast regelmässig in die Erscheinung.

Schmerzen bilden das häufigste, aber auch das am schwierigsten zu beurtheilende und abzuschätzende Symptom. Ihr Sitz ist zunächst abhängig vom Orte der Verletzung. Handelt es sich um ein örtliches Trauma, so wird die getroffene Partie zum Sitz und Herde der Schmerzen. Meistens werden sie alsdann in die tieferen Theile (die Knochen, Gelenke und Muskulatur) verlegt. Bei den allgemeinen Erschütterungen, z. B. nach Eisenbahnunfällen, ist es ganz besonders die Rücken-, Kreuz- und Lendengegend, in welcher sich die Schmerzen localisiren und zwar auch dann, wenn auf den Rücken die Gewalt nicht direct eingewirkt hat. Man darf jedoch nicht erwarten, dass die Schmerzen einen absolut festen Sitz haben, sie können heute hier und morgen dort stärker empfunden werden. Nur selten strahlt der Schmerz in Gürtel- oder Halbgürtelform aus.

Wenn der Kopfschmerz auch vornehmlich bei den Neurosen nach Kopfverletzungen beobachtet wird, so ist doch sein Vorkommen ein allgemeineres. Auch bei der allgemeinen Erschütterung und selbst bei den nervösen Folgezuständen jener Verletzungen, die Hand oder Fuss etc. treffen, gehört der Kopfschmerz zu den gewöhnlichen Beschwerden, und zwar hat er auch unter diesen Umständen oft seinen Sitz entsprechend der leidenden Köperhälfte

Ueber den Charakter und die Intensität der Schmerzen lässt sich nichts Bestimmtes aussagen. Meistens werden sie als dumpf, drückend, bohrend geschildert und sind, soweit man aus dem Gebahren des Kranken schliessen kann, von mässiger Heftigkeit. Sie können aber auch zu solcher Stärke anwachsen, dass sie nur durch Morphiuminjectionen zu bekämpfen sind.

Das eine ist noch beachtenswerth, dass sie fast niemals als lancinirende auftreten und dass sie nur selten einen echt-neuralgischen Charakter haben.

Einen Maassstab für die Beurtheilung der Intensität der Schmerzen besitzen wir nicht und müssen es als unsere Aufgabe betrachten, im gegebenen Falle eine Erklärung für dieselben aufzufinden Indess pflegen heftige Schmerzen doch einen Ausdruck im Gebahren des Kranken und in seiner Physiognomie zu finden, auch ist in dieser Hinsicht die ängstliche Vermeidung gewisser Bewegungen ein Fingerzeig, ferner ändert auf der Höhe des Schmerzanfalles der Puls zuweilen seine Beschaffenheit und wird alsdann bald Beschleunigung, bald Verlangsamung und Unregelmässigkeit desselben beobachtet. Auf das sog. Mannkopf'sche Symptom komme ich anderer Stelle zu sprechen.

Gesteigert werden die Schmerzen besenders durch Bewegungen. So wird der Rückenschmerz durch Bewegungen in der Wirbelsäule selbst, sowie auch in den Hüftgelenken hervorgerufen oder der bestehende erfährt eine Zunahme. Daraus resultirt eine charakteristische und für die Diagnose bedeutungsvolle Behinderung der Motilität.

Parästhesien treten in grosser Mannigfaltigkeit auf, und sind es besonders diese abnörmen Empfindungen, welche von der krankhaft afficirten Psyche zu den seltsamsten Vorstellungen verarbeitet werden. Sie bilden oft das erste Glied in der Kette der Krankheitserscheinungen. Aus der abnormen Sensation entwickelt sich die hypochondrische Vorstellung, und diese schafft nach und nach ein Heer von subjectiven Beschwerden und objectiven Symptomen.

Die Parästhesien unterscheiden sich zum Theil nicht von denjenigen, wie sie bei den organischen Krankheiten des Centralnervensystems empfunden werden. Die Kranken klagen über Kriebeln, Ameisenkriechen, Taubheitsgefühl, Kältegefühl etc.

Etwas Eigenartiges liegt aber in dem Umstande, dass sich die
Vorstellung nicht selten dieser Empfindungen bemächtigt,
so dass man etwa folgende Angaben erhält: „Mir ist es, als ob
Würmer sich unter dem Schädeldach bewegen", „als ob Blasen
unter der Haut zerplatzen"; „mir ist es, als hätte ich meinen Arm
nicht mehr", „als sässe der Kopf nicht fest", „als ob der Hinterkopf durch einen festen Stab direct mit dem Kreuz verbunden
wäre" u. s. w. Diese Beispiele mögen genügen, um den Weg von der
perversen Empfindung zu der perversen Vorstellung zu demonstriren.

Auch in dem Bereich der Sinnesorgane machen sich
Parästhesien geltend. Dahin ist zu rechnen: Flimmern vor den
Augen, Funkensehen, Farbensehen u. dgl. Ein Kranker unserer
Beobachtung sah Minuten lang alles in gelben Farben, bei einem
anderen wechselten dieselben, einer erblickte einen Stern an einem
bestimmten Punkte des Gesichtsfeldes. Dahin gehört ferner das
Rauschen, Zischen, Pfeifen in den Ohren oder im Kopf. Es kommt
auch vor, dass über einen dauernden salzigen Geschmack u. dgl.,
sowie über abnorme Geruchsempfindungen geklagt wird. Einer meiner
Kranken beschwerte sich, dass er, obgleich er den Geruch verloren
habe, fortdauernd von üblen Gerüchen belästigt werde.

Auf dem Gebiete der Sensibilitätsstörung begegnen wir demselben scheinbaren Widerspruch, der die psychische Alteration
kennzeichnete. Wie sich dort die Gemüthsdepression mit erhöhter
Reizbarkeit verband, so constatiren wir hier ein Nebeneinander
von Hyperästhesie und Anästhesie im Bereich aller Sinnesempfindungen.

Die abnorme Empfindlichkeit des Sehnerven giebt sich durch
Lichtscheu und Blendungsgefühl kund. Dieses Symptom
kann sich dadurch objectiviren, dass der Kranke, sobald er ins
Licht tritt, die Lider zusammenkneift, beim Versuch zu lesen lebhaft mit den Augen zwinkert, wobei man ein fibrilläres Zittern in
der Lidmuskulatur constatiren kann, oder dass sich die Augen bei
solchen Versuchen schnell mit Flüssigkeit füllen. Häufig beobachteten wir beim Ophthalmoskopiren, durch die Beleuchtung des
Auges angeregte krampfhafte Zuckungen in den Orbicul. palpebr.
Ich habe sogar einige Male gefunden, dass dieser gesteigerten Empfindlichkeit der Retina eine abnorm lebhafte Lichtreaction der Pupille entsprach.

Auf die Hyperästhesie des Acusticus, die sich durch Empfindlichkeit gegen Geräusche jeder Art documentirt, habe ich bereits hingewiesen.

Erscheinungen, welche auf eine Hyperästhesie der Geruchs- und der Geschmacksnerven hindeuten, sind mir nicht aufgefallen. Dagegen ist das Vorkommen einer cutanen Hyperästhesie ein gewöhnliches. Häufig findet sich ein hyperästhetisches Gebiet in der von dem Trauma getroffenen Gegend. Nach Eisenbahnunfällen ist es besonders die Rückenhaut. Mehr noch betrifft die Druckempfindlichkeit einzelne Dornfortsätze. Der Kranke zuckt bei leichtem Druck vor Schmerz zusammen. Man darf auch in dieser Hinsicht keine absolute Constanz erwarten, bei Prüfung zu verschiedenen Zeiten wird nicht immer derselbe Dornfortsatz als der am meisten empfindliche bezeichnet. Einige Male bemerkte ich, dass die Percussion des schmerzhaften Dornfortsatzes ein fibrilläres Zittern der Lenden-, Gesäss- und Oberschenkelmuskeln auslöste.

Bei den im Anschluss an Gelenkcontusionen sich entwickelnden Gelenkneurosen ist es die Haut in der Umgebung des Gelenks, die oft eine Ueberempfindlichkeit gegen leichte Berührungen aufweist.

Von weit grösserer Bedeutung und Wichtigkeit ist die Anästhesie, schon deshalb, weil sie dem objectiven Nachweise zugänglicher ist. Es wurde bereits hervorgehoben, dass die Anästhesie sich in der Mehrzahl der Fälle als eine gemischte darstellt, das heisst, sich gleichzeitig auf Haut, Schleimhäute und Sinnesorgane erstreckt.

Der bekannteste Typus dieser Form von Sensibilitätsstörung ist die sogenannte Hemianaesthesia hysterica: Auf der einen Körperhälfte ist das Gefühl der Haut und der Schleimhäute erloschen oder herabgesetzt, und auf derselben Seite sind die Sinnesfunctionen in noch zu schildernder Weise mehr oder weniger bedeutend beeinträchtigt. Diese Anästhesie ist schon insofern keine scharf halbseitige, als die Schstörung sich meistens auch auf das andere Auge erstreckt. Sie ist auch in ihrer unvollkommenen Entwicklung verhältnissmässig leicht zu erkennen und hat dadurch ein besonderes praktisches Interesse.

Indess kommt es nach unserer Erfahrung überhaupt häufiger

zu einer bilateralen Sensibilitätsstörung. Fassen wir aber
zunächst einmal die halbseitige Gefühlslähmung und ihre Modificationen ins Auge. Auf der Haut und den Schleimhäuten ist das
Gefühl für Berührung, Druck, schmerzhafte Reize und Temperaturreize herabgesetzt oder erloschen. Häufiger als die absolute Anästhesie kommt eine Hypästhesie vor, die so gering sein kann,
dass sie nur an der Unterschiedsempfindlichkeit zwischen den
beiden Körperhälften und der entsprechenden Differenz in der
Intensität der Schmerzensäusserungen und Abwehrbewegungen bemessen werden kann. Auch sind die einzelnen Gefühlsqualitäten keineswegs immer in gleicher Weise betroffen. So
ist recht häufig bei erhaltenem Berührungsgefühl die Schmerzempfindung (und das Gefühl für Heiss) allein erloschen oder beeinträchtigt. Wo die Schmerzempfindung für Nadelstiche herabgesetzt ist, findet sich gewöhnlich auch eine Hypalgesie für den
faradischen Pinsel, aber auch dort, wo Nadelstiche gut ertragen
werden, sind die kräftigsten faradischen Pinselströme meistens noch
im Stande, eine Schmerzempfindung auszulösen.

Die Betheiligung des Muskelgefühls resp. Lagegefühls ist eine
sehr schwankende. Dasselbe kann ganz unbetheiligt sein und ist
in anderen Fällen so stark ergriffen, dass der Patient keine Vorstellung von der Lage der Extremitäten auf der leidenden Körperhälfte hat, und auch die durch elektrischen Reiz hervorgerufenen
Muskelcontractionen und dadurch bedingten Stellungsveränderungen
nicht zu seinem Bewusstsein gelangen. — Ein ausschliessliches Fehlen
der Kitzelempfindung (und des auf Kitzeln erfolgenden Sohlenreflexes) bei im Uebrigen erhaltener Sensibilität habe ich nur einmal gefunden.

Die Betheiligung der Sinnesorgane besteht in einer Abnahme
oder in Verlust des Geruchs, des Geschmacks, des Gehörs und des
Sehvermögens.

Von diesen Anomalien ist die wichtigste und häufigste die
Sehstörung. Während die Beeinträchtigung der centralen Sehschärfe häufig nur eine geringe ist und vollständig fehlen kann,
besteht die Functionsstörung fast regelmässig in einer Beschränkung des excentrischen Sehens, in der sogenannten concentrischen Einengung des Gesichtsfeldes. Dieselbe ist nur ausnahmsweise so beträchtlich, dass nur central gesehen wird und die

Orientirung im Raume mehr oder weniger beeinträchtigt ist; in der Mehrzahl der Fälle ist aber die Einengung keine so beträchtliche und zu ihrem Nachweise eine perimetrische Untersuchung erforderlich.

Die Farbenfelder sind fast stets in noch höherem Grade eingeschränkt als das Gesichtsfeld für Weiss; es kommt nicht selten vor, dass die concentrische Einengung nur durch die Farbenprüfung zu ermitteln ist. Das Verhältniss der Farbengrenzen untereinander wird nur selten verrückt; so kann das Gesichtsfeld für Roth die Grenzen des für Blau überschreiten. Man hüte sich aber, ehe man ein solches Ergebniss verwerthet, vor Untersuchungsfehlern, die durch die Beschaffenheit der Prüfungsobjecte bedingt sein können. Eine Verwechselung der Farben untereinander, namentlich von blau und grün (Dyschromatopsie), sowie ein Nichterkennen einzelner Farben (Achromatopsie) ist kein gewöhnlicher Befund. Es ist mir nur einmal begegnet, dass die Farbensinnstörung dem Patienten selbst zum Bewusstsein gekommen ist und von ihm spontan mitgetheilt wurde: Er hatte gleich, nachdem er sich von den ersten Folgen des schweren Eisenbahnunfalls erholt hatte, zu seinem Erstaunen wahrgenommen, dass die farbigen Bilder seines Schlafzimmers ihm grau erschienen.

Die concentrische Einengung betrifft meistens beide Augen und ist dort, wo es sich um Hemianästhesie handelt, auf der gefühllosen Seite stärker ausgeprägt. In derartigen Fällen kann der Grad der Einengung ein so geringer sein, dass derselbe nur an der Differenz der Weite beider Gesichtsfelder erkannt werden kann, daher nur einseitig nachweisbar ist. In anderen Fällen, in welchen die Gefühlslähmung nicht den Charakter der Hemianästhesie hat, kann die Gesichtsfeldbeschränkung auf beiden Augen eine gleichmässige sein. Sehr beachtenswerth ist es nun, dass die Gesichtsfeldeinengung die einzige Störung auf dem Gebiete der Sensibilität bilden kann und zweifellos zu den constantesten Symptomen der traumatischen Neurosen gehört. Indessen fehlt auch dieses Zeichen in nicht wenigen Fällen und ist die Art der Einengung in einzelnen so atypisch, dass der Befund nicht verwerthet werden kann. — Die Gesichtsfeldeinengung kann Jahre lang in derselben Form und Intensität fortbestehen, so dass die zu verschiedenen Zeiten vorgenommenen perimetrischen Aufnahmen eine völlige Congruenz zeigen; andermalen hat die Störung einen schwankenden Charakter, ist besonders nach psychischen Erregungen und Angstzuständen ausgeprägt, in freieren Zeiten dagegen kaum nachweisbar. Zuweilen stellt sich Flimmern während der Untersuchung ein, so dass diese nicht zu Ende geführt werden kann. Diese Umstände erklären wohl die Thatsache, dass ich das Symptom nicht mehr ganz so häufig gefunden habe, seit ich ausschliesslich über poliklinisches Beobachtungsmaterial verfüge. Im Krankenhause kann man die Untersuchung jeder Zeit wiederholen und sie auch während eines Angstanfalls oder unmittelbar nach demselben ausführen.

Die schon von Foerster[1]) und Wilbrand[2]) hervorgehobenen Ermüdungserscheinungen sind neuerdings von König[3]) auch bei traumatischer Neurose gefunden worden. Der sog. Foerster'sche Typus der Gesichtsfeldeinengung besteht darin, dass das in centripetaler Richtung ins Gesichtsfeld hineingeführte Prüfungsobject weiter peripherisch gesehen wird, als das in umgekehrter Richtung vom Centrum nach der Peripherie geführte. Bringt man also das Prüfungsobject das erste Mal stets von der Peripherie ins Gesichtsfeld hinein, das zweite Mal stets vom Centrum aus nach der Peripherie und notirt bei der ersten Gesichtsfeldaufnahme den Ort des Sichtbarwerdens, bei der zweiten den Ort des Verschwindens, so erhält man zwei Gesichtsfelder, von denen das erste in jeder Richtung grösser ist als das zweite. Dr. Placzek hat durch Untersuchungen, die in meiner Poliklinik ausgeführt wurden, die Angaben König's bestätigen können und empfiehlt es sich, auch diese Ermüdungserscheinungen in den Kreis der Prüfung zu ziehen.

Die Anästhesie im Bereiche des Gehörnerven giebt sich durch Abnahme der Hörschärfe kund, ein Befund, welcher bei der halbseitigen Gefühlslähmung fast immer nur auf der leidenden Seite erhoben wird oder hier doch stärker ausgeprägt ist. Nach eingehenderen Untersuchungen von B. Baginsky[4]) besteht in diesen Fällen eine mehr oder weniger hochgradige Herabsetzung der Per-

---

[1]) Klin. Monatsbl. f. Augenheilkunde. 1877. Beilageheft.
[2]) Ueber neurasth. Asthenopie. Arch. f. Augenheilk. XII. 1883.
[3]) Ein objectives Krankheitszeichen der „traumatischen Neurose". Berl. klin. Wochenschr. 1891. No. 31.
[4]) Ueber Ohrenerkrankungen bei Railway-spine. Berl. klin. Wochenschr. 1888. No. 3.

ception für die Sprache und die gleiche Störung in dem Hören der
Stimmgabeltöne, der hohen wie der tiefen, und ist ganz besonders
bemerkenswerth das Verhalten der craniotympanalen Leitung, welche
in allen Fällen entweder sehr beträchtlich herabgesetzt oder sogar
ganz aufgehoben erscheint.

Die Gehörstörung erreicht nicht so selten einen solchen Grad,
dass die Unterhaltung mit dem Kranken beeinträchtigt wird, weil
er nur lautes Sprechen versteht. Doch ist bekanntlich gerade bei
den Erkrankungen des Gehörorgans der Nachweis des nervösen Ursprungs der Erscheinungen nicht immer sicher zu führen, so dass
ich in zweifelhaften Fällen von dieser Seite her selten Aufschluss
erhielt.

Die Abnahme des Geruchs und des Geschmacks wird auf bekannte Weise festgestellt: eine Maassbestimmung giebt es hier nicht,
doch kann auch der Werth dieser Symptome sich über den subjectiver
erheben dadurch, dass schlecht riechende und schlecht schmeckende
Substanzen nur auf der gesunden Seite die den Ekel bekundenden
Reflex- und Abwehrbewegungen erzeugen. Es scheint auch eine
verzögerte Perception in diesen Sinnesgebieten vorzukommen.

Wir waren von der typischen Hemianästhesie ausgegangen.
Sehr häufig ist dieselbe unvollkommen und zwar zunächst in Bezug auf die räumliche Ausbreitung, indem einzelne Partien der betroffenen Körperhälfte ein normales Gefühl oder sogar eine gesteigerte Empfindlichkeit besitzen. Ferner ist die Beziehung zu der
Störung im Bereiche der Sinnesorgane keine ganz constante, indem
bei schwerer Abnahme der Hautsensibilität die Beeinträchtigung
der Sinnesfunctionen eine geringe sein kann und umgekehrt. Auch
ist es keineswegs nothwendig, dass alle Sinnesorgane an der Func-
tionshemmung theilnehmen. Die Grenze zwischen dem anästhetischen und dem fühlenden Bezirk fällt häufig mit der Medianlinie
des Körpers zusammen. Gar nicht selten kommt es aber auch vor,
dass die Gefühlsstörung sich auf den benachbarten Bezirk der anderen Körperhälfte erstreckt oder die Medianlinie nicht erreicht.

Diese Hemianästhesie in ihrer typischen Form sowohl wie in
ihrer unvollkommenen Ausbildung wird sowohl nach allgemeinen
Körpererschütterungen, als auch nach Kopfverletzungen und Verletzungen peripherischer Theile beobachtet. Als wichtige Regel ist
anzusehen, dass sie sich immer, selbst bei Kopfverletzungen, auf

der Körperhälfte ausbildet, auf welcher das Trauma angegriffen hat, doch ist besonders auf den Umstand hinzuweisen, dass in Fällen, in denen das Trauma beide Körperhälften trifft, bilaterale und selbst gekreuzte Anästhesie sich ausbilden kann. So sah ich nach einer schweren Maschinenverletzung des linken Beines, bei welcher der Kranke weit fortgeschleudert und mit der rechten Kopfseite gegen einen Pfeiler geworfen wurde, eine totale Anästhesie des linken Unterschenkels und Fusses, sowie eine Anästhesie der rechten Gesichts- und Kopfhälfte mit Gesichtsfeldeinengung auf dem rechten Auge sich entwickeln (s. auch Beobacht. XLII).

Die Hemianästhesie kann in sofortigem Anschluss an die Verletzung oder auch erst in dem späteren Verlauf der Erkrankung in die Erscheinung treten. Sie betrifft nicht immer die ganze Körperhälfte, sondern häufig nur die verletzte Extremität und die benachbarten Abschnitte des Rumpfes, schliesst zuweilen scharf mit der Gelenklinie ab. Nach Verletzungen des Armes beschränkt sie sich häufig auf diesen oder greift auf die entsprechende Kopf- und Rumpfhälfte über. Oder sie stumpft sich nach den entfernteren Theilen so beträchtlich ab, dass sie hier nicht mehr sicher nachzuweisen ist. Gewöhnlich ist die Anästhesie am stärksten ausgeprägt an der von dem Trauma direct getroffenen Partie, doch sind Ausnahmen nicht selten, so sah ich nach Verletzungen der Schulter und Brust eine Anästhesie der entsprechenden Oberextremität, die ihren höchsten Grad an der Hand erreichte. — Der Patient hat nur zuweilen ein Bewusstsein von der Störung, es ist ihm dann, als ob die betreffende Körperhälfte oder Theile derselben fehlen oder „eingeschlafen" seien, oder er hat auch einen tauben Schmerz in dieser Körperseite.

Wenn schon die Hemianästhesie ihren Namen nicht ganz mit Recht trägt, so giebt es eine grosse Anzahl von Fällen, in denen von einer Halbseitigkeit der Gefühlslähmung nicht die Rede sein kann, sodern beide Körperhälften in mehr oder weniger vollständiger Ausdehnung ergriffen sind. Wie die Hemianästhesie in der geschilderten Form aller Wahrscheinlichkeit nach immer eine functionelle Störung ist und durch palpable Herderkrankungen vielleicht überhaupt nicht direct hervorgerufen werden kann, so bekunden die nun zu besprechenden Formen schon durch ihre räum-

liche Anordnung, dass sie nicht durch organische Erkrankungen
bedingt sind. Sie halten sich nämlich weder an den Ausbreitungs-
bezirk eines peripherischen Nerven, noch entsprechen sie in ihrer
örtlichen Verbreitung der Localisation, wie sie bei den materiellen
Erkrankungen des Gehirns und des Rückenmarks beobachtet wird.
Das lehrt eine Musterung unserer Casuistik. Wir sehen, dass die
Anästhesie die Kopf- und Stirnhaut betreffen und hier durch ihre
scharfe Abgrenzung die Bezeichnung Haubenform rechtfertigen
kann. Wir beobachten eine Verbreitungsweise über den Kopf, den
Hals und die obere Brustgegend in Puppenkopfform. Andermalen ist die Hand anästhetisch, und die Grenze fällt, jeder ana-
tomischen Anordnung spottend, mit der Gelenklinie zusammen, oder
die Gefühlsstörung erstreckt sich noch auf einen Theil des Unterarms, um hier in bestimmter Höhe in einer Kreislinie abzuschliessen.
Die Anästesie betrifft den Oberarm und schliesst scharf mit dem
Ellenbogengelenk ab. Wiederum sehen wir in Fällen dieser Art,
dass die Aussenflächen der Extremitäten gefühllos sind, während die medialen Partien normales Gefühl besitzen. Es kann
die Anästhesie sich in Form eines Gallons auf einen Streifen an
der Aussenfläche der Unterextremität beschränken; sie kann ferner
die ganze Körperoberfläche umgreifen oder, wie in Beobachtung VI, nur den Genitalapparat und einzelne Stellen über dem
Brustbein, sowie in der Rückengegend freilassen etc. etc. Daneben
bestehen dann die Störungen der Sinnesfunctionen in geschilderter
Weise. Es ist nicht nothwendig, jedweden Modus der Verbreitung
zu erörtern, und mögen die gegebenen Daten genügen.

Es ist bekannt und besonders durch die Charcot'sche Schule
festgestellt, dass die hysterischen Anästhesien denselben
Typus der Ausbreitung und Abgrenzung zeigen. Unter den organischen Erkrankungen des Nervensystems giebt es nur eine, die
Gliose und Syringomyelie, bei der nach den Untersuchungen
von Roth[1] u. A. ein ähnliches Verhalten der Gefühlsstörung beobachtet wird.

Die Anästhesie oder Hypästhesie ist in den typischen Fällen
so deutlich, dass man sie häufig ohne Weiteres aus dem Fehlen
der Reflex- und Abwehrbewegungen an der betroffenen

---

[1] Contribution à l'étude sympt. de la gliomatose médullaire. Paris 1888.

Körperpartie ermitteln kann, ohne dass man auf die bestätigenden
Aussagen des Kranken hingewiesen ist. So konnte ich in einem
Falle (Beob. XLII) trotz des Bestrebens des Patienten, zu dissimuliren, die Hypästhesie noch sicher feststellen. — Die Resultate
sind aber nicht immer so klar und eindeutig.

Das Ergebniss ist zuweilen bei wiederholter Untersuchung ein
wechselndes, die Grenze zwischen dem fühlenden und dem gefühllosen Bezirk keine ganz constante, und kann es selbst vorkommen,
namentlich dort, wo an der Redlichkeit des Kranken gezweifelt
werden muss, dass man ein endgültiges Urtheil über die Störung
der Sensibilität überhaupt nicht gewinnt.

Ich kann nicht dringend genug empfehlen, an diese Untersuchung geduldig und vorurtheilslos heranzutreten. Man
zweifle nicht gleich an der Echtheit der Störung, wenn die Angaben des Verletzten widerspruchsvoll erscheinen. Widersprüche
giebt es bei jeder Sensibilitätsprüfung, einmal aus dem Grunde,
weil wir nicht mit Reizen von sich gleichbleibender Stärke prüfen,
dann, weil die Aufmerksamkeit eine hervorragende Rolle spielt.
Derselbe Reiz kann an der gleichen Stelle bei derselben Prüfung
nicht empfunden, leicht empfunden oder intensiv empfunden werden,
je nach dem Maasse der angewandten Aufmerksamkeit. Das gilt
nun besonders für psychisch Kranke, erregbare und aufgeregte
Personen, deren Aufmerksamkeit schnell ermüdet oder abschweift.
Manches, was dem Unerfahrenen widerspruchsvoll erscheint und
ihn an der Glaubwürdigkeit seines Patienten zweifeln lässt, liegt
in der Krankheit begründet. Zum Beispiel kann an einer Körperstelle, an welcher Nadelstiche keinen wesentlichen Schmerz erzeugen, eine leise Berührung sehr unangenehm empfunden werden,
so dass der Kranke den Stich ruhig erträgt, bei der Berührung
zusammenzuckt. Und doch habe ich wiederholentlich einzig auf Grund
dieser Wahrnehmung das Urtheil: Simulation aussprechen hören.
Auch kann die erhöhte seelische Erregbarkeit, die Schreckhaftigkeit
die Ursache sein, dass das Individuum bei plötzlichem Stoss gegen
eine Stelle, die sich eben noch bei Prüfung mit Nadelstichen als
schmerzunempfindlich erwiesen hatte, wie vor Schmerz zusammenfährt. Eine weitere Klippe für den Unerfahrenen — und auf
diesem Gebiete giebt es so viele Unerfahrene — ist auch die Bemerkung des Verletzten im Moment, da er mit dem Pinsel oder

Finger berührt wird: „jetzt habe ich nichts gefühlt" oder „da fühle ich nicht". Natürlich geht schon aus dieser Angabe hervor, dass er doch gefühlt hat, sonst hätte er (bei Augenschluss) den Moment nicht bezeichnen können — folglich gilt er als Simulant. Nun begegnet uns aber diese und manche ähnliche Erscheinung bei der Gefühlsprüfung überaus häufig und in Fällen, in denen es sich nicht um Erlangung irgend eines Vortheils handelt, z. B. bei Tabischen — sie beruht darauf, dass Pat. glaubt: „ich fühle nicht" sagen zu müssen, wenn er etwas undeutlich empfindet.

Verhalten der Reflexe.

Die Haut- und Schleimhautreflexe zeigen kein constantes Verhalten. Sie sind entsprechend der Anästhesie häufig herabgesetzt. Ein völliges Fehlen der Hornhautreflexe — auf der anästhetischen Seite — habe ich nur in 2 Fällen beobachtet. Der Conjunctival-, Nasenschleimhautreflex, sowie der Sohlenreflex können auf der gefühllosen Körperhälfte ganz aufgehoben sein, seltener fehlt der Cremaster- und Bauchreflex. Da, wo es sich um halbseitige Gefühlslähmung handelt, ist die Abschwächung oder das Fehlen der Reflexbewegungen ein werthvolles Zeichen, das der Anästhesie oder Hypästhesie die Bedeutung eines objectiven Symptomes zu verleihen im Stande sein dürfte. Liegt Hypästhesie oder Hypalgesie vor, so fehlen die Reflexe nur bei schwachen Reizen, während tiefe Nadelstiche ebensowohl Schmerzempfindung wie Reflexbewegung auslösen. Bei den höheren Graden der Gefühlsstörung kann selbst bei Berührung mit brennend-heissem Gegenstand, sowie Anwendung eines starken Pinselstromes der Sohlenreflex auf der kranken Seite ausfallen. Dass der Kranke den Reflex nicht willkürlich unterdrückt, erkennt man aus der schlaffen Haltung des Fusses, den der Betrüger krampfhaft in plantarflectirter Stellung festhalten würde. Indess bleibt es zu beachten, dass die Sohlenreflexe auch bei gesunden Personen fehlen können, wenngleich das überaus selten ist.

Zuweilen wird eine Modification des Sohlenreflexes beobachtet, indem Nadelstiche, die die Fusssohlen treffen, nicht zu einer Dorsalflexion des Fusses, sondern zu einer Plantarflexion und Spreizung der Zehen führen.

Diese Form der Reflexbewegung glaube ich jedoch auch schon bei Gesunden gesehen zu haben.

Der fehlende Reflex kann zuweilen noch hervorgelockt werden durch eine Summation der Reize.

In hyperästhetischen Hautregionen sind auch die Reflexe gewöhnlich gesteigert. Der gesteigerte Reflex kann durch schnell wiederholte Anwendung des nämlichen Reizes erschöpft werden.

Der Pupillarlichtreflex kommt meistens in normaler Weise zu Stande. Ein Fehlen desselben ist aber wiederholentlich, wenn auch immerhin in seltenen Fällen, sowohl nach allgemeinen Erschütterungen, als auch nach Kopfverletzungen von mir, sowie von Thomsen beobachtet worden. Auch unter den neuerdings von mir untersuchten Fällen finden sich wieder einzelne mit einseitiger oder doppelseitiger Pupillenstarre. Dieses Symptom gab gerade neben anderen Veranlassung, solchen Fällen eine pathologisch-anatomische Grundlage zuzuerkennen. Ob diese Annahme richtig ist, lässt sich gegenwärtig noch nicht mit Sicherheit entscheiden.

Auf eine muthmassliche Steigerung des Lichtreflexes in anderen Fällen ist bereits oben hingewiesen.

Die Motilität.

Es giebt zunächst eine Gruppe von Fällen, in welchen die Einschränkung und Abschwächung der willkürlichen Bewegungen eine allgemeine ist. Die motorischen Leistungen der Extremitäten, der Rumpfmuskulatur etc. sind verlangsamt, in ihrer Ausdehnung beschränkt und werden nicht mit der dem Muskelvolumen entsprechenden Kraft ausgeführt. Niemals aber handelt es sich hierbei um eine vollständige Lähmung. Meistens gelingt es sogar, den Nachweis zu führen, dass der Kranke, wenn man in ihn dringt und ihn zur Aufbietung aller Energie auffordert, die Muskelleistung noch mehr oder weniger zu steigern im Stande ist, freilich unter den sichtbaren Zeichen der Ueberanstrengung (Röthung des Gesichts, vibrirendes Zittern der angespannten Muskeln etc.).

Vielfach bilden Schmerzen ein hemmendes Moment für die Bewegungen. Sie zwingen, die Bewegungen langsam und in beschränkter Ausdehnung auszuführen. Der Kranke stöhnt dabei, unterbricht die Bewegung mehrmals oder führt sie überhaupt nur absatzweise aus. Ist sie bis zu einem bestimmten Punkte gelangt, so wird sie durch Schmerzen arretirt; so ist die Beugung im Hüftgelenk beschränkt, weil sie Schmerzen in der Lenden- und Kreuzgegend hervorruft oder bestehende steigert. In den Knie- und Fussgelenken macht sich diese Art der Hemmung weniger geltend. Besonders aber sind es die Bewegungen des Rumpfes, die Beugung und Streckung, die Drehbewegungen in der Wirbelsäule, die Neigung und Drehung des Kopfes, für welche die Schmerzen ein Hinderniss abgeben. So sieht man denn, dass der Verletzte den Rumpf ängstlich fixirt, mit steif gehaltenem Rücken sich vorwärtsbewegt, beim Niedersetzen sowohl wie beim Aufrichten zuerst mit den Händen eine Stütze zu gewinnen sucht und sich vorsichtig und langsam aus einer Lage in die andere bringt. Es handelt sich aber nicht allein um ein bewusstes oder instinctives Vermeiden von Bewegungen in der Wirbelsäule, nein, es kommt vielfach auch zu dauernden Muskelspannungen, zu Rigidität der Lendenmuskulatur.

Dieser Umstand kann nun auch zur Erklärung der Erscheinung herangezogen werden, dass der Kranke, wenn er seinen Willen stärker anspannt, wenn er den Schmerzen trotzt, die motorische Leistungsfähigkeit gewöhnlich noch bis zu einem gewissen Grade zu steigern im Stande ist.

Die durch Schmerzen bedingte Rückensteifigkeit ist ein gewöhnliches Symptom des früheren Railway-spine, wird also nach Eisenbahnunfällen und allgemeinen Erschütterungen besonders häufig beobachtet. Dercum[1]) hat das Symptom neuerdings eingehender studirt und ausführlich besprochen. — Genicksteifigkeit und Schmerzhaftigkeit der Kopfbewegungen kommt namentlich im Anschluss an Kopfverletzungen nicht selten vor, doch habe ich die Erscheinung auch nach allgemeinen Erschütterungen auftreten sehen.

Eine weitere auffällige Thatsache, die man bei den Bewegungsversuchen dieser Kranken nicht selten constatirt, ist die, dass trotz der augenscheinlich energischen Muskelanspannung, trotz der sichtbaren Anstrengung des Patienten, der Effect der Bewegung

---

[1]) The back in railway-spine. The Americ. Journ. of mental sciences. Sept. 1891.

ein geringer ist. Dieses Missverhältniss ist im Wesentlichen dadurch bedingt, dass die Bewegungsimpulse nicht in correcter Weise vertheilt werden, sondern in Muskelgruppen gelangen, welche mit der gewollten Bewegung garnichts zu thun haben oder durch ihre Contraction sogar hemmend auf dieselbe wirken. So sieht man, dass der Kranke, welcher aufgefordert ist, die Hand kräftig zu drücken, die Schultermuskeln, die Ellenbeuger, die Strecker der Hand etc. gleichzeitig kräftig anspannt und so die Kraft vergeudet, welche er auf Beugung der Hand und der Finger verwenden soll. Es liegt auf der Hand, dass dieses eigenthümliche Manipuliren den Verdacht der bewussten Täuschung erweckt, da es ganz den Eindruck macht, als ob das Individuum zwar zeigen wolle, dass es Anstrengungen macht, aber doch willkürlich hemmend auf den Bewegungsact wirke, um Schwäche vorzutäuschen. Es ist deshalb sehr wichtig, in's Auge zu fassen, dass diese Form der Motilitätsbehinderung auf pathologischer Grundlage vorkommt und aller Wahrscheinlichkeit nach dadurch bedingt ist, dass die Erinnerung für die zur Ausführung einer zweckmässigen Bewegung nothwendige Vertheilung der motorischen Impulse verloren gegangen ist.

Eine andere, die willkürlichen Bewegungen überaus häufig begleitende Erscheinung, das Zittern, das selbst im hohen Maasse störend für die motorischen Acte werden kann, soll an anderer Stelle berücksichtigt werden.

Schon bei diesen Zuständen allgemeiner motorischer Schwäche wird häufig ein Ueberwiegen derselben in einer Extremität oder beiden Unterextremitäten resp. in den beiden Extremitäten einer Körperhälfte beobachtet.

Zu einer vollständigen Paraplegie kommt es jedoch nur in den seltensten Fällen. Meistens handelt es sich nur um eine Paraparese, deren functionelle Natur besonders aus der Art der Gehstörung, sowie aus den Begleiterscheinungen (Sensibilitätsstörungen von geschilderter Verbreitung etc.) zu erschliessen ist. Auch besteht häufig ein auffälliges Missverhältniss zwischen der Art und Intensität der Bewegungsstörung, die bei Untersuchung in Rückenlage hervortritt, und dem Charakter der Gehstörung (siehe unten).

Eine besondere Beurtheilung und Besprechung verdienen die

in der Form der Hemiplegie oder Monoplegie auftretenden
Lähmungserscheinungen. Man kann von ihnen sagen, dass sie sich
besonders häufig im Anschluss an örtliche Verletzungen, und zwar
immer auf der von dem Trauma betroffenen Körperseite, ausbilden.
Wir sehen nach einer Verletzung des Armes eine Parese desselben,
nach einer Verletzung des Fusses eine Parese der Unterextremität
entstehen, wir beobachten nach einer Kopfverletzung eine Hemiparese auf der dem Orte der Läsion entsprechenden Körperhälfte.

Fast regelmässig haben diese Lähmungsformen in ihrem symp-
tomatologischen Charakter etwas, was sie von der Hemiplegie und
Monoplegie auf organischer Grundlage unterscheidet. Abgesehen
von der Entstehungsweise und der schon betonten Gleichseitigkeit
mit der Kopfverletzung, kennzeichnet sich die Hemiplegie dadurch
als eine functionelle, dass von vornherein der Gesichts- und der
Zungennerv nicht betheiligt sind. Allerdings habe ich seltene
Ausnahmen von dieser Regel gesehen (s. Beob. XXXIII, die auch
schon in der ersten Auflage enthalten war) und in einer Dissertation [1]) aus dem Jahre 1889 einen Fall beschreiben lassen (er ist
als Beob. XXXIV in die Monographie aufgenommen), in welchem
nach einer Verletzung des Unterschenkels sich Hemiparesis sinistra
mit Betheiligung des unteren Facialis entwickelt hatte. Auf
einige weitere Beobachtungen derselben Art wurde kurz hingewiesen. Im Jahre 1890 hat Chantemesse eine hysterische Monoplegie des Armes mit Betheiligung des unteren Facialis beschrieben.
Neuerdings wird auch von Charcot die freilich seltene Antheil-
nahme des Facialis an den Hemiparesen functioneller Natur betont. In den Fällen meiner Beobachtung war die Lähmung immer
nur eine partielle und unvollständige, in der Ruhe und bei den
nicht-forcirten mimischen Bewegungen am meisten hervortretend.
— Unsere Beob. XXXVIII zeigt eine Hemiparesis mit starker Deviation der Zunge nach der gelähmten Seite. Seltene Fälle hysterischer Hemiplegie, in denen in Folge eines Hemispasmus glosso-
facialis der Mund stark nach der gesunden Seite verzogen ist und
auch die Zunge eine starke Deviation zeigt, sind von Brissaud und

---

[1]) Steinthal: Beitrag zur Lehre von den traumatischen Neurosen mit
besonderer Berücksichtigung von Fällen, in denen Rechtsansprüche nicht erhoben wurden. Inaug.-Diss. Berlin 1889.

Marie[1]) beschrieben worden. Vor Kurzem hat König in der Gesellschaft für Psychiatrie und Nervenkrankheiten (Sitzung vom 15. März d. J.) diesen Gegenstand ausführlich besprochen und durch Demonstrationen erläutert. Er ist der Meinung, dass sowohl Parese des Facialis und Hypoglossus auf der gelähmten Seite, als auch primärer Spasmus der Antagonisten vorkommt. — Als Regel darf jedoch das Freibleiben des Facialis und Hypoglossus betrachtet werden. — Auch in anderen Punkten unterscheidet sich diese Form der halbseitigen Lähmung von der gewöhnlichen Hemiplegie organischer Natur. So lässt sich häufig der Nachweis führen, dass nur die bewusst-willkürliche Bewegung aufgehoben ist: der Kranke ist nicht im Stande, aut Aufforderung des Willens die Muskeln in Action zu setzen, während bei anderen Bewegungen, die in das Gebiet der unbewusst-gewohnheitsgemäss ausgeführten fallen, die betreffenden Muskelgruppen noch functionsfähig sind. So klammert sich unser Patient B. (Beob. XXX) noch unbewusst mit der Hand fest, die einer willkürlichen Bewegung nicht mehr oder nur in ganz beschränktem Grade fähig war. Unser Patient D. (Beob. XIX) ist nicht im Stande, auf Geheiss die Zunge herauszustrecken, bringt sie aber gelegentlich einer Geschmacksprüfung in ganz normaler Weise hervor. Ein analoges Beispiel erzählt Krecke[2]): Einem Patienten, der an einer Contractur der Hals- und Nackenmuskeln litt und auf Geheiss keine Bewegung des Kopfes ausführen konnte, passirte es beim Sprechen sehr oft, dass er seine Worte mit einer von früher her gewohnten, unbewussten Kopfbewegung begleitete (Krecke bemerkt dazu: „früher würde man solch einen Patienten sicherlich für einen Simulanten gehalten haben"). Einigemal fiel es mir auf, dass der scheinbar völlig gelähmte Arm, wenn er passiv erhoben wurde, nicht wie ein gelähmter herabfiel, sondern für einen Moment festgehalten wurde. In anderen Fällen sank gerade bei dieser Manipulation der Arm jedesmal wie leblos herab, obgleich die Lähmung keine vollständige war. Aehnliches ist am Bein zu constatiren. Alles das sind Momente, die bei Unkenntniss der Thatsachen der Annahme der Simulation Vorschub leisten.

---

[1]) De la déviation faciale dans l'hémiplégie hystérique. Progrès Méd. 1887. No. 5.
[2]) Unfallversicherung und ärztliches Gutachten. München 1889.

Wenn ich hervorhob, dass diese Erscheinungen bei der gewöhnlichen Form der cerebralen Hemiplegie organischen Ursprungs fehlen, so habe ich doch ein in manchen Beziehungen ähnliches Verhalten in einzelnen Fällen bei der corticalen Monoplegie constatiren können.

In differentialdiagnostischer Beziehung beachtenswerth ist noch der Umstand, dass die vom Trauma direct getroffene Extremität immer am intensivsten gelähmt ist, während in der anderen gleichseitigen gewöhnlich nur ein gewisser Schwächezustand besteht. Ferner war in vielen Fällen die verletzte Extremität gleich oder bald nach dem Unfall afficirt, während die andere gleichseitige erst nach einem längeren Intervall betroffen wurde (Beob. XXXIX u. a.).

Ein wichtiger Anhaltspunkt für die Unterscheidung dieser Lähmungsformen von den auf materieller Grundlage beruhenden ist durch die Art der Gehstörung gegeben, die ich deshalb auch einer eingehenden Besprechung unterziehen werde.

Ferner sind von besonderer Bedeutung für die Differentialdiagnose die Begleiterscheinungen, namentlich: die Contractur, das Zittern und die Gefühlsstörung.

Was die Vertheilung der Lähmung auf die Muskelgruppen anlangt, so ist es zunächst bemerkenswerth, dass sich dieselbe niemals auf ein Gebiet beschränkt, das von einem einzelnen Nerven oder von einem Nervenplexus versorgt wird. Wir sehen in Beobachtung XXXII, dass sich nach einer Erschütterung des Armes eine Lähmung der Hand ausbildet, aber es sind alle Bewegungen der Hand und der Finger gleichmässig aufgehoben und auch die Motilität in den übrigen Gelenken dieser Extremität ist eine wenigstens beschränkte. Dieser Punkt hat besondere Bedeutung für die Beurtheilung von Lähmungszuständen functioneller Natur, die sich nach Schulterluxation entwickeln. Ich habe mehrere Fälle dieser Art gesehen, in denen der behandelnde Arzt oder ich selbst zunächst an eine Plexuslähmung dachte. Es zeigte jedoch die genaue Untersuchung, dass sowohl die Lähmung wie die Gefühlsabstumpfung weit über den Verbreitungsbezirk der in Frage kommenden Nerven hinausgriff, dass ferner die Atrophie keine degenerative war u. s. w.

Auch lässt sich die Verbreitung der Bewegungsstörung nie-

mals aus einer directen traumatischen Muskellähmung
erklären, sondern überschreitet die Grenzen, die für diese Annahme zutreffend sein würden. So ist es fast immer die gesammte
Extremität oder es sind die beiden gleichseitigen Extremitäten, welche
in Mitleidenschaft gezogen werden.

Bald ist die Lähmung eine schlaffe, bald ist sie mit einer
abnormen Muskelspannung verknüpft. Die völlig schlaffe Lähmung ist, soweit meine Erfahrung reicht, seltener als die von
echter oder Pseudo-Contractur (wie ich den Zustand bezeichnen
möchte) begleitete. Schlaffe Lähmung habe ich häufiger am Arm
als am Bein beobachtet. Derselbe hängt wie ein lebloses An-
hängsel am Rumpf. Die passive Beweglichkeit ist bis zum Schlöt-
tern erleichtert, der Kranke ist gezwungen, den Arm in einer Binde
zu tragen, um den Eintritt von Schwellung und Cyanose zu vermeiden. In diesen Fällen pflegt die active Motilität gänzlich erloschen zu sein. Soweit ich zu übersehen vermag, ist diese schlaffe
Lähmung meistens monoplegischer Natur.

Häufiger ist die Lähmung mit Contractur oder mit einer Art
Pseudo-Contractur verknüpft. — Die Contractur unterscheidet
sich gewöhnlich auf den ersten Blick von derjenigen, die die Hemiplegie resp. Monoplegie organischen Ursprungs begleitet. Am
prägnantesten treten die Unterschiede an der oberen Extremität
hervor. Die Hand befindet sich gewöhnlich in Schreibestellung,
indem die Finger in den Metacarpophalangealgelenken stark gebeugt, in den Interphalangealgelenken gestreckt sind, während sich
der Daumen in Oppositionsstellung befindet.

Diese Haltung der Hand wird, soweit mir bekannt, bei echter
Hemiplegie nicht beobachtet (dagegen in ähnlicher Weise bei Paralysis agitans und Tetanie, doch sind diese Zustände unschwer auszuschliessen). Seltener sind die Finger in den ersten Interphalangealgelenken stark gebeugt, während die II. und III. Phalangen
in gestreckter Stellung fest in die Vola manus gepresst sind. Auch
kommt es vor, dass einzelne Finger in die Vola manus fest ein-
gekniffen gehalten werden, während die übrigen sich in gestreckter
und gespreizter Stellung befinden (s. Beob. XXXIX). — Ferner
ist der Grad der Muskelspannung meistens ein höherer, als der der
echten hemiplegischen Contractur und damit auch die Deformität
stärker ausgeprägt als bei dieser. Versucht man die Contractur

zu überwinden, so fühlt man meistens einen sofort einsetzenden
und die schon bestehende Spannung steigernden Widerstand und
die Extremität kehrt wie durch eine active Muskelcontraction in die
frühere Stellung zurück. Dabei klagt der Kranke über heftigen
Schmerz, während sich die Contractur bei echter Hemiplegie gewöhnlich weit leichter und in gewissen Grenzen schmerzlos redressiren lässt, namentlich dann, wenn die Bedingungen hergestellt
werden, unter welchen die Ansatzpunkte der gespannten Muskeln
sich einander nähern: so kann man bei echter Hemiplegie die Contractur der Flexores digitorum gewöhnlich dadurch überwinden,
dass man die Hand im Handgelenke stark beugt, die Finger lassen
sich dann passiv strecken. — In den übrigen Gelenken der Oberextremität sowie im Bein sind die Unterschiede gewöhnlich weniger
ausgeprägt, doch werde ich bei Schilderung der Gehstörung auf
diesen Punkt zurückkommen. Die Eigenschaft, im Schlaf zu
schwinden oder nachzulassen, hat die Contractur der functionellen
Neurose mit der auf organischer Grundlage beruhenden gemein.
Ebensowenig führt die Untersuchung in der Chloroformnarkose
zu einer sicheren Unterscheidung. — Meistens entspricht dem Contracturzustand eine Erhöhung der Schnenphänomene, doch
sind die Beziehungen zwischen diesen beiden Factoren nicht so constant wie bei den organischen Erkrankungen des Nervensystems.

Gar nicht selten kommt es vor, dass die Extremität (ich
spreche besonders von der oberen) durch ihre Stellung und
Haltung den Contracturzustand nachahmt, während die
passiven Bewegungen nahezu oder selbst vollständig unbehindert
sind: Die Hand befindet sich zwar in der Schreibe- oder Geburts-
helferstellung, aber es fehlt jede tonische Muskelanspannung oder
sie ist nur angedeutet (Pseudocontractur). Auch in diesem
Falle kehrt die Extremität, sobald sie sich überlassen bleibt, sofort
wieder in die habituelle Stellung zurück. (Etwas ganz Analoges
finden wir wiederum bei der Paralysis agitans.)

Die sich an Gelenkcontusionen anschliessende und sich
meistens auf ein oder einzelne Gelenke beschränkende Contractur
kann in jeder Beziehung identisch sein mit der die organischen
Gelenkkrankheiten begleitende. Auf die Schwierigkeit dieser Unterscheidung hat bekanntlich schon Brodie hingewiesen und einzelne
Kriterien angegeben, die zur Diagnose führen können, Charcot

hat sich dann besonders bemüht, die Unterscheidungsmerkmale festzustellen.

Es wird betont, dass der Schmerz sich nicht streng auf das Gelenk beschränkt, sondern sich auf die das Gelenk bedeckenden Hautpartien erstreckt und selbst weit über die Umgebung desselben hinausgreift. Es kann sogar das Kneipen der Hautdecken über dem Gelenk schmerzhafter sein als der die Gelenktheile selbst treffende Druck. Massgebender sind in diagnostischer Hinsicht die Begleiterscheinungen: insbesondere die charakteristische Gefühlslähmung auf der entsprechenden Körperseite. Es reichen aber auch diese Kriterien nicht immer hin, um ein gleichzeitig bestehendes materielles Gelenkleiden auszuschliessen und sind wir in dieser Hinsicht zuweilen auf Untersuchung in Chloroformnarkose hingewiesen.

Was die Entstehung der Contractur anlangt, so lässt sich häufig feststellen, dass zuerst Schmerzen den Kranken zwangen, die betroffene Extremität in bestimmter Stellung zu fixiren, dass dieser Zustand dann habituell wurde. Sie kann sich aber auch plötzlich und als Primärsymptom entwickeln.

Wichtig ist es, sich eine Kenntniss zu verschaffen von dem trophischen Verhalten der gelähmten Muskeln. Für die Beurtheilung desselben ist nicht nur das Ergebniss der Inspection, der Palpation und der Messung, sondern vor Allem das elektrische Verhalten zu verwerthen.

Die früher angewandte Methode, durch die histologische Untersuchung excidirter Muskeltheilchen einen Einblick in den Ernährungszustand der Muskeln zu gewinnen, habe ich neuerdings ganz verlassen, seit gemeinschaftlich von Siemerling und mir (und schon früher von Auerbach) angestellte Prüfungen ergeben haben, dass ein grosser Theil der so gefundenen Veränderungen Kunstproduct ist.

In der Mehrzahl der Fälle kann von einem wesentlichen Muskelschwunde nicht die Rede sein, und die elektrische Prüfung ergiebt normale Verhältnisse. Von dieser Regel giebt es aber, wie unsere Beobachtungen lehren, zahlreiche Ausnahmen. Es ist schon von Charcot und Babinsky[1]) darauf

---

[1]) De l'atrophie musculaire dans les paralysies hystériques. Progrès Méd. 1886. No. 16 u. a. a. O.

hingewiesen worden, dass diese functionellen Lähmungen mit Abnahme des Muskelvolumens einhergehen können. Dieselbe kann so beträchtlich sein, dass der Umfang der kranken Extremität um 5 Ctm. verringert ist. Es wird hervorgehoben, dass fibrilläre Zuckungen fehlen, dass niemals Entartungsreaction eintritt, sondern nur eine einfache Herabsetzung der elektrischen Erregbarkeit, dass sich ferner diese Abnahme des Muskelvolumens von der Inactivitätsatrophie durch ihre schnelle Entwickelung unterscheidet.

Unsere Erfahrungen lehren in dieser Beziehung Folgendes: Die Hemiplegie und Monoplegie der traumatischen Neurose kann einhergehen mit nachweisbaren Veränderungen der betroffenen Muskeln. Diese Alteration der Muskelsubstanz kann sich auch durch eine sichtbare und messbare Verringerung des Volumens kundgeben; andermalen ist sie nur auf elektrischem Wege nachzuweisen. Die Veränderung der elektrischen Erregbarkeit ist niemals Entartungsreaction, sondern besteht in einfacher quantitativer Abnahme. Einige Male wurden höhere Grade der Erregbarkeitsverringerung constatirt; es fand sich dann aber gewöhnlich eine starke Cyanose und Temperaturabnahme der Haut, sowie eine Steigerung des Leitungswiderstandes derselben. Diese Muskelatrophie erklärt sich nicht immer aus Inactivität, da sie auch in noch beweglichen und dem Willen nicht entzogenen Gliedmaassen gefunden wird. Fibrilläres Zittern kommt dabei häufig vor. Die Angaben Rumpf's[1] über ausschliessliche Veränderungen der galvanischen Erregbarkeit, insbesondere über eine Abnahme derselben in Bezug auf den KaSTe (der nach R. erst bei weit höheren Stromwerthen hervortritt als in der Norm) konnte ich bei meinen Untersuchungen nicht bestätigen; ich bin so vorgegangen, dass ich zunächst bei einer Anzahl gesunder Individuen die electrischen Grenzwerthe feststellte und sah ich dabei im N. Peroneus und Cruralis etc. einzelner Personen den KaSTe erst bei einer Stromstärke eintreten, wie sie Rumpf für seine Patienten angiebt. Jedenfalls fand ich in Bezug auf diesen Punkt keine wesentlichen Unterschiede zwischen den von mir untersuchten Gesunden und den an traumat. Neurose Leidenden.

---

[1] Beiträge zur kritischen Symptomatologie der traumatischen Neurose (Commotio cerebrospinalis). Deutsche med. Wochenschr. 1890, No. 9.

Gehstörung.

Ueberaus wichtig für die Beurtheilung dieser Krankheitszustände ist die Gehstörung. Wir beobachten bei unseren Patienten pathologische Gangarten, welche von den bekannten, für die verschiedenen materiellen Erkrankungen des Nervensystems characteristischen Typen wesentlich abweichen.

Eine Störung des Ganges kommt besonders häufig zu Stande bei den sich nach Contusionen des Rückens und allgemeinen Erschütterungen entwickelnden Neurosen. Meistens geht der Kranke breitbeinig, langsam, mit kleinen Schritten und beschränkt beim Abwickeln des Beines die Excursionen in den einzelnen Gelenken auf ein geringes Maass. Diese Form würde der einfach paretischen Gangart entsprechen, sie erhält aber schon dadurch gewöhnlich ein eigenartiges Gepräge, dass die Wirbelsäule möglichst festgestellt, der Rücken steif und meistens etwas nach vorn geneigt gehalten wird; auch tritt der Kranke sehr vorsichtig auf, um jede Erschütterung des Rückens zu vermeiden. Die Beine können dabei so steif gehalten werden, dass eine Aehnlichkeit mit dem spastischen Gange entsteht, indess macht sich schon in der Hinsicht ein Unterschied geltend, als der Patient nicht mit der Fussspitze am Boden klebt, sondern mit der ganzen Planta pedis oder gar mit der Ferse am Boden fortschleift. Auch ist im Gegensatz zu den echten spastischen Zuständen in der Rückenlage meistens keine eigentliche Muskelrigidität nachzuweisen, während die Sehnenphänomene freilich bis zum Clonus gesteigert sein können.

Nun giebt es Modificationen dieser Gangart, die durch ihre Eigenthümlichkeit frappiren und auf den ersten Blick sich von den durch organische Erkrankungen des Centralnervensystems bedingten unterscheiden lassen. So ging einer unserer Patienten mit fast vollständig fixirten Hüftgelenken, indem er sich durch stossweise erfolgende Beckendrehungen vorwärts brachte; er konnte weit besser rückwärts schreiten, weil die Beugung im Hüftgelenk stärker beeinträchtigt und schmerzhafter war als die Streckung. Ein anderer brachte die Füsse ebenfalls beim Vorwärtsschreiten nicht vom Boden ab und schob sich durch wechselnde Aus- und Einwärtsrotation in den Hüftgelenken vorwärts. Dass es sich in beiden Fällen nicht um beabsichtigte Täuschung oder Uebertreibung gehandelt hat, ist

nicht nur durch die Constanz der Erscheinung und die begleitenden Symptome, sondern vor allem auch durch den
weiteren Verlauf erwiesen, der einen schweren und hartnäckigen
Krankheitsprocess erkennen liess. Ein dritter hielt den Rumpf so
weit vornüber geneigt, dass der Rücken fast in der Horizontalen
sich befand, und brachte sich so, auf zwei Krücken gestützt, mühsam voran. An der Realität dieser Erscheinung konnte
kein Zweifel sein: Sobald er den Rumpf etwas strecken wollte,
stellten sich so heftige Schmerzen ein, dass er zusammenbrach.
Die Anstrengung beim Gehen documentirte sich durch starke
Dyspnoe und abnorme Pulsbeschleunigung. Es ist übrigens derselbe
Patient, bei dem Wichmann[1]) später eine wesentliche Verschlimmerung constatirte.

Auch eine pseudoatactische Gehstörung wurde beobachtet:
Der Patient erhob das auswärts rotirte linke Bein übermässig, setzte
es stampfend nieder, zerlegte den Schritt des rechten in zwei bis
drei kleinere, indem er den Fuss in schneller Folge zwei- bis
dreimal stampfend niedersetzte, bevor das linke wieder erhoben
wurde. Auch war — und das ist ein besonders wichtiger Punkt —
in der Rückenlage keine Spur von Ataxie nachzuweisen. Es sei
hervorgehoben, dass in diesem Falle Entschädigungsansprüche überhaupt nicht in Frage kamen. Dieser Contrast zwischen Gehstörung und der Art, wie die Bewegungen in der Rückenlage ausgeführt werden, begegnete uns öfter und ist neuerdings in den
Abhandlungen[2]) über Astasie und Abasie besonders gewürdigt
worden.

Eine andere Form ist besonders gekennzeichnet durch Unsicherheit, Schwanken und Torkeln; sie ist am ehesten
zu vergleichen mit den Störungen des Ganges, wie sie bei
Schwindelzuständen und besonders bei Kleinhirnerkrankun-
gen in die Erscheinung treten. Der Kranke vergleicht selbst
seinen Gang mit dem eines Betrunkenen. Aber auch in
diesen Fällen ist meist etwas Atypisches zu constatiren: eine
Uebermässigkeit des Schwankens von einer Seite zur anderen

---

[1]) Berl. klin. Wochenschr. 1889. No. 26.
[2]) Paul Blocq: Sur une affection caractérisée par de l'astasie et de
l'abasie. Arch. de Neurol. 43. p. 24, 44 etc. u. A.

oder ein Verhalten, welches sofort auf die psychische Grundlage hinweist: der Kranke steht ängstlich da, wie vor einem Abgrunde, zurückstrebend und sich anklammernd, während schon die psychische Beruhigung einen sichtlichen Erfolg hat und die Intensität der Störung verringert. Es kann sich aber auch um wirkliche Schwindelempfindungen handeln und ein dadurch bedingtes Hin- und Hertaumeln.

In andern Fällen ist das Zittern derjenige Factor, welcher der pathologischen Gangart ein charakteristisches Gepräge verleiht. Von dem Zittern, wie dasselbe zuweilen bei der sog. spastischen Spinalparalyse und häufig bei der disseminirten Sklerose besteht, ist der hier in die Erscheinung tretende Tremor meistens zu unterscheiden. Das Zittern erreicht nämlich in den ausgeprägten Fällen eine hohe und mit jedem Schritt wachsende Intensität, bleibt ferner nicht auf die Beine beschränkt, sondern theilt sich den Armen, dem Rumpf und der Gesichtsmuskulatur mit, so dass es schliesslich zu Schüttelbewegungen des ganzen Körpers kommt. Nun wird ja ein Wackeln des Rumpfes, des Kopfes auch bei dem Gange der an Sclerose leidenden Individuen beobachtet, aber dort erfolgt das Zittern mit einer gewissen Langsamkeit, es kommen 4—6 Oscillationen auf die Secunde, wärend es sich in unseren Fällen meistens um einen schnellschlägigen Tremor handelt. Auch ist das Zittern keineswegs so gesetzmässig an die willkürliche Bewegung geknüpft wie bei der Sklerose, sondern überdauert dieselbe oft lange Zeit.

Wo eine einseitige Motilitätsstörung vorliegt, eine Hemiparese oder eine Monoparese des Beines, ist die Gehstörung meistens eine einseitige. Auch da fällt zunächst die Thatsache auf, dass die Gangart fast niemals derjenigen entspricht, wie sie bei der typischen Hemiplegie beobachtet wird. Da kommt es zunächst vor, dass der Patient sich auf eine Krücke stützt und das Bein vollständig unbewegt und schwebend hält, als ob dasselbe gar nicht für ihn existire; ein ander Mal berührt der Fuss zwar den Boden, aber das Bein wird nicht im Bogen circumducirt, sondern vollständig nachgezogen, so dass der von den französischen Autoren gewählte Vergleich mit der Bewegung eines Kindes, welches auf einem Stecken reitet, zutreffend erscheint. Bei einem Patienten unserer Clientel fiel es auf, dass das Bein

vollständig auswärts rotirt gehalten und so der Fuss auf
der inneren Kante schleifend nachgezogen wurde. (Beob. XXX.
wiederum ein Fall ohne Entschädigungs-Ansprüche.)

Damit sind nun keineswegs alle pathologischen Gangarten geschildert, aber ich habe mich bemüht, das Wesentlichste darzu-
stellen. Es ist begreiflich, dass bei diesen Störungen der Simulation und Uebertreibung ein weiter Spielraum gegeben ist.
Es ist deshalb besonders nothwendig zu betonen, dass die hier
geschilderten Erscheinungen durch die Untersuchung von Personen
ermittelt worden sind, deren Krankheit durch längere Beobachtung
und durch den ganzen Verlauf als zweifellos sicher gestellt zu betrachten ist, und ist es zu bedauern, dass trotz dieses schon
in der ersten Auflage meines Buches hervorgehobenen Argu-
ments, einzelne Autoren, denen die Gelegenheit, derartige Fälle
zu sehen versagt war, Zweifel an der Echtheit der beschriebenen
Erscheinungen zu äussern gewagt haben. — Es ist zuweilen recht
schwierig, die Gehstörung zu analysiren und eine Erklärung für
die Eigenthümlichkeit des Ganges aufzufinden. Jedenfalls
dürfen wir die bei den organischen Erkrankungen des Nervensystems gewonnenen Erfahrungen (und diese beherrschen unsere
Vorstellungen) nicht ohne Weiteres auf die functionellen Neurosen
übertragen, da die Lähmung hier eine andere Grundlage hat, indem
sie, wie ich annehme, durch einen Verlust der Erinnerungsbilder
für die entsprechende Bewegung bedingt ist. Ferner beeinflussen
die Schmerzen den Gang ganz wesentlich, indem der Kranke jede
Bewegung vermeidet, welche ihm Schmerzen verursacht; wir sehen
ja auch sonst, dass zur Vermeidung von Schmerzen in bestimmten
Gebieten die eigenthümlichsten Stellungen und Haltungen von den
Betroffenen ausfindig gemacht werden. Ausserdem ist häufig ein
psychischer Factor im Spiele: Angst und in Folge dieser
Schwindel und Unsicherheit. Alle diese Momente geben jedoch
keine genügende Erklärung für die Erscheinung, dass der Kranke
in atactischer Weise geht, während in der Rückenlage Ataxie nicht
zu finden ist und sind diese und ähnliche Widersprüche meines
Erachtens vorläufig überhaupt nicht in befriedigender Weise zu erklären. — In recht vielen Fällen ist der Gang ganz normal,
so in denen, die dem Typus der reinen Neurasthenie mehr oder
weniger vollständig entsprechen; ebenso dort, wo sich die Krank-

heitserscheinungen im Wesentlichen auf die sensible Sphäre beschränken oder die Lähmung und Contractur nur die oberen
Extremitäten betrifft.

Sehr häufig tritt Schwanken bei Augenschluss ein, und
ich kann kein sicheres Merkmal angeben, durch welches sich dieses
Schwanken von dem Romberg'schen Symptom der Tabes unterscheiden liesse.

Indess gelingt es zuweilen, durch energisches Zureden oder
Ablenkung der Aufmerksamkeit die Intensität des Schwankens zu
verringern und dadurch zu beweisen, dass dasselbe nicht auf einer
Koordinationsstörung beruht, sondern psychisch vermittelt ist.
Natürlich kann dieses Symptom auch leicht simulirt werden.

Verhalten der Sehnenphänomene.

Dieselben sind sehr häufig gesteigert. Namentlich dort,
wo neurasthenische Erscheinungen in den Vordergrund treten
und im Allgemeinen eine Erhöhung der Erregbarkeit besteht,
sind die Sehnenphänomene fast durchweg erhöht, selbst bis zu dem
Grade, dass sich Fuss- und Patellarclonus erzielen lässt, dass
schon ein Schlag auf die Tibia zu einer lebhaften Zuckung des
Quadriceps und der Adductoren führt. Auch an den oberen Extremitäten ist diese Erhöhung nachweisbar, namentlich lässt sich
von der Sehne des Supinat. long. und Triceps eine starke Zuckung
oder seltener ein Clonus auslösen. Dort, wo es sich um halbseitige Lähmungserscheinungen und Gefühlsstörung handelt, sind
die Sehnenphänomene nicht, wie man erwarten könnte, ausschliesslich auf der kranken Seite, sondern gewöhnlich beiderseits gesteigert, aber auch dann kann noch eine Differenz in der Intensität
nachweisbar und in diagnostischer Hinsicht bedeutsam sein. In
einzelnen Fällen ist die Erhöhung überhaupt nur auf der kranken
Seite deutlich ausgeprägt. Die Thatsache, dass die Sehnenphänomene bei den functionellen Neurosen nicht selten bis zum Clonus
erhöht sind und schon unter dem Einfluss einer heftigen seelischen
Erregung beträchtlich verstärkt sein können, ist bekannt. Ebenso
ist es seit Langem festgestellt (vergl. u. A. Remak's Artikel:
Spinallähmung in Eulenburg's Realencyclopädie), dass bei Phthise
und anderen fieberhaften Erkrankungen, sowie in der Reconvalescenz

derselben eine Erhöhung der Sehnenphänomene vorkommt, und
sind diese Thatsachen natürlich in jedem Falle zu berücksichtigen. — Der Steigerung der Sehnenphänomene entspricht häufig
auch eine Steigerung der mechanischen Muskelerregbarkeit: ein leichter Schlag auf den Muskel führt zu einer lebhaften
Zuckung desselben oder es kommt zu einer starken, mehrere Secunden anhaltenden localen Wulstbildung, in einigen Fällen
(s. Beob. XLI) war die Erscheinung so markant, dass ein leichtes
Kneifen von Muskelbäuchen Wülste erzeugte, die längere Zeit bestehen blieben, seltener kam es zu einer localen Dellenbildung.

Wo starke Abmagerung oder Alkoholismus vorliegt oder
eine fieberhafte Erkrankung unmittelbar vorausging, kann diese
Erscheinung nicht ohne Weiteres für die Diagnose traumatische
Neurose verwerthet werden. — Ein Fehlen der Kniephänomene hatte ich bei diesen Krankheitszuständen bis zum Jahre 1889
nicht beobachtet; seit der Zeit sind zwei Fälle dieser Art von mir
untersucht und in der schon citirten Dissertation von Steinthal
angeführt worden. Schon vorher hatte Bernhardt[1]) bei ähnlichem
Befunde eine Combination von traumatischer Neurose mit Tabes angenommen und glaube auch ich eine derartige Complication nicht
sicher ausschliessen zu können.

Ein Fehlen der Sehnenphänomene am Arm, das bei schlaffer
Lähmung nicht selten zu verzeichnen ist, hat nur dann einen gewissen diagnostischen Werth, wenn dieselben am anderen Arm
deutlich zu erzielen sind. (Bekanntlich sind die Sehnenphänomene
am Arm auch bei Gesunden nicht constant.)

Anhangsweise soll noch hingewiesen werden auf eine Steigerung der mechanischen Nervenerregbarkeit, die in einzelnen Fällen dieser Art von mir und Anderen (v. Frankl-
Hochwart, Schlesinger etc.) constatirt worden ist: Ein leichter
Schlag auf den N. radialis, ulnaris, peroneus etc. (oder ein Rollenlassen des Nerven unter dem Finger auf knöcherner Unterlage)
führte zu einer lebhaften Zuckung in dem entsprechenden Muskelgebiet. Es ist jedoch zu beachten, dass eine schwache Zuckung
auch bei Gesunden häufig in dieser Weise auszulösen ist.

---

[1]) l. c.

Ebenso kommt eine Steigerung der mechanischen Erregbarkeit sensibler Nerven vor, wie ich andererseits ein Fehlen der bekannten Parästhesien auf Nervendruck (besonders im Gebiet des Ulnaris) auf der anästhetischen Seite beobachtete.

Zittern.

Das Zittern ist ein überaus häufiges und wichtiges Symptom der traumatischen Neurosen. Es hat meistens den Charakter des nervösen Zitterns, wie es bei leicht erregbaren, neurasthenischen und hysterischen Individuen und in verwandter Weise beim Morbus Basedowii beobachtet wird: ein besonders die seelische Erregung und die körperliche Anstrengung begleitender vibrirender, d. h. aus kleinen, sich schnell-folgenden Schwingungen bestehender Tremor. Es ist bekannt, dass schwächere Grade dieses Zitterns auch bei Gesunden vorübergehend — unter dem Einfluss eines Affectes, einer körperlichen Ueberanstrengung (Heben einer Last etc.) und nach Excessen — vorkommen. Verwerthbar für die Diagnose sind daher nur die höheren Grade. Auch kann die Beschränkung des Zitterns auf die leidende Körperhälfte demselben einen diagnostischen Werth verleihen.

Besonders beachtenswerth ist es, dass das Zittern ein feines Reagens für die Intensität der seelischen Erregung und Erregbarkeit sein kann und, da es uns oft darauf ankommt, gerade diese in ihrem vollen Umfang kennen zu lernen, kann das Zittern zu einem werthvollen Anhaltspunkt werden. Es sollte kaum nothwendig sein, auf die Thatsache hinzuweisen, dass dieses Zittern durch einen energischen Willensimpuls beschwichtigt oder vorübergehend sogar ganz zum Schweigen gebracht werden kann.

Wenn willkürliche Bewegungen das Zittern zuweilen hervorrufen oder steigern, so scheint auch dabei die psychische Erregung die vermittelnde Rolle spielen zu können, denn es wurde mehrfach beobachtet, dass dieselbe Bewegung, in psychischer Ruhe und bei abgelenkter Aufmerksamkeit ausgeführt, ohne wesentlichen Tremor verlief. Wiederum ein Moment, das dem Verdachte der Simulation Nahrung giebt. — In vielen Fällen hat das Zittern einen wesentlich anderen Charakter als den beschriebenen. Nach Kopfverletzungen sowohl wie nach Verletzungen der Extremitäten (be-

sonders waren es die Finger) sah ich mehrfach ein Zittern auftreten, das in vielen Beziehungen dem der Paralysis agitans
gleicht: 1) durch seine Langsamkeit, es kommen 3—5 Zitterbewegungen auf die Secunde, 2) durch seine Regelmässigkeit,
die man fast als eine rhythmische bezeichnen kann, 3) durch seine
Oertlichkeit: es betrifft die Hand und die Finger, die auch
einzeln für sich erzittern können, selbst in der Weise, dass es
zwischen Daumen und Zeigefinger zu den bekannten Zupf- und
Pillendrehbewegungen kommt (vergl. Beob. XLI), sowie die Hals-
und Nackenmuskulatur, 4) es wird abgeschwächt oder völllig
beschwichtigt bei activen Bewegungen und abgelenkter Aufmerksamkeit, während es in der Ruhe und ganz besonders bei
seelischer Erregung hervortritt. Schon in der ersten Auflage wies
ich darauf hin, dass Clever in einem Falle, dass ich zweimal
Paralysis agitans nach Kopfverletzungen sich entwickeln sah. Im
XIV. Jahrgang der Charité-Annalen (1889) schilderte ich dann
2 Fälle von traumatischer Neurose, in denen sowohl durch das Zittern,
als auch durch die Stellung und Haltung des Rumpfes und der Gliedmaassen das Bild der Paralysis agitans vorgetäuscht wurde, während sie sich durch den Verlauf, die Begleiterscheinungen (Sensibilitätsstörung und Gesichtsfeldeinengung), sowie durch das Fehlen
der Muskelrigidität von dieser Krankheit unterschieden. Ich
glaubte deshalb von einer Pseudo-Paralysis agitans traumatischen Ursprungs sprechen zu können, habe inzwischen aber
auch einen analogen Fall nicht-traumatischer Genese gesehen.

Von Dutil, Rendu, Pitres und Charcot ist in den letzten
Jahren das Zittern bei Hysterie eingehend studirt und eine dem
Typus der Paralysis agitans entsprechende Form beschrieben
worden, sie rechnen auch die von mir mitgetheilten Fälle nach
bekannter Charcot'scher Auffassung zur Hysterie. — Jedenfalls
ist es überaus beachtenswerth, dass diese Form des Tremors nicht
so selten bei Neurosen traumatischen Ursprungs vorkommt und
dem Unerfahrenen fast regelmässig den Eindruck der Täuschung
und Simulation macht. In mehr als einem Dutzend von Gutachten, die mir im Laufe der Jahre unter Augen kamen, wurde
gerade wegen dieses Zitterns auf Simulation erkannt, weil es den
begutachtenden Aerzten auffiel, dass der Tremor bei abgelenkter
Aufmerksamkeit und activer Bewegung nachliess oder völlig aufhörte.

Dass dieselbe Erscheinung bei echter Paralysis agitans fast regelmässig vorkommt, war ihnen unbekannt oder blieb unberücksichtigt. Man braucht nur die Untersuchung ein wenig zu vertiefen, um zu erkennen, dass dieses Zittern nicht willkürlich producirt werden kann: man achte auf die Steigerung bei seelischen Erregungen und körperlichem Schmerz, man forsche, ob das Zittern nicht in Muskeln hervortritt, in denen es willkürlich nicht erzeugt werden kann, so sah ich es an der Oberextremität bei fixirtem Unterarm den Triceps ergreifen, bei erhobenem oder leicht-abducirtem Oberarm nur in der Claviculärportion des Pectoralis major, bei fixirter Schulter und erhobenem Arm im Serrat antic. major, oder im Latiss. dorsi und Teres major auftreten etc. etc.

Zittern, das in seiner äusseren Erscheinung dem der Sklerose gleicht, habe ich einige Male beobachtet; aber auch da bildete die innige Beziehung desselben zu den psychischen Vorgängen ein unterscheidendes Merkmal.

Das Zittern der traumatischen Neurose beschränkt sich nur selten vollständig auf eine Extremität oder auf die gleichseitigen Extremitäten, meistens hat es eine allgemeine Verbreitung. Bald ist es in den oberen, bald in den unteren Extremitäten stärker ausgeprägt. Auch ein Tremor des Kopfes und der Gesichtsmuskeln ist nicht selten. Hat es seinen Sitz in dem rechten Arm, so wird die Schrift in charakteristischer Weise beeinflusst; betrifft es die unteren Extremitäten vorwiegend, so wird der Gang durch dasselbe beeinträchtigt, selbst in dem Maasse, dass es bei dem Versuche zu stehen und zu gehen zu Erscheinungen kommt, die an die saltatorischen Reflexkrämpfe erinnern. Betrifft es die Gesichts- und Zungenmuskulatur, so kann es zu einer eigenthümlichen Behinderung des Sprechens führen.

Des Vorkommens eines fibrillären Zitterns ist in den mitgetheilten Krankengeschichten häufig Erwähnung gethan. Rumpf[1]) hat diesem Symptom seine Aufmerksamkeit besonders zugewandt und darauf hingewiesen, dass es dort, wo es nicht gleich spontan auftritt, durch elektrische Reizung hervorgebracht werden kann: man reizt den Nerven (besonders den N. cruralis) für die Dauer

[1]) l. c.

von 1—2 Minuten und beobachtet, nachdem der Strom unterbrochen, ein Zittern und Wogen in der Muskelsubstanz, das lange
Zeit anhält. Eine diagnostische Bedeutung hat dieses Symptom
nur dann, wenn es im erwärmten Raume hervortritt und beträchtliche Abmagerung nicht vorliegt. Auch in der Brust- und Lendenmuskulatur, sowie an den Schultermuskeln ist es häufig zu constatiren. Es kann zuweilen auch durch die Percussion des Muskels,
sowie durch active Bewegung hervorgerufen werden.

In nicht wenigen Fällen tritt das fibrilläre Zittern in der
Gesichtsmuskulatur und besonders auf der auch sonst betroffenen Körperhälfte hervor. Einigemale sah ich es erst deutlich
werden und eine beträchtliche Intensität erreichen, wenn der
Kranke die Zunge hervorstreckte. Es stellte sich dann ein Krampf
im Orbicularis palpeb. und ein fibrilläres Zittern im gesammten
Facialisgebiet ein.

Die Sprache.

Während die Lähmung eines einzelnen motorischen Hirnnerven
überaus selten ist, kommt es häufig zum Ausfall oder zur Beeinträchtigung ganzer Bewegungscomplexe, vor allem ist die
Sprache in einer grossen Anzahl von Fällen in's Bereich der Erkrankung gezogen. Eine typische Aphasie wird niemals beobachtet. Wohl aber musste man aus den Schilderungen einzelner
Kranken entnehmen, dass sie vorübergehend an einem dem hysterischen Mutismus[1] verwandten Zustande gelitten haben, indem
ihnen plötzlich die Rede ausging, und sie trotz aller Anstrengung
keinen Laut hervorzubringen im Stande waren, bis sie nach einiger
Zeit die Worte mühsam und dieselben gleichsam zerfetzend her-
vorstiessen.

Sehr häufig wird eine einfache Verlangsamung der Sprache
beobachtet, der Patient spricht etwa wie ein Ausländer, der die
Sprache noch nicht vollständig beherrscht und sich hier und da
länger besinnen muss, auch kommt es vor, dass das Individuum
mitten in dem Satze den Faden verliert, als ob es das, was es
sagen wollte, plötzlich wieder vergessen habe. In anderen Fällen

---

[1] Neuerdings besonders von Charcot und seinen Schülern im Progrès
méd. 1886, No. 7, 9, 42 etc. besprochen.

spricht der Kranke wie Jemand, der in höchster Angst etwas erzählen will und die Worte nur stossweise hervorbringt. Sie kommen zögernd, gepresst und oftmals durch krampfhafte inspiratorische Schluchzlaute unterbrochen und auseinandergerissen hervor, während andere gleichsam explosiv herausgestossen werden. Wenn die Silben auch auseinandergerissen werden, so geschieht das doch in ganz ungleichmässiger Weise, und wird dadurch ein wesentlicher Unterschied zwischen dieser Anomalie und dem Skandiren bedingt.

Bulbäre Sprachlähmung kommt nicht vor. Nicht selten wird Stottern mit seinen verschiedenen Abarten beobachtet. So bezeichnet auch Bernhardt die Sprache seines schon erwähnten Patienten als stotternd und häsitirend. Andermalen ist sie durch das Zittern der Lippen und Zungenmuskulatur modificirt; diese Form erinnert an die Sprachstörung der Paralytiker, ist aber durch die übrigen Momente immer von derselben zu unterscheiden.

Bei der sog. localen traumatischen Neurose wird Sprachstörung wohl immer vermisst.

Anderweitige Functionsstörungen im Bereich der Hirn-nerven.

Nur selten kommt es zu dem Ausfall anderer einfacher oder combinirter Bewegungsacte. So war einer unserer Kranken nicht im Stande auf Geheiss die Zunge hervorzustrecken, er sperrte den Mund weit auf, spannte die Kiefer- und Halsmusculatur übermässig an, das Gesicht röthete sich, der Kopf gerieth in's Zittern, aber die Zunge blieb hinter den Zähnen, er gerirte sich etwa wie Jemand, der mit aller Macht die betreffende Bewegung hemmt. Und doch wurde beobachtet, dass ein ander Mal, als es mehr zufällig und unbewusst geschah, die Zunge vollständig hervorgestreckt wurde. (NB. Es handelte sich um das schwerkranke Individuum D. [Beobachtung XIX]). Dieselben und verwandte Erscheinungen konnten auch in einigen anderen Fällen constatirt werden und braucht wohl nur daran erinnert zu werden, dass auch bei organischen Hirnkrankheiten, z. B. im Geleit der Aphasie ein ähnlicher als Apraxie bezeichneter Zustand vorkommt.

Eine Lähmung des Nervus facialis oder Hypoglossus habe ich, wenn ich von der in sehr seltenen Fällen die Hemi-

plegie begleitenden Form absehe, niemals beobachtet. Wohl kommt es
zuweilen vor, dass die Zunge stark nach einer Seite deviirt
beim Hervorstrecken, aber diese Erscheinung hat keine Constanz,
es wurde selbst bemerkt, dass die Zunge bei Untersuchungen zu
verschiedenen Zeiten bald nach links, bald nach rechts abwich.
Eine weitere Prüfung lehrte, dass das Symptom wahrscheinlich
durch die Anästhesie der Mund- und der Zungenschleim-
haut bedingt war, so dass die Bewegungsstörung bei Controle
mittels Spiegel ausgeglichen werden konnte.

Der Schling- und Kauact ist wohl niemals beeinträchtigt.
Stimmbandlähmung habe ich in 2 Fällen beobachtet, in beiden
hatte sich dieselbe an Kontusionen des Brustkorbes angeschlossen.
Der eine von diesen Fällen ist schon von Schultze[1]) beschrieben.
Die laryngoscopische Untersuchung zeigte, dass eine Parese der
Adductoren bestand. Im Gegensatz zu der gewöhnlichen Form
der hysterischen Stimmbandlähmung erfolgte auch das Husten,
Räuspern etc. stimmlos; ferner erwies sie sich als überaus hartnäckig.

Im Bereich der Augenmuskelnerven werden nur selten
krankhafte Erscheinungen beobachtet. Auf die reflectorische
Pupillenstarre ist bereits oben hingewiesen. Häufig kommt
Differenz der Pupillenweite vor, auf die jedoch, wenn sie nicht
bedeutend ist, ein wesentlicher diagnostischer Werth nicht zu legen
ist Gewöhnlich zeigt sich die Pupille erweitert, entsprechend der
Körperhälfte, die der Sitz der Schmerzen und der Sensibilitätsstörungen
ist, eine Thatsache, auf die schon von anderen Autoren hingewiesen
ist; aber es kommen auch Ausnahmen hiervon vor. Nach meinen
neueren Beobachtungen ist die Erweiterung der Pupille auf
der betroffenen Körperseite recht häufig, muss aber dort, wo sie
bei greller Beleuchtung nicht hervortritt, bei mittlerer oder selbst
im Halbdunkel gesucht werden. Ich habe mich mehrmals in
Gemeinschaft mit anderen Collegen, namentlich Ophthalmologen
überzeugt, dass erst die bei schwacher Beleuchtung eintretende
Pupillenerweiterung die Differenz markant machte. Dass die Pupillendifferenz zuweilen während eines Angstanfalles zunimmt, ist
schon erwähnt. Auch im Affect macht sie sich deutlicher be-

---

[1]) Ueber Neurosen und Neuropsychosen nach Trauma. Volkmann's
Samml. klin. Vorträge. 1891. S. 148. Separat-Abdruck.

merklich. Manchmal gelang es mir erst, wenn ich den Kranken zu irgend einer Kraftleistung aufforderte, die Pupillendifferenz in einer auch die Zweifler überzeugenden Weise hervortreten zu lassen. Wo sich dieses Symptom findet, sind zuweilen auch andere Erscheinungen, die auf eine Affection des Sympathicus hinweisen, vorhanden. In 2 Fällen, in denen sich der nervöse Symptomencomplex an eine Schulterverrenkung angeschlossen hatte, bestand eine starke Verengerung der Pupille und Lidspalte auf der entsprechenden Seite. Erscheinungen einer Plexuslähmung wurden dabei völlig vermisst. Augenmuskellähmung mit typischem Doppelsehen kommt nur ganz ausnahmsweise vor. Nicht selten ist dagegen die Insufficienz der Recti interni, die Unfähigkeit, die Convergenzbewegung der Bulbi auszuführen, ein Symptom, das Hübscher[1]) vor Kurzem auf's Neue beschrieben hat. Ausgesprochener Nystagmus wurde nicht beobachtet, ebensowenig Ptosis.

Hervorzuheben wäre noch das von uns freilich nur sehr selten constatirte Phänomen der monoculären Diplopie, dessen Vorkommen bei Hysterie besonders von Parinaud betont worden ist.

Die Betheiligung der sensiblen und sensorischen Hirnnerven wurde schon erörtert.

Es erübrigt hier nur noch der Hinweis auf das Ergebniss der ophthalmoskopischen Untersuchung. Die Ausbeute ist in dieser Hinsicht eine spärliche; der einzige Befund, die Atrophie des Sehnerven ist, soviel ich weiss, nur in 3 Fällen erhoben worden, nämlich in einem von Walton[2]) mitgetheilten und in zwei anderen, die Uhthoff[3]) gemeinschaftlich mit mir untersucht hat. Dass diese Fälle aus dem Rahmen der Neurose heraustreten, ist selbstverständlich. In wie weit sie dennoch eine Beziehung zu den hier geschilderten Krankheitszuständen haben, soll später ermittelt werden. Ganz im Irrthum ist Wilbrand[4]), wenn er annimmt, dass es sich um Opticuszerreissung im Canalis opt. gehandelt habe, da eine Schädelfractur überhaupt nicht in Frage kam.

---

[1]) Motorische Asthenopie bei traumatischer Neurose. Deutsche med. Wochenschr. 1892. No. 17.

[2]) l. c.

[3]) l. c.

[4]) Ueber die Veränderungen des Gesichtsfeldes bei den traumatischen Neurosen. Deutsche med. Wochenschr. 1892. No. 17.

Herz- und Gefäss-Nervensystem.

Die Störungen von Seiten des Herzens sind so häufig und können das Krankheitsbild in solchem Maasse beherrschen, dass ihre Bedeutung nicht genug hervorgehoben werden kann. Die gewöhnliche Erscheinung ist die einfache Beschleunigung der Pulsfrequenz, deren Vorkommen bei Railway-spine schon von Erichsen beiläufig erwähnt worden ist. Es handelt sich seltener um eine dauernde Beschleunigung auf 100 bis auf 120 Schläge p. M. und darüber, die zu jeder Zeit, auch wenn der Kranke psychisch ruhig ist, zu constatiren ist (siehe Beob. VII.), meistens um eine abnorme Irritabilität des Herzens, so dass bei ganz geringen Anlässen: bei der Unterhaltung, beim Gehen durch's Zimmer, bei einem unerwarteten Geräusch (wenn ein Gegenstand zur Erde fällt oder der Untersuchende hinter dem Rücken des Kranken in die Hände schlägt), der Puls eine Frequenz bis zu 160 Schlägen aufweist. Die physicalische Untersuchung ergiebt in der Mehrzahl der Fälle ausser einer lebhaften Pulsation des Herzens sowie etwa einem starken Pulsiren der Carotiden nichts Abnormes. Diese Erscheinung geht meistens mit dem subjectiven Gefühl des Herzklopfens, der Angst, Beklemmung und Oppression einher. Sie entspricht also durchaus dem Symptomenbilde des sogenannten nervösen Herzklopfens. In einer geringeren, aber doch nicht zu unterschätzenden Anzahl von Fällen sind ausgesprochene Veränderungen am Herzen nachweisbar, nämlich Erweiterung und Hypertrophie der Ventrikel und selten auch Geräusche. Von besonderem Interesse ist es nun, dass ich in 3 Fällen durch eine lang fortgesetzte Beobachtung die Entstehung dieser Herzveränderung verfolgen konnte. Ursprünglich war die Beschleunigung der Pulsfrequenz das einzige Zeichen bei normalem Herzbefunde. Erst nach ein bis zwei Jahren stellte sich die Hypertrophie und Dilatation heraus. In einem anderen Falle (es handelt sich um einen Kranken, der von einer Telegraphenstange herabgestürzt war und auf die linke Thoraxgegend fiel [Beobachtung XIX]) wurde ausser der starken Beschleunigung der Pulsfrequenz und der enormen pulsatorischen Thoraxerschütterung eine Erweiterung des rechten Ventrikels sowie ein lautes diastolisches Blasen über der Pulmonalis gehört. Eine sichere Deutung dieses Befundes war nicht möglich.

Hervorzuheben bleibt noch, dass in allen den Fällen der das Trauma begleitende psychische Shok erheblich gewesen ist. Die Entstehung derartiger Herzerkrankungen durch nervösen Einfluss ist ja von Fraentzel, Leyden u. A. genügend hervorgehoben und wird wohl kaum noch bezweifelt. Unsere Beobachtungen lehren, dass den nachweisbaren Veränderungen am Herzen ein Stadium des nervösen Herzklopfens, welches sich über einen langen Zeitraum erstreckt, vorausgeht.

Uebrigens wird ja auch die ätiologische Bedeutung heftiger Gemüthsbewegungen für die Entstehung der Basedow'schen Krankheit schon von den älteren Autoren betont.

Es ist mir noch aufgefallen, dass in nicht wenigen der von mir beobachteten Fälle, welche ich einige Jahre nach dem Unfalle wieder zu untersuchen Gelegenheit hatte, die Zeichen der Arteriosklerose hervortraten. Diese ist von Kronthal[1]) in 2 Fällen auch durch die Autopsie nachgewiesen und speciell auch an den kleinen Gefässen des Centralnervensystems gefunden worden. — Selten besteht eine Arhythmie des Pulses, doch konnte ich einigemale ein völliges Intermittiren feststellen; häufiger sind die einzelnen Schläge ungleich oder es folgen Phasen von schnellem und langsamem Pulse in stetem Wechsel aufeinander. — Lehr[2]) hat an 10 Fällen meiner Clientel die Herzerscheinungen eingehend studirt und auch sphygmographische Untersuchungen vorgenommen, er fand Veränderungen, die den auch sonst bei Neurasthenia cordis nachgewiesenen entsprechen und einigemal eine Anomalie, die auf „eine Atonie des Vasomotorencentrums" hinzudeuten schien. Einige interessante sphygmographische Curven verdanke ich der Güte des Herrn Prof. Müller in Breslau. — Ich habe es nicht für nöthig gefunden, an dieser Stelle hervorzuheben dass auch der Gesunde, wenn er erregt ist, einen beschleunigten Puls zeigt und dass die Furcht vor der Untersuchung oder der Entlarvung des

---

[1]) Kronthal und Sperling: Neurol. Centralbl. 1889. No. 12. — Bernhardt und Kronthal: Fall von sog. traumat. Neurose etc. Neurol. Centralbl. 1890. No. 4.

[2]) Die nervöse Herzschwäche. Wiesbaden 1891.

Betrugs eine Steigerung der Pulsfrequenz bedingen kann. Es gehört
nicht gerade hervorragende Sachkenntniss dazu, diese Erscheinung
von den Symptomen der Herzneurose zu unterscheiden. Man ver-
werthe aber die Erfahrungsthatsache, dass seelische Erregungen
die Pulsfrequenz beeinflussen, um einerseits die erhöhte psychische
Reizbarkeit, andererseits ihren in krankhaftem Maasse gesteigerten
Einfluss auf die Herzaction festzustellen. Besonders charakteristisch
ist es in dieser Hinsicht, wie die Mittheilung der Leidensgeschichte
gewöhnlich die Herzaction beträchtlich beschleunigt, so dass auch
Lehr deutlich veränderte sphygmographische Bilder erhielt, wenn
er die Kranken während oder unmittelbar nach dieser Erzählung
untersuchte. — Manchmal gelingt es, in dem Verhalten des Pulses
einen objectiven Ausdruck für Schmerzen zu finden. Schon in
der ersten Auflage hatte ich auf diese Thatsache hingewiesen. Auf
S. 17 derselben heisst es: „Wenn die Hand des Untersuchenden
ganz leicht über die Rückenhaut entsprechend den Dornfortsätzen
hinwegstreicht, so zuckt Patient lebhaft zusammen, wie Jemand,
der einen heftigen Schmerz empfindet und zeigt nachher eine Pulsfrequenz von 120 (vorher circa 90)".

Neuerdings hat Rumpf dieses Symptom, das nach seinen Angaben schon im Januar 1885 von Mannkopf erwähnt wurde, besonders gewürdigt, er findet ein Anwachsen der Pulsfrequenz bei Druck auf
die schmerzhafte Stelle, nennt das Zeichen die Controle der traumatischen Neuralgien und will es nicht allein verwerthen, um für Schmerzen einen objectiven Massstab zu finden, sondern auch zur Entlarvung
der Simulation von Schmerzen. Gewiss ist das Zeichen, wo es
sich findet, recht werthvoll; nichts aber wäre irriger, als aus dem
Fehlen desselben einen Schluss auf Simulation zu machen, da es
trotz heftigster Schmerzen nicht vorhanden zu sein braucht.

Nach meiner Erfahrung tritt die Erscheinung besonders bei
den an traumatischer Neurose leidenden Individuen hervor, die
auch sonst ein erregbares Herz haben; bei diesen genügt aber
zuweilen auch ein Druck auf eine nicht schmerzende Stelle, um
den Puls merklich zu beschleunigen.

Was die vasomotorischen Erscheinungen betrifft, so ist zunächst zu bemerken, dass an den gelähmten Gliedmassen nicht
selten Cyanose gefunden wird. Die Haut der getroffenen Extremität

ist blauroth gefärbt, fühlt sich kühler an als die der gesunden
Seite, und ist auch die Temperatur derselben messbar erniedrigt.
Diese Erscheinung kann sich, wie Kriege[1]) an einem Falle demonstrirt hat und wie ich inzwischen einigemale gesehen habe
(vergl. Beob. XXXVIII), soweit steigern, dass der Symptomencomplex der Raynaud'schen Krankheit vorliegt. — Es ist
darauf hinzuweisen, dass sich die Cyanose am Bein oft erst beim
Stehen und Gehen einstellt: das Bein der leidenden Seite verfärbt sich bläulich und fühlt sich kühler an als das der gesunden.
— Eine ödematöse Anschwellung der dem Willen entzogenen
Extremität, und zwar häufiger am Bein als am Arm, wird nicht
selten beobachtet.

Hierher gehört ferner das ziemlich häufige Symptom des
Blutandrangs nach dem Kopfe: Bei leichter Erregung über-
giesst sich Gesicht, Hals, auch wohl der obere Brusttheil mit theils
diffuser, theils fleckiger Röthe. Diese Erscheinung beschränkt sich
nicht selten auf die leidende Körperseite oder tritt doch an dieser
stärker hervor: Bei jeder Erregung röthet sich die dem Angriffsort des
Traumas entsprechende Gesichtshälfte, fühlt sich wärmer an (besonders
das Ohr), dabei ist die Pupille gewöhnlich nicht verengt, sondern erweitert (s. o.). Bei einem schon von Thomsen beschriebenen Fall von
traumatischer Reflexpsychose ist, abgesehen von den intercurrent auftretenden psychischen Störungen, in der Zwischenzeit nichts wahrzunehmen als eine Erweiterung der Pupille und Röthung der Gesichtshälfte auf der leidenden Seite bei jeder Erregung. — Die
Erscheinung, dass leichte mechanische Hautreize eine tiefe und
lange bestehende Röthe hinterlassen, möchte ich, da sie auch bei
Gesunden beobachtet wird, nicht besonders hervorheben. Doch
hat Kriege mir mit Recht entgegengehalten, dass dieses Symptom
Beachtung verdient, wenn es sehr ausgeprägt ist oder besonders auf der kranken Seite hervortritt oder sich, wie ich das nun
wiederholentlich gesehen habe, bis zur Urticaria facticia steigert.

Von secretorischen Anomalien möchte ich die schon von
Page urgirte Hyperidrosis erwähnen, die nur selten halbseitig
auftritt.

---

[1]) Ueber vasomot. Störungen der Haut bei der traumat. Neurose. Arch.
f. Psych. Bd. XXII. H. 2.

Polyurie ist kein ungewöhnliches Symptom. Albuminurie sah ich mehrmals, Glycosurie nur einmal bei Neurose nach Kopfverletzung, doch wird das Symptom u. A. auch von Eisenlohr erwähnt.

Trophische Störungen

sind — abgesehen von der Muskelatrophie — recht selten. In einem Falle sah ich eine Atrophie des Gesichts und der Mamma auf der leidenden Seite (bei einem Manne), konnte aber nicht feststellen, ob die Erscheinungen nicht schon vor dem Unfall bestanden hatten. — Einmal sah ich nach einer Contusion des Rückens, die zu den Erscheinungen der Neurose führte, Mal perforant an den anästhetischen Fusssohlen, indess zwangen diese und einige andere Erscheinungen zu der Annahme, dass eine Complication mit einem organischen Rückenmarksleiden (Gliosis?) vorlag.

Nicht selten wird ein Ergrauen der Haare auf den Unfall bezogen. Interessante Mittheilungen dieser Art verdanken wir Stepp. — Eine beträchtliche Xerosis fast der ganzen Körperhaut sah ich in einem Falle sich im Verlaufe der Neurose ausbilden.

Verdauung und allgemeiner Ernährungszustand.

Selbst in den schwersten Fällen der geschilderten Art ist die Nahrungsaufnahme gemeiniglich nicht behindert. Appetitlosigkeit, die sich bis zu hartnäckiger Anorexie steigern kann, gehört zu den seltenen Krankheitserscheinungen. Auf das Vorkommen profuser Diarrhoen wird von Page hingewiesen. Zeitweiliges Erbrechen ist nicht selten, zu einem quälenden Symptom ist es nur in wenigen Fällen geworden.

Der allgemeine Ernährungszustand pflegt meistens nicht wesentlich geschädigt zu werden. Obgleich diese Thatsache von mir und Anderen stets hervorgehoben worden ist, wird zur Darlegung der Simulation gewöhnlich angeführt, dass der Verletzte sich in gutem Ernährungszustande befinde, dass er sogar im Krankenhause 3 bis 4 Pfund an Gewicht zugenommen habe, als ob diese Wahrnehmung irgend etwas gegen das Bestehen eines Nervenleidens und selbst eines schweren Nervenleidens (man denke an den Ernährungszustand bei mult. Sclerose, Tabes, bei den Psychosen u. dgl.) beweise.

Ein gewisser Rückgang in der Ernährung wird von den meisten Kranken angegeben, nur bei wenigen ist die Abmagerung eine beträchtliche und der Verfall der Körperkräfte in die Augen springend.

Einige Male wurde über starken Durst (selten über Heisshunger) geklagt. Die Zeichen der nervösen Dyspepsie lagen nur in wenigen Fällen vor (siehe 1. Fall bei Schultze).

Blasen-, Mastdarm- und Geschlechtsfunction.

In einem Theil der Fälle ist die Harnentleerung erschwert. Meistens handelt es sich nur um einen abnorm häufig auftretenden Harndrang. Andermalen wird auch hervorgehoben, dass die Entleerung nur auf stärkeres Pressen erfolgt, und diese Erschwerung hat in seltenen Fällen einen solchen Grad erreicht, dass das Uriniren nur im Sitzen oder gleichzeitig mit der Stuhlentleerung erfolgte, oder es kam gar zu vollständiger Harnverhaltung, welche die Anwendung des Katheters nothwendig machte. In einem Falle unserer Beobachtung, in welchem sich Incontinentia urinae et alvi entwickelte, bestand eine vollständige Anästhesie der Schleimhäute des Harn- und Geschlechtsapparates, sowie des Anus.

Die Stuhlentleerung erfolgt meistens in normaler Weise. Nicht selten besteht Obstipatio alvi. Bernhardt erwähnt, dass sein Patient dem Stuhldrang sofort Folge geben musste, andernfalls sich verunreinigte.

Das Verhalten der Geschlechtsfunction entzieht sich der objectiven Beurtheilung. Stützt man sich auf die Angaben unserer Kranken (auch solcher, die keine Ansprüche auf Entschädigung zu erheben haben), so ist Abnahme der Potenz, die sich bis zu vollständiger Impotenz steigern kann, eine recht häufige Theilerscheinung des Krankheitsbildes, und zwar wird das Erlöschen der Libido sexualis besonders betont. Nach einer mir brieflich gemachten Mittheilung von Rich. Schulz hat er bei einem Kranken dieser Art mehrmals Spermatorrhoe bei schlaffem Penis constatirt.

Page erwähnt Menorrhagie.

Körpertemperatur.

Regelmässige Messungen sind in derartigen Fällen wohl nur
ausnahmsweise vorgenommen worden. Wenn sich die Körpertemperatur auch meistens normal verhält, so kommen doch zweifellos,
wenn auch selten, intercurrente Fieberanfälle mit Frost und
Temperatursteigerung bis 39⁰ und darüber vor. In 2 Fällen habe
ich dieses Symptom mit Bestimmtheit feststellen können.

V. Pathologische Anatomie.

In einem Werke, das von den functionellen Neurosen (traumatischen Ursprungs) handelt, sollte dieses Kapitel gänzlich fehlen.
Indess machen einige Beobachtungen aus der jüngsten Zeit ein
paar Erörterungen nothwendig.

Ich wies schon darauf hin, dass Kronthal in 2 Fällen von
traumatischer Neurose die Section ausführen konnte und dass er
sclerotische Processe an den Gefässen des Hirns und Rückenmarks
und leichte fleckweise Degeneration in der Umgebung derselben
fand. Ueber den Zusammenhang spricht sich der Autor mit aller
Reserve aus, während diejenigen, die sich mit dem Begriff der
Neurose und Psychose nicht abfinden können, diesen Befunden
eine übergrosse Bedeutung zuschreiben, als ob es nun nicht mehr
fehlen könne, den festen Untergrund der pathologischen Anatomie
auch für die Neurosen aufzudecken. Es kann nach meinem Dafürhalten nicht bezweifelt werden — und Kronthal hat sich dieser
Annahme keineswegs verschlossen, — dass die leichten Degenera-
tionen Folgezustände der Gefässerkrankung und diese nicht
Ursache sondern Symptom des Allgemeinleidens ist (s. o. S. 171 etc.)
Bekanntlich sind auch von Démange, Eisenlohr, Siemerling

und mir ähnliche Processe bei Individuen, die an Arteriosclerose zu Grunde gingen, beschrieben worden.

Friedmann[1]) beschreibt 2 Fälle, in denen sich im Anschluss an Kopfverletzung ein Leiden ausbildete, das sich durch anfallsweise auftretende Symptome: heftigen Kopfschmerz, Schwindel, Brechreiz, Benommenheit und Fieber, kennzeichnete. Er fand in denselben eine Erkrankung des gesammten feineren Hirngefässapparats (strotzende Füllung der Capillaren, Ectasie derselben, Wandverdickung, hyaline Entartung), auf die er die beobachteten Symptome zurückführen will. Ich will hier davon absehen, dass in Friedmann's erstem Falle wichtige Erscheinungen, wie die Lähmung basaler Hirnnerven ganz unaufgeklärt geblieben sind und trotz der Angaben über Integrität der Schädelknochen der Zweifel, dass ursprünglich eine Basisfractur vorgelegen, nicht beseitigt werden kann. Aber, was für unsere Betrachtung wichtiger ist: der von F. beobachtete Symptomencomplex hat nur gewisse Berührungspunkte mit den Erscheinungen der traumatischen Neurosen und somit können die von ihm nachgewiesenen Veränderungen auch nur für die Deutung gewisser Folgezustände der Kopfverletzung, deren Auffassung wohl auch bisher eine zweifelhafte war, verwerthet werden. Auf die experimentelle Arbeit von Schmauss[2]) sei in Kürze hingewiesen.

---

[1]) Zur Lehre von den Folgezuständen nach Gehirnerschütterung. Deutsche med. Wochenschr. 1891. No. 39 und Arch. f. Psych. Bd. XXIII.

[2]) Zur patholog. Anatomie der Rückenmarkserschütterung. Münchener med. Wochenschr. 1890. No. 28.

VI. Theorien über das Wesen und die Genesis der traumatischen Neurosen.

———

Es ist hier nicht der Ort, die Lehre vom Shock abzuhandeln und die Anschauungen über das Wesen desselben zu besprechen. Es kann nur das wichtigste hervorgehoben und die heutige Auffassung von der Grundlage und Entstehung der von mir besprochenen Krankheitsformen eingehender erörtert werden. Sie unterscheidet sich von der älteren Lehre zunächst und vornehmlich dadurch, dass von einer Rückenmarks-Erschütterung und -Erkrankung kaum noch die Rede ist, sondern als Hauptsitz der Krankheit, mag das Trauma hier oder dort, an jedwedem Orte angegriffen haben, das Grosshirn, die Psyche angesehen wird; ferner besonders in dem Punkte, dass die Grundlage der Erkrankung nicht in nachweisbaren pathologisch-anatomischen Veränderungen, sondern in functionellen Störungen gesucht wird. Diese Anschauung erhält eine feste Stütze schon durch die Thatsache, auf welche Page hinweist, dass nämlich die Gelegenheit zur Obduction derartiger Fälle fast vollständig fehlt, was doch wohl zu erwarten stände, wenn entzündliche und degenerative Processe in den nervösen Centralorganen und ihren Hüllen zu Grunde lägen.

Für die Entstehung der Krankheit ist das physische Trauma nur zum Theil verantwortlich zu machen. Eine wichtige und in vielen Fällen selbst die Hauptrolle spielt das psychische: der Schreck, die Gemüthserschütterung. Die Verletzung kann allerdings auch dort, wo eine äussere Verwundung nicht vorliegt, directe Folgezustände schaffen, die aber in der Regel keine wesentliche Bedeutung gewinnen würden, wenn nicht die krankhaft alterirte Psyche in ihrer abnormen Reaction auf diese körperlichen Beschwerden die dauernde Krankheit schüfe.

Der directe Effect der Verletzung ist ein wechselnder. Wir sahen äussere Verwundungen leichterer und schwerer Art, ausgedehnte Blutergüsse ins Unterhautbindegewebe, Knochenbrüche, Gelenkcontusionen u. s. w. Sicher ist ferner, dass bei den allgemeinen Körpererschütterungen, wie sie namentlich bei Eisenbahnunfällen zu Stande kommen, eine Zerrung der Muskeln und des Bandapparats herbeigeführt werden kann. So hat man die Rückenschmerzen, welche zu den regelmässigen subjectiven Beschwerden dieser Kranken gehören, auf die durch die heftige Körpererschütterung bedingte Zerrung und Dehnung der Gelenke, Bänder und Muskeln der Wirbelsäule bezogen und selbst an die Möglichkeit gedacht, dass bei der plötzlich eintretenden gewaltsamen Ausbiegung der Wirbelsäule die austretenden Nervenwurzeln eine Zerrung erfahren können. Auch ist es nicht unwahrscheinlich, dass es hierbei zu kleinen Blutaustritten in die Rückenmarkshäute kommt. Alle diese directen Wirkungen haben dadurch eine grössere Tragweite, dass sie Schmerzen verursachen.

Als das wichtigste Moment bezeichneten wir für diese Kategorie von Fällen die seelische Erschütterung. Die im Momente des Unfalls eintretende schreckhafte Aufregung ist meistens so bedeutend, dass sie eine dauernde psychische Alteration bedingt. Diese kann sofort ihren Ausdruck finden in Lähmungszuständen auf psychischer Basis, oder die dauernden Schmerzen und abnormen Sensationen führen der erkrankten Psyche gewissermassen den Nahrungsstoff zu, aus welchem sie die pathologischen Vorstellungen erzeugt, die allmälig ein dauerndes Eigenthum derselben werden. Und die Vorstellung von der Lähmung kann Lähmung erzeugen, aber eine Lähmung, welcher der Stempel ihres ideogenen Ursprungs aufgedrückt ist. Die Entstehung von Lähmungszuständen auf dem Wege der Vorstellung ist bereits den älteren Autoren bekannt gewesen, aber es ist das Verdienst Charcot's, diese Lehre gründlich ausgebildet und experimentell gestützt zu haben.

Ein wichtiger Factor ist nun noch der locale oder peripherische Shock, der sich in Folge einer Erschütterung, welche einen peripherischen Körpertheil (eine Extremität) trifft, in demselben durch eine motorische und sensible Lähmung, welche sofort eintritt, geltend macht, wie wir sie z. B. bei einem Kranken beobachteten, dessen Arm von einer rotirenden Welle (Beob. XXIX) ergriffen und aufs heftigste erschüttert wurde. Man könnte sich vorstellen, dass hierbei im peripherischen Nervenapparat selbst eine **directe moleculare Umlagerung** hervorgerufen wird, welche der Leitung der motorischen Impulse und sensiblen Eindrücke einen Widerstand entgegensetzt. Wahrscheinlicher ist es aber, dass diese peripherische Erschütterung sich sogleich auf die entsprechenden Nervencentren fortpflanzt und diese lähmt. Das Wesen dieser Lähmung besteht allem Anschein nach in dem Verlust der Er-**innerungsbilder, der Bewegungsvorstellungen.** Je mehr ich mich mit dieser Frage beschäftigt habe, desto mehr hat sich mir die Ueberzeugung aufgedrängt, dass gerade dieser Vorgang von grösster Bedeutung ist. Die Fälle sind nicht selten, in denen das Trauma sofort zu Lähmungserscheinungen führt, noch bevor eine Autosuggestion in Kraft treten könnte. Aber auch dort, wo anfangs nur Schmerzen bestehen und sich die Lähmung und Anästhesie erst allmälig ausbildet, scheint mir die von Charcot angegebene psychische Vermittelung nicht das ausschlaggebende Moment zu sein, vielmehr nehme ich an, dass sich die motorischen und sensiblen Reiz- und Lähmungssymptome **nach Art der Reflex-Epilepsie** ausbilden. Ein von der Narbe ausgehender dauernder Reiz pflanzt sich zu den entsprechenden sensiblen und motorischen Rindencentren fort und ruft in diesen die Veränderungen hervor, die sich in Schmerzen, Parästhesien, Gefühls- und Bewegungslähmung äussern. So ist es auch leicht zu verstehen, dass sich Reizerscheinungen so häufig mit den Lähmungssymptomen verbinden, dass sich Krämpfe vom Typus der Reflexepilepsie nicht selten hinzugesellen: die Summation der von der Narbe ausgehenden Reize führt zu Entladungen, die natürlich zuerst die verletzte Extremität, d. h. ihr motorisches Centrum betreffen. Manchmal lässt sich dieser Reizzustand erhöhen und der Ausbruch der Entladung beschleunigen durch einen mechanischen Insult, welcher die Narbe trifft, d. h. die Narbe bildet eine epileptogene Zone. — Diese Thatsachen werden durch den in Beob. XXXIII geschilderten Fall trefflich illustrirt. — Auffälliger Weise haben die bekannten Experimental-Untersuchungen Brown-Séquard's nicht die volle Beachtung gefunden, hat dieser Autor doch in seinen berühmten Experimenten nicht allein Reflex-Epilepsie, sondern auch andere für die Auffassung der traumatischen Neurosen wichtige Störungen auf der verletzten Seite gefunden (vergl. auch die Untersuchungen von Arndt[1]) — Es ist anzunehmen, dass die psychische Alteration und besonders die der verletzten Körperstelle in krankhaftgesteigertem Maasse zugewandte Aufmerksamkeit die Entstehung dieser Störungen begünstigt.

Wir haben in den angeführten Momenten die Bausteine gewonnen, aus denen wir eine befriedigende Auffassung der verschiedenen Symptombilder zu construiren im Stande sind. Ich will sie noch einmal in Kürze zusammenfassen: Es sind zunächst die directen Folgezustände des mechanischen Insults und die hierdurch angeregten Schmerzen und abnormen Sensationen. Es ist ferner die psychische Erschütterung, die einmal zu einer dauernden Seelenstörung, andererseits zu Lähmungszuständen psychischen Ursprungs (wahrscheinlich durch ein directes Auslöschen der Erinnerungsbilder für gewisse Bewegungen) führt. Wir sehen weiter, dass ein peripherisch angreifendes Trauma unmittelbar oder allmälig durch den von der Narbe ausgehenden Reiz die Motilität und Sensibilität in den betroffenen Gliedmassen aufheben kann, dass diese Lähmung sich bei Veranlagten, resp. durch den psychischen Shock alterirten Individuen stabilisiren kann. Es wurde weiter hervorgehoben, dass für die hypochondrisch-melancholische Gemüthsstimmung eine grosse Gefahr in den dauernden Schmerzen liegt, indem diese, in den Brennpunkt der Aufmerksamkeit fallend, sich steigern und den Keim zu krankhaften Vorstellungen bilden.

Durch die Würdigung dieser Factoren gewinnen wir auch ein Verständniss für die Thatsache, dass in dem einen Falle die Lähmungszustände und Sensibilitätsstörungen sofort in die Erscheinung treten, dass in dem andern anfangs nur die seelische Alteration und die örtlichen Wirkungen der Verletzung bestehen, während sich erst nach einem gewissen Zeitraume die Lähmungserscheinungen ausbilden. — Wir begreifen ferner die Thatsache, dass sich nach Kopfverletzungen die Störung der Motilität und Sensibilität in Fällen dieser Art nicht auf der gekreuzten, sondern auf der der Verletzung entsprechenden Körperhälfte entwickelt, denn wir suchen die Erklärung für die Folgezustände nicht in einer directen mecha-

[1] Ref. Neurol. Centralbl. 1890. S. 145.

nischen Erschütterung des Gehirns durch das Trauma (diese würde vornehmlich die dem Sitze der Verletzung entsprechende Hemisphäre treffen und eine Localisation der Symptome auf der gekreuzten Körperhälfte bedingen), sondern in dem psychischen Shock und in den von der Narbe ausgelösten Reflexvorgängen. Damit ist aber nicht gesagt, dass nicht auch nebenher eine echte Commotio cerebri im älteren Sinne durch das Trauma hervorgerufen wird.

Wenn wir die so zergliederte Auffassung von dem Wesen der traumatischen Neurosen nun von dem einheitlichen Gesichtspunkte aus beurtheilen, so erkennen wir, dass nicht grob-anatomische und ebensowenig mikroskopisch nachweisbare Veränderungen die Grundlage derselben bilden, sondern im Wesentlichen cerebrale functionelle Störungen, die ihren Sitz aller Wahrscheinlichkeit nach in der Grosshirnrinde haben und die Psyche, sowie die Centren für Motilität, Sensibilität und Sinnesfunctionen betreffen.

Damit ist nicht die Berechtigung gegeben, alle diese Symptome und Symptomenbilder unter den Krankheitsbegriff Hysterie zu bringen und nur von einer Névrose hystéro-traumatique zu sprechen. Wir können eine ganze Anzahl von Erkrankungen, die nach gegenwärtig herrschender Auffassung functioneller Natur sind, und nur, wenn man alle diese in den Rahmen der Hysterie hineinzuzwängen berechtigt wäre, dürfte man auch alle die hier geschilderten Symptomenbilder mit der Bezeichnung Hysterie versehen. Umgekehrt ist es ganz verfehlt, mir vorzuwerfen, dass ich in der traumatischen Neurose eine „Névrose spéciale" habe aufstellen wollen. In jeder meiner Abhandlungen habe ich die Beziehungen zu den bekannten Neurosen hervorgehoben und mich nur gegen die Identifizirung mit der Hysterie gesträubt. Und nun sehe man. welche Umgestaltung dieser Krankheitsbegriff der Hysterie erst hat erfahren müssen, ehe diese dem Bilde „der traumatischen Neurose" entsprach, wie gerade die wichtigen, von uns hervorgehobenen eigenartigen Züge der traumatischen Neurosen (der Character der psychischen Störung, die Stabilität der Erscheinungen etc.) in die Hysterie hineingetragen wurden und endlich eine Verquickung der Hysterie mit der Neurasthenie erforderlich war, um die besprochenen Krankheitszustände klassifiziren zu können. Dass auch in diesen Rahmen keineswegs alle Erscheinungen und alle Symptomenbilder hineinpassen, ist oben (S. 6) von mir erörtert worden. Das grosse Verdienst Charcot's, die functionelle Natur vieler bis da unklarer Symptome nachgewiesen zu haben, wird damit nicht im Geringsten angetastet. Es erwächst uns nun noch eine Schwierigkeit aus dem Umstande, dass wir in einzelnen Fällen Symptome beobachten, die auf eine anatomische Grundlage hinweisen. Die Anzahl dieser Fälle habe ich freilich früher überschätzt. Von diesen Symptomen ist das wichtigste die Opticusatrophie, in zweiter Linie folgt die dauernde reflectorische Pupillenstarre; ausserdem werden Krankheitserscheinungen beobachtet, die wenigstens den Verdacht auf eine materielle Grundlage lenken, wie die dauernden schweren Blasenstörungen. Es ist also die Möglichkeit im Auge zu behalten, dass sich unter ganz denselben Bedingungen (oder, wie es scheint, wenn die Verletzung eine besonders schwere ist) in freilich seltenen Fällen auch pathologisch-anatomische Veränderungen in den Nervenapparaten entwickeln und sich mit den functionellen Störungen combiniren. Dieser Annahme giebt auch Bernhardt Ausdruck, indem er „das Zusammenvorkommen von pathologisch-anatomisch zu begründenden und rein nervösen Störungen ohne eine solche Grundlage bei demselben Individuum" betont. Es ist ja bekannt, dass für viele organische Krankheiten des centralen Nervensystems das Trauma eine ätiologische Bedeutung hat, dass einzelne Beobachtungen vorliegen, nach welchen sich im Anschluss an ein Trauma, das zu keiner Verletzung der Wirbelsäule geführt hat, ein fortschreitendes, tödtlich verlaufendes organisches Rückenmarksleiden entwickelte. Somit wird es sich denn in einzelnen Fällen nicht mit Bestimmtheit entscheiden lassen, ob eine reine Neurose vorliegt oder eine materielle Erkrankung des centralen Nervensystems. Besonders bei manchen nach Kopfverletzungen zur Beobachtung gelangenden Symptomen und Symptomgruppen werden diese Zweifel auftauchen und nicht immer leicht und sicher zu klären sein. In dieser Hinsicht dürfte den von Friedmann gefundenen Anomalien am Gefässapparate des Gehirns künftig Beachtung zu schenken sein.

VII. Prädisposition.

In der Mehrzahl der von uns mitgetheilten Beobachtungen hat sich die Verletzungsneurose bei Männern entwickelt, welche vorher vollkommen gesund, arbeitsfähig und in neuropathischer Beziehung unbelastet waren. Bei einigen war schon einmal in früherer Zeit ein Unfall vorausgegangen, der gar keine Folgen gehabt hatte oder dessen Folgezustände sich ganz oder fast vollständig zurückgebildet hatten. Es bleibt eine kleine Summe von Fällen, in welchen das Individuum schon vor der Verletzung nicht gesund war, sondern nervöse Krankheits-Erscheinungen darbot oder wenigstens als neuropathisch belastet betrachtet werden musste. Um nicht auf die Angaben der Verletzten selbst, in deren Interesse es ja liegt, die bestehende Krankheit ausschliesslich auf das Trauma zurückzuführen, angewiesen zu sein, gewann ich wenigstens bei dem Bahnpersonal einen sicheren Anhaltspunkt für die Entscheidung dieser Frage in vielen Fällen durch die Durchsicht der Personalacten, in welchen jede Krankmeldung und die Ursache derselben verzeichnet wird, und fand hier mit vereinzelten Ausnahmen keine auf ein vorher bestehendes Leiden deutende Angaben.

Betrachten wir diejenigen Personen, welche schon vor der Verletzung die Zeichen einer neuropathischen Diathese boten. Da ist es besonders interessant zu sehen, dass bei einer derartigen Veranlagung schon leichtere Verletzungen genügen, um die Neurose in's Leben zu rufen. Am deutlichsten illustrirt dies unsere Patientin K. (Beobachtung XXIII). Sie entstammt einer Ehe zwischen Blutsverwandten und litt vor der Verletzung an Retinitis pigmentosa. Es genügte ein Fall auf ebener Erde, um unmittelbar eine schwere dauernde Neurose hervorzurufen, zu der sich späterhin eine Psychose gesellte. In drei weiteren der von uns mitgetheilten Beobachtungen, in welchen sich das Nervenleiden im

Anschluss an peripherische Verletzungen (Fraktur des Unterschenkels, Quetschung der Hand etc.) entwickelte, konnten wir
den Nachweis führen, dass bereits vorher psychische Anomalien
bestanden.

Die Annahme scheint wohl nicht gewagt, dass der Stoss
gegen das Nervensystem, soll es dauernd geschädigt werden, um
so schwerer sein muss, je widerstandsfähiger dasselbe ist, das
heisst, je weniger dasselbe bereits alterirt ist. Und dem entspricht,
dass es sich in der Mehrzahl der Fälle trotz verhältnissmässig
geringfügiger Verwundung doch um beträchtliche locale oder
allgemeine Erschütterung gehandelt hat — und gerade in
diesem Umstand scheint die Gefahr für das Nervensystem zu beruhen. —

Die Charcot'sche Schule vertritt neuerdings die Auffassung,
dass die Hysterie immer eine ererbte Krankheit sei und das
Trauma nur die Rolle einer Gelegenheitsursache (agent provocateur)
spiele. Dieser Auffassung kann ich wenigstens nicht beitreten,
wenn sie auf die traumatischen Neurosen übertragen wird. Die
Neurosen traumatischen Ursprungs entwickeln sich in der Regel
bei Personen, die bis dahin gesund gewesen sind und in deren
Ascendenz Nervenkrankheiten nicht vorgekommen sind, soweit dies
festzustellen ist (zur Verheimlichung der hereditären Belastung
würde ja bei unseren Kranken kein Grund vorliegen). Wo jedoch
neuropathische Anlage vorhanden ist, bildet diese ein prädisponi-
rendes Moment.

Von den weiteren Factoren, welche die Disposition erhöhen,
ist besonders der Alkoholismus zu erwähnen, derselbe kann ja
an sich Krankheitserscheinungen produciren, welche wir als
Symptome der traumatischen Neurose kennen gelernt haben. Um
so verständlicher ist die Thatsache, dass bei bestehendem Alkoholismus das Trauma von tiefer greifender Wirkung ist. Nach
meinen neueren Erfahrungen[1]) schafft auch die chronische
Intoxication mit metallischen Giften (Blei, Hg.) eine Prädisposition,
so beobachtete ich bei Blei- und Quecksilber-Arbeitern
schwere Neurosen nach relativ - geringfügigen Erschütterungen.

---

[1]) Allgemeines und Specielles über die toxischen Erkrankungen des
Nervensystems. Berl. klin. Wochenschr. 1891. No. 49.

Rigler ist der Meinung, dass bei Eisenbahnbeamten der Beruf an sich eine Prädisposition schaffe, die sich durch eine Irritation der Nervencentren kund giebt. Spätere Beobachter haben über diesen Punkt leider nichts berichtet. Nach einigen von mir angestellten Recherchen wird die Rigler'sche Vermuthung nicht bestätigt bis auf die sicher constatirte Schädigung des Gehörorganes bei den im Fahrdienst (sowie in geräuschvollen Fabriken) beschäftigten Personen.

VIII. Verlauf und Prognose.

Die Krankheitserscheinungen treten nur selten gleich nach dem Unfalle in vollendeter Entwickelung auf. Meistens gebraucht die Erkrankung einen Zeitraum von mehreren Monaten, um zu ihrer vollkommenen Ausbildung zu gelangen. In der ersten Zeit sind es dann nur die Schmerzen, Parästhesien und die psychischen Anomalien, welche sich bemerklich machen, während sich im Verlauf von mehreren Wochen oder Monaten die Anästhesie, die Motilitätsstörung, die krampfhaften Erscheinungen etc. einstellen. Ja wir beobachteten, dass sich gewisse Beschwerden, wie die Sprachstörung, die epileptischen Anfälle, noch nach längerer Frist zu den bereits bestehenden Symptomen hinzugesellten. Seltener ist es, dass im sofortigen Anschluss an den Unfall die Krankheit in voller Entwicklung steht, während im weiteren Verlauf die Erscheinungen verblassen oder sich völlig zurückbilden. Hat sie ihre Höhe erreicht, so ist von nun ab der Verlauf meistens ein im Ganzen stabiler, wenngleich auch in der Folge ein Abklingen einzelner Symptome, ein Anwachsen anderer beobachtet wird. Auch kommt es vor, dass noch nach langem Bestehen des Leidens eine — meistens freilich unvollkommene — Heilung eintritt. Von besonderer Hartnäckigkeit ist namentlich die psychische Alteration und unterscheidet sie sich dadurch wesentlich von der gewöhnlichen Psychose der Hysterischen, die sich durch den launischen Wechsel der Erscheinungen kennzeichnet.

Die Prognose quoad vitam muss im Allgemeinen als eine günstige bezeichnet werden. Die Lebensdauer wird, soweit ich beurtheilen kann, durch die Erkrankung meistens nicht wesentlich abgekürzt. Eine Ausnahme machen in dieser Hinsicht vor allen die Fälle, in welchen sich aus dem nervösen Herzleiden ein organisches entwickelt hat oder der Gefässapparat schwerer erkrankt ist.

Eine weitere Gefahr für das Leben ist bedingt durch die Neigung zum Selbstmord auf Grund der Seelenstörung. Im Ganzen ist auch diese Todesart eine seltene.

Ganz anders stellt sich die Beantwortung der Frage nach der Prognosis quoad sanationem. Dass eine vollständige Heilung in den schweren Fällen dieser Krankheit eintritt, muss nach unseren Erfahrungen jedenfalls als selten bezeichnet werden. Man darf freilich das Urtheil über die Prognose nicht ausschliesslich auf die oben von mir mitgetheilten Beobachtungen basiren, da es mir vor allem darauf ankommen musste, recht prägnante Krankheitsgeschichten mitzutheilen. In die zweite Auflage habe ich der Vollständigkeit halber auch einzelne leichtere Fälle aufgenommen. Selbst Page[1]), der im Ganzen eine günstigere Auffassung von diesem Leiden hat, sieht doch auch in den zur Heilung gelangenden Fällen eine gewisse nervöse Schwäche und krankhafte Reizbarkeit zurückbleiben, die das Individuum zum „damaged man" stempelt.

Zu allen Zeiten sind diese Kranken besonders von einer Gefahr bedroht: Es kann sich auf dem Boden der traumatischen Neurose mit den gewöhnlichen psychischen Anomalien eine schwere Psychose unter der Form der hallucinatorischen Verwirrtheit oder Verrücktheit entwickeln, eine Transformation, die wir mehrfach zu constatiren Gelegenheit hatten. Ein typisches Beispiel zeigt uns Beob. XLII.

Prognostisch sehr ungünstig zu beurtheilen sind ferner die

---

[1]) On the abuse of bromide of potassium etc. Med. Times and Gaz. 1885. I.

Fälle, in denen die Epilepsie oder eine deutliche Dementia zu den Krankheitserscheinungen gehört, sowie diejenigen, in welchen die nervösen Herzbeschwerden und die Arteriosclerose stark ausgeprägt sind (vgl. Beob. VII). Es ist mir ferner aufgefallen, dass die nach Verletzung der Damm- und Hodengegend sich entwickelnden Neurosen sehr hartnäckig sind. — Auch ist es immer im Auge zu behalten, dass die in der ersten Zeit scheinbar örtlichen Störungen später an Ausbreitung gewinnen, dass aus der sogenannten localen traumatischen Neurose Strümpell's die allgemeine hervorgehen kann.

Im Uebrigen ist es nicht ungewöhnlich, dass unter dem geeigneten Regime eine wesentliche Besserung und in den leichten Fällen, in denen die Psyche nicht wesentlich in Mitleidenschaft gezogen ist, völlige Heilung erzielt wird.

Es ist wiederholentlich die Behauptung aufgestellt worden, dass [zu den Momenten, welche die Besserung hintanhalten, die zur Ordnung der Entschädigungsansprüche eingeleiteten Rechtsverhandlungen gehören, indem der Beschädigte selbstverständlich ein Interesse daran hat, bis zur Entscheidung derselben möglichst krank zu erscheinen. Diese Möglichkeit in Abrede zu stellen, würde ungefähr so viel heissen, als die Existenz der Unredlichkeit und des Betrugs wegzuleugnen. Gewiss wird der Unredliche bestrebt sein, seine subjectiven Beschwerden so lange, als es in seinem Interesse liegt, zu betonen, zu übertreiben und zu simuliren. Aber wir dürfen doch bei der Würdigung dieser Verhältnisse ein anderes Moment nicht ausser Acht lassen, dass die schwebende Streitfrage über die wichtigsten Existenzbedingungen des Individuums zu entscheiden hat, und dass die nur zu berechtigte psychische Aufregung um so verderblicher wirken muss, als sie ein psychisch alterirtes, krankhaft-reizbares Individuum betrifft. So sehen wir denn freilich in einer Anzahl von Fällen nach einer günstigen Lösung dieser Existenzfrage eine Besserung oder selbst Heilung eintreten. Eine Reihe derartiger Fälle, in denen es sich freilich um ganz andere Rechts- und Entschädigungsverhältnisse handelt, theilt Page[1]) mit. Weit grösser ist nach meiner Erfahrung die

---

[1]) Railway Injuries: in their medico-legal and clinical aspects. London 1891.

Zahl derjenigen, in denen auch nach der Beendigung des Rechts-
streites das Leiden unverändert seinen Fortgang nimmt.

Den schlimmsten Einfluss hat aus begreiflichen Gründen die
unberechtigte Simulationsverdächtigung, während es andererseits dringend geboten ist, den Patienten zu beruhigen, ihn von
der Heilbarkeit des Zustandes zu überzeugen und in geeigneten
Fällen zur Thätigkeit anzuspornen.

IX. Therapie.

Wie in der Behandlung aller Krankheiten, so ist auch hier
das oberste Gesetz: Fernhaltung von Schädlichkeiten. Die
grösste Noxe wird gebildet durch diejenigen Momente, welche die
psychische Aufregung steigern, und diese müssen, so weit es in
der ärztlichen Macht liegt, beseitigt werden. Von diesem Gesichtspunkte aus würde es auch von der grössten Wichtigkeit sein, den
Rechtsstreit über die Entschädigung in möglichst kurzer
Zeit zu erledigen. Ich habe mehrfach Gelegenheit gehabt zu
sehen, wie sich unter der Einwirkung der über Jahresfrist oder
selbst mehrere Jahre hinausgedehnten Processverhandlungen der
Zustand gradatim verschlimmerte. Eine schnelle Entscheidung ist
aber leider schon deshalb nicht immer zu treffen, weil sich das
ärztliche Gutachten nicht immer von vornherein definitiv über die
Prognose aussprechen kann.

Eine schwierige Frage vom therapeutischen Standpunkte aus ist
die nach der weiteren Beschäftigung des Kranken. Sicher ist,
dass in den schweren Fällen von einer pflichtgemässen Arbeit überhaupt Abstand zu nehmen ist, dass in allen Fällen eine Beschäftigung
mit hoher Verantwortlichkeit, wie z. B. die im Fahrdienst, zu ver-

meiden ist. Wenn man andererseits bedenkt, welch wichtigen Heil-
factor für psychische Erkrankungen gerade die Arbeit bildet, wird
man gewiss in den leichteren Fällen eine nicht beschwerliche und
nicht mit psychischer Aufregung verknüpfte Thätigkeit empfehlen
und diesem Punkte im Gutachten über die Erwerbsfähigkeit Rechnung tragen[1]).

Zu den Factoren, welche die Krankheitserscheinungen zu steigern im Stande sind, ist in gewissen Fällen der feste Verband
zu rechnen. Charcot berichtet, dass bei Kranken, welche an
functioneller Lähmung leiden, die Neigung zur Contractur besonders
gefördert wird durch die Application eines festen Verbandes, und
dass in dieser Hinsicht zuweilen ein paar Zirkeltouren mit einer
Rollbinde ausreichen, die Contractur hervorzurufen. Mir ist es
wiederholentlich aufgefallen, dass bei Kranken dieser Art der
feste Verband und zuweilen selbst die dauernde Bindeneinwickelung
zu einem schnell eintretenden Muskelschwunde führte, wenn
ich auch diesen Zusammenhang nicht mit Sicherheit nachweisen
konnte. Ich habe ferner darauf hinzuweisen, dass ich häufig Fälle
gesehen habe, in denen der Arzt — durch autoritativen Ausspruch
oder aus anderen Gründen gezwungen — die Krankheit anerkennen
musste, aber im Stillen doch an der Annahme der Simulation oder
Halb-Simulation festhielt und nun durch eine Zwangstherapie
„die angebliche Schwäche“, „die angebliche Steifigkeit“, „die angebliche Schmerzhaftigkeit“ um jeden Preis beseitigen wollte. Da
mussten dann die stärksten electrischen Pinselströme oder eine
gewaltsame (laut mir vorliegendem Attest: „brutale“) Massage
oder sinnlos forcirte Gymnastik mit entsprechenden Apparaten
herhalten. Vor dieser Art „Therapie“ kann ich nur recht an-
gelegentlichst warnen, gewöhnlich wird das Leiden durch dieselbe
erheblich verschlimmert. Es können freilich Augenblickserfolge

[1]) Dieser schon in der ersten Auflage wörtlich enthaltene Passus ist wie
so mancher wichtige Abschnitt von meinen Gegnern in diesen Fragen gänzlich
übersehen und der Anschein erweckt worden, als ob ich in der traumatischen
Neurose immer eine „traurige, tragische Krankheit“ erblicke und den noch
arbeitsfähigen Individuen ein bequemes Schlaraffendasein bereiten wolle.

erzielt werden — in denen dann der Beweis der Simulation er-
blickt wird — aber das Endresultat ist fast regelmässig: Verschlimmerung. Ein Beispiel dieser Parforce-Therapie findet sich
bei Hoffmann [1]. „Es wurden künstlich die Anfälle ausgelöst und dann der faradische Pinsel solange angewandt, bis
der Anfall vorüber war, dann abermals ein Anfall ausgelöst
und in der gleichen Weise verfahren. In den nächsten 2 Tagen
kamen die Anfälle viel spärlicher, dann während des mehrwöchentlichen Spitalaufenthalts überhaupt nicht mehr . . . . . . als er
dann in seine frühere Umgebung und unter deren Einfluss zurück-
kam, begann die Geschichte von Neuem." Man kann ja über die
Berechtigung einer derartigen Therapie streiten, nach meinem
Dafürhalten ist sie zwecklos und deshalb ungeeignet, weil sie den
psychischen Zustand ungünstig beeinflusst. Wenn sie auch einzelne Blüthen vom Krankheitsbaume abschüttelt, so lässt sie die
Wurzeln doch um so üppiger wuchern.

Für die ausgeprägten Fälle, namentlich diejenigen mit ernsten
psychischen Störungen, ist Ruhe das wichtigste Erforderniss. Der
Kranke hat selbst das Bedürfniss, die Einsamkeit aufzusuchen, und
diesem soll Rechnung getragen werden. So hat sich in vielen der
von uns beobachteten Fälle ein Land- resp. Waldaufenthalt
als besonders heilsam erwiesen. Auch der Aufenthalt an der See
war in vereinzelten Fällen von Vortheil. Vom Gebrauche des See-
bades selbst würde ich aber nach den gewonnenen Erfahrungen
abrathen.

Einige Male berichteten die Kranken günstigen Erfolg nach
einer Badecur in Oeynhausen oder Nauheim; es sollten sich
besonders die Rückenschmerzen und die Steifigkeit gemildert haben.
Von manchen Autoren wird die Wirkung der kohlensäurehaltigen
Stahlbäder (Cudowa, Schwalbach) rühmend hervorgehoben. Einfache kalte Abreibungen, sowie laue Halbbäder dürften in allen
Fällen versucht werden, jedoch ist der Erfolg ein unsicherer.

Der electrische Strom erzielt auch in der Behandlung dieser
Neurosen zuweilen schöne Resultate; und zwar verdient am meisten
Vertrauen die galvanische Behandlung durch den Kopf. Ich
sah unter dieser Behandlung nicht selten eine Reihe der lästigsten

---

[1] Erfahrungen üb. die traumat. Neurose. Berl. klin. Woch. 1890. No. 29.

Beschwerden schwinden oder sich verringern, wie den Kopfschmerz, das Schwindelgefühl, die Reizbarkeit, das Ohrensausen, die Schlaflosigkeit etc. Andere Kranke dieser Art sind aber so empfindlich gegen den electrischen Strom (wahrscheinlich ist auch dabei der psychische Factor im Spiele), dass man von dem Versuche ganz Abstand nehmen muss. Auch kann eine faradische Behandlung von Nutzen sein. Namentlich empfiehlt es sich, zur Beseitigung der Anästhesie den faradischen Pinsel (Ströme von mittlerer Stärke) in Anwendung zu ziehen, sowie durch Muskelreizung der Muskelerschlaffung und Atrophie entgegenzuwirken.

Ueber den Effect des electrischen Bades besitze ich wenig eigene Erfahrung. Einer meiner Patienten verfiel gleich bei dem ersten Versuch in einen Besorgniss erregenden Ohnmachtszustand mit Zeichen von Herzschwäche, so dass die Behandlung nicht fortgesetzt werden konnte.

Nach unserer heutigen Anschauung von dem Wesen dieser Krankheitsform muss die Therapie vornehmlich eine psychische sein. Dahin zielen ja auch die oben gegebenen Vorschriften betreffend die Fernhaltung aller das Seelenleben erregenden Einflüsse etc.

Aber es liegt auch in der Macht des Arztes, durch beruhigenden Zuspruch, durch die Versicherung, dass das Leiden heilbar ist, dass Gefahren für das Leben nicht vorliegen, günstig auf den seelischen Zustand des Kranken einzuwirken. Dadurch jedoch, dass man die Beschwerden ignorirt oder denselben mit Misstrauen und Ungläubigkeit begegnet, wird man keinen Nutzen stiften, sondern den Schaden vergrössern. Sobald ein derartiger Kranker herausfühlt, dass er das Vertrauen des Arztes nicht besitzt, verliert er das seinige, und dann ist die Behandlung unnütz. Es entwickelt sich zwischen dem Patienten und seinem ärztlichen Berather eine Spannung, die für beide misslich ist und das Misstrauen wächst fortwährend auf beiden Seiten. Ich habe solche Kranke kennen gelernt, die diese Erfahrung bei verschiedenen Aerzten machen mussten; überall begegnete man ihren Beschwerden mit Zweifel und Misstrauen, bis sich der Zustand zu einer ausgeprägten Psychose steigerte[1]. Manchen von diesen aus Krankenhäusern

---

[1] Ich kann die Lectüre der Beob. XLII nicht dringend genug empfehlen.

und Anstalten mit dem Zeugniss: „geheilt bis auf die angeblichen Beschwerden" Entlassenen sah ich nachher im elenden Zustande wieder, der Kranke war gegangen, weil er das Misstrauen herausfühlte oder selbst rundweg für einen Simulanten erklärt wurde. Eine Methode, auf die Psyche einzuwirken, haben wir in neuerer Zeit in der hypnotischen Ideenübertragung kennen gelernt. Diese Art der Behandlung würde vom theoretischen Standpunkte aus entschieden berechtigt sein, namentlich wenn man die Charcot'sche Hypothese annimmt, dass die Lähmungszustände, die Sensibilitätsstörungen etc. in einem dem hypnotischen verwandten Zustande auf dem Wege der Autosuggestion entstehen. Die Probe ihrer praktischen Anwendbarkeit auf diese Fälle hat diese Behandlungsmethode aber noch nicht bestanden. Mir ist es zwar einige Male gelungen, Kranke dieser Art zu hypnotisiren, aber ich war nicht im Stande, sie durch Suggestion von ihrem Leiden zu befreien oder auch nur einzelne Erscheinungen vorübergehend zu beseitigen. — Von der Anwendung des Magneten habe ich keinen Erfolg gesehen, es ist mir sogar in keinem dieser Fälle gelungen, die Erscheinungen des Transfert herbeizuführen, die ich bei Hysterischen ebenso wie Andere in einer grossen Anzahl der Fälle hervorrufen konnte.

Von Charcot wird die Massage warm empfohlen; er betrachtet dieselbe als eine Art von localem Hypnotismus.

In der Nervenklinik wurde zu der Zeit, als ich dort thätig war, noch zuweilen das Haarseil angewandt und in einzelnen Fällen mit einigem Erfolge. Es waren besonders Kranke, die an Kopfdruck, Schwindelgefühl, Krampfzuständen, Nackenschmerzen und Steifigkeit litten und eine Milderung ihrer Beschwerden unter dem Gebrauche des Haarseils verspürten; einzelne derselben stellten sich alle paar Monate wieder ein, um sich dasselbe von neuem appliciren zu lassen.

In zwei Fällen, in welchen eine functionelle Hemiplegie bestand, sah ich nach der aus einem diagnostischen Grunde vorgenommenen Excision kleiner Muskelstücke eine auffallende Besserung der Beweglichkeit eintreten. Die kleine Operation, welche ohne Narcose vorgenommen wurde, erinnerte durch den völligen Mangel einer Schmerzreaction, sowie durch die minimale Blutung, an die Operation am Cadaver.

Von einem zweckbewussten chirurgischen Eingriff
kann im Uebrigen nur die Rede sein in den Fällen von Reflex-
epilepsie.

Die Indication zur Excision der Narbe wird von v. Berg-
mann so gestellt, dass sich der Krampfanfall mit einer von der
Narbe ausgehenden Aura einleiten und die Narbe selbst eine epileptogene Zone darstellen muss. In dem von uns unter No. 33
mitgetheilten Falle, der als Paradigma gelten kann, war der Erfolg freilich kein andauernder; doch sind andere bekannt, in
denen eine definitive Heilung erzielt worden ist. In einzelnen
Fällen, in denen die Narbe besonders schmerzhaft war und die
Schmerzen von dort ausstrahlten, habe ich dieselbe excidiren lassen
und wenigstens zweimal wesentliche, häufiger nur unbedeutende
Besserung erzielt.

Die medicamentöse Therapie hat nur bescheidene Resül-
tate aufzuweisen. Das beste leisten nach unseren Erfahrungen
die Brompräparate. Die Verstimmung, die Angstzustände, die
Schreckhaftigkeit, die Schlaflosigkeit, der Pavor nocturnus, das
Herzklopfen erfahren unter dem Gebrauch von Bromkalium oder
Bromnatrium eine mehr oder weniger beträchtliche Linderung.
Vor der allzu lange fortgesetzten Anwendung dieser Arzneimittel
wird jedoch von Page dringend gewarnt.

Die subcutanen Antipyrininjectionen haben sich mir in
diesen Fällen nicht bewährt. Gegen das Zittern pflege ich Tinctura
Veratri viridis in kleinen Dosen zu verschreiben.

Gegen die Schlaflosigkeit empfiehlt sich, wenn die Brompräparate im Stich lassen, das Sulfonal und Paraldehyd; in besonders hartnäckigen Fällen muss man zum Chloralhydrat und
Morphium seine Zuflucht nehmen.

Die übrigen Nervina und Tonica mögen versuchsweise ver-
ordnet werden.

Für eine gute Ernährung ist immer Sorge zu tragen.

Gegen Spirituosen sind die meisten dieser Kranken abnorm
empfindlich. Bier und Wein darf daher nur in geringen Quantitäten, Branntwein garnicht genossen werden. Auch Kaffee und
Thee werden besser untersagt.

X. Forensische Betrachtungen (Simulation etc.).

Der ärztlichen Competenz wird die Entscheidung folgender Fragen vorgelegt: Ist der X. krank und an welcher Krankheit leidet er? Ist ein ursächlicher Zusammenhang zwischen der gegenwärtig nachweisbaren Erkrankung und der stattgehabten Verletzung anzunehmen? Ist das Leiden heilbar und innerhalb welcher Zeit steht die Heilung zu erwarten? Bedingt dasselbe vollständige oder theilweise Erwerbsunfähigkeit? Im letzteren Falle ist der Grad derselben in Procenten anzugeben.

Nach den Bestimmungen des Unfallversicherungsgesetzes vom 16. Juli 1884 (§ 5 und 57) erhält jeder in einem Betriebe verletzte Arbeiter oder Betriebsbeamte: a) Im Falle völliger Erwerbsunfähigkeit für die Dauer derselben $66^2/_3$ pCt. des Arbeitsverdienstes. b) Im Falle theilweiser Erwerbsunfähigkeit für die Dauer derselben einen Bruchtheil der Rente unter a), welcher nach dem Maasse der verbliebenen Erwerbsfähigkeit zu bemessen ist.

Wir besitzen leider noch keine einheitliche Auffassung und Definition des Begriffes der Arbeits- und Erwerbs-Unfähigkeit. Die wissenschaftliche Deputation für Medicinalwesen definirte einmal (nach Becker[1]) die Arbeitsfähigkeit als „die Fähigkeit, die gewohnte körperliche und geistige Thätigkeit in gewohntem Maasse auszuüben" und nannte den Verlust dieser Fähigkeit Arbeitsunfähigkeit. Dagegen entschied das Obertribunal: „Arbeitsunfähigkeit ist nicht schon jede eingetretene Verminderung und nicht schon

---

[1] Anleitung zur Bestimmung der Arbeits- und Erwerbsunfähigkeit nach Verletzungen etc. 4. Aufl. Berlin 1892.

die Unfähigkeit zur Verrichtung der Berufsarbeit des Verletzten,
sondern die Unfähigkeit zur Verrichtung gewöhnlicher körperlicher,
durch erhöhten Kraftaufwand nicht bedingter Arbeit". Nach
von Woedtke (Unfallversicherungsgesetz vom 6. Juli 1884 mit
Erläuterungen, Berlin 1885) ist als völlige Erwerbsunfähigkeit die
unter Berücksichtigung der thatsächlichen Verhältnisse voraussicht-
lich bestehende Unmöglichkeit zu bezeichnen, fortan nach Massgabe der körperlichen und geistigen Kräfte und der Vorbildung
einen (nicht etwa unsicheren) Arbeitsverdienst zu beziehen. Das
Reichsversicherungsamt hat in seinen Recurs-Entscheidungen [1]) festgestellt: „Die Erwerbsfähigkeit ist vielmehr . . . allein danach zu
beurtheilen, inwieweit Kläger durch die erlittene Verletzung nach
seinen gesammten körperlichen und geistigen Fähigkeiten in der
Benutzung der sich ihm auf dem ganzen wirthschaftlichen
Gebiete bietenden Arbeitsgelegenheiten beschränkt ist."

Die Schwierigkeiten, welche dem Arzte bei der Entscheidung
der angegebenen Fragen sich entgegenstellen, sind grosse und in
einzelnen Fällen sogar nicht vollständig zu überwindende.

Die Entscheidung der Frage, ob überhaupt eine Erkrankung
vorliegt, hat mit dem in seiner Bedeutung nicht zu unterschätzenden
Factor der Simulation und Uebertreibung zu kämpfen. Ich
selbst hatte nur in einzelnen Fällen Gelegenheit, einen Simulanten
zu entlarven und die Simulation aller Krankheitserscheinungen nachzuweisen, während in fast allen den Fällen, in denen von
anderer Seite Simulation angenommen worden war, durch
die Beobachtung in der Nervenklinik der Charité die
Zeichen einer ausgesprochenen Nervenkrankheit nachgewiesen wurden.

Wie ich schon an anderer Stelle [2]) mitgetheilt habe, haben
mich die von Seeligmüller und Mendel gegen mich gerichteten

---

[1]) Berlin, Anlage zu: Der Kompass, Organ der Knappschafts-Berufs-
Genossenschaft für das Deutsche Reich. Jahrg. 1888, 89 u. f.
[2]) Weitere Mittheilungen in Bezug auf die traumatischen Neurosen mit
besonderer Berücksichtigung der Simulationsfrage. Vortrag etc. Berlin 1891.

Angriffe veranlasst, eine Revision des gesammten, während meiner Thätigkeit an der Nervenklinik der Charité von mir beobachteten und gutachtlich beurtheilten Krankenmaterials vorzunehmen. In der Zeit vom Juli 1883 bis zum August 1890 kamen 108 Fälle mit der Diagnose: traumatische Neurose zur Beobachtung. Unter diesen fanden sich 76, die zum Zweck der Begutachtung dem Krankenhause zugewiesen waren. In 6 von diesen musste entweder Simulation angenommen oder es konnte doch das bestehende Leiden nicht mit dem Unfall in Zusammenhang gebracht werden, während auch in diesen keineswegs immer Dolus nachzuweisen war. In allen übrigen wurden die Zeichen einer Nervenkrankheit gefunden.

Es lag mir nun daran, durch sorgfältige Recherchen festzustellen, inwieweit der fernere Verlauf die Richtigkeit meiner Entscheidung bestätigte. Zu diesem Behuf nahm ich eine Revision der Unfallsacten vor und erhielt aus den diesen beigegebenen ärztlichen Attesten und Gutachten Aufschluss über den weiteren Verlauf (abgesehen davon, dass ich mich in den Fällen, in denen es möglich war, die Kranken selbst wieder zu Gesicht zu bekommen, durch eine persönliche Untersuchung von dem derzeitigen Status überzeugte). Es ergab sich, dass in 67 von den 68 Fällen, in denen ich die Acten zur Einsicht erhielt, der weitere Verlauf meine Anschauung und das Facit meines Gutachtens bestätigt hat. Nur in einem einzigen Falle gelang es dem Vertrauensarzt, in einer wenigstens das Schiedsgericht überzeugenden Weise darzuthun, dass der zur Zeit meiner Beobachtung kranke Mann ein Fortbestehen seiner Beschwerden vorgetäuscht oder dieselben doch wesentlich übertrieben hatte. In einem weiteren Fall, in welchem meine Diagnose: traumatische Neurose von den Genossenschaftsärzten angefochten und Simulation angenommen wurde, hat das Reichsversicherungsamt ein Obergutachten der medicinischen Facultät eingeholt, welches meine Diagnose bestätigte. — Bezüglich der Einzelheiten muss ich auf meine angeführte Schrift verweisen.

Ich darf wohl behaupten, dass ein Material von solcher Beweiskraft bisher von keiner Seite beigebracht worden ist und habe weiter auszuführen, wie kläglich und ärmlich dagegen die von Anderen zum Beweise der Häufigkeit der Simulation angeführten Facta sind.

Wenn frühere Autoren (z B. Rigler) Simulation in einem beträchtlichen Procentsatz der von ihnen direct oder durch Einsicht in das Actenmaterial beobachteten Fälle constatirten oder festgestellt zu haben glaubten, so könnte das seinen Grund zum Theil vielleicht darin haben, dass zweckbewusste Simulanten sich wohl meistens einer Beobachtung im Krankenhause zu entziehen suchen. Von grösserer Bedeutung scheint mir der folgende Umstand. Bei der Durchsicht der vorliegenden älteren Casuistik betreffend Simulation ist die Thatsache in die Augen springend, dass die Begründung dieser Annahme nicht selten eine mangelhafte und auf falschen Voraussetzungen beruhende und der heutigen Auffassung von dem Wesen der traumatischen Neurose und Psychose nicht hinreichend Rechnung tragende ist. So wird z. B. den psychischen Anomalien und anderen functionellen Störungen der Werth und die Bedeutung der Krankheit nicht zuerkannt, sondern im zähen Festhalten an verjährten Anschauungen zwischen diesen Krankheitserscheinungen und der Simulation keine scharfe Grenze gezogen. Da sehen wir den Trugschluss: Simulation auf der Wahrnehmung basiren, dass der Verunglückte, den man nach seinen Krankheitssymptomen für rückenmarksleidend gehalten hat, in einem Vergnügungslocale gesehen worden ist, oder auf Laien nach seinem Aussehen und seiner strammen Körperhaltung den Eindruck eines gesunden Mannes gemacht hat.

War irrthümlicher Weise statt der Neurose ein unheilbares Rückenmarksleiden diagnosticirt, so wird der Umstand, dass das Individuum nach 5—15 Jahren in Erwerbsthätigkeit betroffen wird, als beweiskräftig für Simulation erachtet.

Rigler weist bezüglich der Eisenbahnunfälle darauf hin, dass bei den auf der betreffenden Bahn von ihrer Begründung an bis zum Juni 1871 stattgehabten 19 Zusammenstössen und 15 Entgleisungen angeblich nur 6 Personen eine dauernde Beschädigung ihrer Gesundheit erlitten haben sollten, dass hingegen vom Juni 1871 bis Ende 1876 bei 12 Zusammenstössen und 7 Entgleisungen angeblich 30 Personen in gleicher Art beschädigt wurden, dass also mit Emanation des Haftpflichtgesetzes die Zahl der Eisenbahninvaliden auf das 9fache gestiegen sei; ein Sachverhältniss, welches keine andere Deutung gestatte, als dass vielfach die durch das Gesetz verschärfte Haftverbindlichkeit der Eisenbahngesellschaften von solchen missbräuchlich in Anspruch genommen würde, bei denen keine oder doch keine so ernste Verletzung vorlag, wie die Betroffenen es von sich glauben zu machen wussten.

Wenn wir auch diese Art der Betrachtung und Schlussfolgerung für gewagt halten, so unterliegt es doch keinem Zweifel, dass nervöse Krankheitserscheinungen nach Verletzungen geflissentlich vorgetäuscht und bestehende in übertriebener Weise dargestellt werden. Als man den Begriff Railway-spine fallen liess, und die Lehre von den traumatischen Neurosen sich entwickelte, erhob sich bekanntlich eine mächtige Opposition gegen dieselbe, welche in der Behauptung gipfelte, dass ein grosser Theil der beschriebenen Krankheitserscheinungen simulirt werden könne, und dass die Simulation überaus häufig vorkomme. Ich will an dieser Stelle nicht des Weiteren erörtern, dass diese Gegnerschaft sich in eine persönliche verwandelte und zu Ausfällen bedenklichster Art geführt hat.

Die Frage der Simulation ist aber doch so wichtig und der Widerspruch ist zum Theil von so autoritativer Seite ausgegangen, dass ich auf den Gegenstand selbst näher eingehen muss.

Wenn ich überall auf Grund der persönlichen Erfahrung dafür eingetreten bin, die Seltenheit und Schwierigkeit der Simulation zu betonen, so kann man doch von mir fordern, dass ich auch den Erfahrungen Anderer Rechnung trage. Dieses Verlangen wäre gewiss berechtigt, wenn die Vertreter dieses gegnerischen Standpunktes etwas mehr und etwas Besseres als Behauptungen beigebracht hätten. — Aber sind nicht von Seeligmüller, Hoffmann und Schultze Fälle von Simulation mitgetheilt worden? Freilich! — und sie würden volle Berücksichtigung verdienen, wenn die Simulation wirklich erwiesen worden wäre. Was die von Seeligmüller mitgetheilten 3 Beobachtungen anlangt, so könnte ich mich darauf beschränken, auf die wahrhaft vernichtende Kritik, die Moebius[1]) über dieselben gefällt hat, hinzuweisen. Am Schlusse derselben sagt Moebius: „Das wären also die zwei Säulen, die Seeligmüller's schweren Bau tragen sollen. Es ist

[1]) Weitere Bemerkungen über Simulation bei Unfall-Nervenkranken. Münch. med. Wochenschr. 1891. No. 39.

vorauszusetzen, dass S., um seine Behauptungen, bezw. Beschuldi-
gungen möglichst wirksam zu unterstützen, die klarsten einleuch-
tendsten, beweiskräftigsten Beispiele von Simulation mitgetheilt
hat. Wie mögen nun erst die anderen Fälle von Simulation beschaffen sein? Stehen die beiden mitgetheilten Gutachten auf
schwachen Füssen, so müssen die anderen auf gar keinen stehen!"
Von dem dritten Gutachten S.'s sagt er dann und beweist es:
„Dasselbe leistet ebensowenig wie die beiden anderen." Moebius
scheut sich nicht, offen auszusprechen: „Seeligmüller und Alle,
die seiner Meinung sind, ermangeln einer genügenden Kenntniss der
Hysterie."

Ich sage: Diejenigen, die in den Erscheinungen der traumatischen Neurosen ein Product der Simulation erblicken, sind nicht
im Stande, psychische Störungen zu beurtheilen und der, dem diese
Kenntniss mangelt, ist nicht befähigt, die Mehrzahl der in Frage
kommenden Fälle zu begutachten.

Nun sagt freilich Schultze in seiner mit ähnlichen Aus-
wüchsen so reich gezierten zweiten Abhandlung: „Auch scheint es
mir durchaus kein Nachtheil zu sein, wenn gerade Jemand, der
nicht fortdauernd Psychisch-Kranke um sich sieht, solche Untersuchungen anstellt."

Die nächste Consequenz dieser Anschauungen würde die sein,
dass der am besten im Stande ist, Krankheitszustände zu beurtheilen, welcher die geringste Erfahrung in denselben besitzt.
Bruns[1]) hat soeben in seiner sehr lesenswerthen Besprechung der
neueren Literatur über diesen Gegenstand die grossen Schwächen
des Schultze'schen Raisonnements aufgedeckt.

Ich glaube aber nicht, dass die mangelhafte Kenntniss der
psychischen Störungen die alleinige Ursache der falschen Beurtheilung ist. Weit verhängnissvoller ist der andere Umstand, dass
nämlich der zur Begutachtung aufgeforderte Arzt sofort mit dem
Vorurtheil an die Untersuchung herantritt: der Verletzte will
etwas erreichen, folglich simulirt er. — Noch während ich mit der
Bearbeitung dieses Abschnittes für die zweite Auflage beschäftigt
war, wurde mir einer der Seeligmüller'schen Simulanten, der

---

[1]) Neuere Arbeiten über die traumatischen Neurosen. Schmidt's Jahrbücher der gesammten Medicin. Bd. 234. S. 25.

durch das Gutachten dieses Arztes eine traurige Berühmtheit
erlangt hat, zur weiteren Begutachtung überwiesen. Es ist der in
der bekannten Schrift: Die Errichtung von Unfallskrankenhäusern,
ein Act der Nothwehr gegen das zunehmende Simulantenthum, auf
S. 20 besprochene Fall des Locomotivführers Wilhelm B. aus Stass-
furt, den S. für einen Simulanten erklärt hat.

Moebius hat schon den Verdacht ausgesprochen, dass S.
einen kranken Mann irrthümlich der Simulation beschuldigt hat.
Diesen Eindruck hatte ich bei der Lectüre des Gutachtens ebenfalls gewonnen. Nicht aber hatte ich geahnt, dass der
Mann so krank sei und eine solche Anzahl ausgeprägter
objectiver Krankheitserscheinungen bieten würde, wie
ich sie bei wiederholentlicher Untersuchung feststellen konnte. Der
im hohen Maasse eingeschüchterte und aus Furcht, dass er auch
nur mit einem Wort übertreiben könnte, jetzt geradezu dissimuli-
rende Mann klagt fast ausschliesslich über Schmerzen in der Lenden-
und Kreuzgegend, die fortdauernd vorhanden sind, aber erst nach
längerem Gehen (wie er meint, nach einer Stunde) heftig werden.
Im Uebrigen will er gesund sein, nicht an Zittern, auch nicht an
Schwäche leiden. Sobald er sich entkleidet hat und frei steht,
stellt sich eine sehr auffällige cyanotische Färbung der Haut an
den Oberschenkeln, sowie in der Lenden- und Gesässgegend ein,
gleichzeitig beginnt (im völlig erwärmten Raume) ein fibrilläres
Zittern in der Muskulatur des Oberschenkels, allmälig breitet es sich nach oben und unten aus und erreicht eine solche
Intensität, dass man aus der Entfernung das Beben und Wogen
der Muskulatur erkennen kann. Die Sehnenphänomene sind
an den Beinen erheblich gesteigert. Der linke Unterschenkel
ist ziemlich stark abgemagert und wird diese Atrophie durch die
Messung, sowie durch die elektrische Untersuchung sichergestellt, die letztere ergiebt im Musculus Tibialis anticus eine
solche Herabsetzung der Erregbarkeit, dass auch mit den stärksten
faradischen Strömen eine Zuckung nicht ausgelöst werden kann.
Der Mann, der seine Beschwerden sehr gering achtet, kann auch
ohne Stock eine Strecke weit gehen, aber mit steifgehaltenem
Rücken, dabei wird der auch sonst beschleunigte Puls übermässig frequent und die Athmung dyspnoisch. — Es besteht
eine leichte Arteriosklerose, sowie vielleicht auch ein geringes

Emphysema pulmonum. Um den eventuellen Einfluss dieser Anomalien auf die nervöse Sphäre nicht ausser Acht zu lassen, bat ich Herrn Geheimrath Senator, den Patienten ebenfalls zu untersuchen; dieser hat die Ueberzeugung ausgesprochen (und mich zur Mittheilung derselben autorisirt), dass die erwähnten und von ihm ebenfalls festgestellten nervösen Krankheitserscheinungen keineswegs in Zusammenhang mit der sehr geringfügigen Arteriosklerose, der mässigen Fettleibigkeit und dem vielleicht bestehenden geringen Lungenemphysem gebracht werden können. Hervorzuheben ist noch, dass eine deutliche, wenn auch nicht erhebliche motorische Schwäche in den Beinen besteht.

An Zittern will der Verletzte nicht leiden, dennoch fällt es auf, dass bei jeder seelischen Erregung ein ziemlich starkes Zittern in den Händen, namentlich in der rechten eintritt.

Psychische Veränderungen giebt er nicht zu, dennoch ist es bemerkenswerth, dass der von Haus aus robuste und seinem Grundcharakter nach phlegmatische Mann leicht in's Weinen geräth und sehr erregt wird, wenn er „auf das ihm widerfahrene Unrecht" zu sprechen kommt.

Zeichen des Alkoholismus sind nicht aufzufinden, wenn man sich nicht für berechtigt hält, aus der — übrigens nicht erheblichen — Fettleibigkeit diesen Schluss zu ziehen und wie Seeligmüller aus dem „gleichmässig gerötheten Gesicht" auf „behaglichen Lebensgenuss" zu schliessen.

Es bedarf keiner weiteren Auseinandersetzung, um zu zeigen, dass der von S. der Simulation bezichtigte Mann sehr krank, und dass das bei ihm gefundene Nervenleiden die Folge des von ihm erlittenen Eisenbahnunfalls ist. Ich will übrigens nicht unerwähnt lassen, dass ich dasselbe nicht für ein rein functionelles halte[1]).

Nächst Seeligmüller hat Hoffmann Fälle von angeblicher Simulation mitgetheilt. Ich habe bereits auf dem letzten internationalen Congresse zu zeigen gesucht, dass Hoffmann, soweit sich aus seinen Mittheilungen schliessen lässt, irrthümlich Simulation angenommen hat, und verweise auf meine diesbezüglichen

---

[1]) Mein Gutachten über diesen Fall wird deshalb an anderer Stelle ausführlich veröffentlicht werden.

Ausführungen. Dass ich in dieser meiner Beurtheilung der H.'schen Fälle nicht allein stehe, beweist u. A. die kritische Besprechung von Dubois[1]), welcher von denselben sagt: „Betonen muss ich aber, dass die erwähnten Mittheilungen mich in keiner Weise überzeugen konnten. Ich vermisse namentlich darin einen sicheren Beweis für die angenommene Simulation, eine aus dem weiteren Verlaufe geschöpfte nachträgliche Bestätigung des gefällten Urtheils." — (Es wäre übrigens wünschenswerth, dass diejenigen Collegen, die solche Fälle von angeblicher Simulation später zu beobachten Gelegenheit haben, das Resultat ihrer Untersuchung veröffentlichten, da es uns ausschliesslich auf die Erkenntniss der Wahrheit ankommen muss — ebenso wie ich es freudig begrüssen würde, wenn über die von mir Untersuchten und für krank Befundenen, bei denen andere competente Beobachter nach mir vielleicht zu einem entgegengesetzten Urtheil kommen, Mittheilung gemacht würde). — Auf demselben Standpunkte wie Dubois steht Sahli[2]). Nun sind noch übrig die Schultze'schen Beobachtungen. Derselbe fand bis zum August 90 unter 25 von ihm untersuchten Fällen 8 Simulanten, d. h. 32 pCt. Damals unterliess er es, einen Fall dieser Art mitzutheilen. In seiner zweiten Abhandlung aus dem Jahre 91 hat die Zahl der Simulanten erheblich abgenommen. Unter 20 Kranken hat Schultze zwei für Simulanten erklären müssen, d. h. 10 pCt. Schultze hat sich aber durch die Thatsachen nicht belehren lassen und ist, als die eigene Erfahrung ihn widerlegte, zu um so heftigeren persönlichen Angriffen übergegangen. Ich lasse diese unberücksichtigt und wende mich zur Betrachtung der von ihm mitgetheilten Fälle. Wenngleich er es auch dieses Mal wieder vermieden hat, seine Beispiele von Simulation uns zur Einsicht vorzulegen, so hat er doch einzelne Gutachten mitgetheilt, in denen er eine mehr oder weniger erhebliche Uebertreibung annimmt. Zunächst zeigt er, dass nach einem Trauma auch andere als die von uns besprochenen Krankheitszustände vorkommen, wie es ja bekannt ist, dass in der Aetiologie vieler Nervenkrankheiten das Trauma eine Rolle spielt.

---

[1]) Centralblatt f. schweiz. Aerzte. 1891. No. 17 u. 18.
[2]) Eodem loco.

Fall IV. berichtet über eine durch knöcherne Ankylose im
linken Ellenbogengelenk bedingte Bewegungsstörung und Schmerzhaftigkeit des linken Armes, bei der Patient angeblich übertreibt.
Was dieser Fall mit der Lehre von den traumatischen Neurosen
zu thun haben soll, ist mir unverständlich geblieben.

In dem folgenden (V.) werden die bestehenden Krankheitserscheinungen im Wesentlichen auf Alkoholismus zurückgeführt.
In Beob. VI. sollen die Beschwerden und zwar: Schmerzen im
Rücken, leichtere Ermüdbarkeit beim Gehen, Schlaflosigkeit, durch
eine Vergrösserung des linken Herzens bedingt sein, während
der Kranke dieselben auf einen Unfall bezieht, bei welchem er
von einem herabfallenden Baumast am Kopf und Rücken getroffen
wurde. So weit man aus der Mittheilung Schultze's schliessen
kann, ist es zum mindesten ebenso wahrscheinlich, dass die
Störungen durch das Trauma hervorgerufen worden sind. Schultze
versteht sich auch zu dem Ausspruch: „Wie weit die grössere
Schwäche, welche der Mann angiebt, durch den Unfall verstärkt
worden ist, vermag ich nicht zu sagen". Er hält ihn nur für
leichtere Arbeiten zur Zeit brauchbar —, derselbe war aber bis zu
dem Termin des Unfalls als Waldarbeiter beschäftigt. Somit erkennt Schultze auf: herabgesetzte Erwerbsfähigkeit. Was dieser
Fall gegen die Lehre von den traumatischen Neurosen und für die
Simulation beweisen soll, bleibt ebenfalls unklar.

Auf's Deutlichste zeigt aber der letzte und am ausführlichsten
mitgetheilte Fall VII, dass Schultze den vorliegenden Erfahrungen über die in Frage kommenden Krankheitszustände nicht hinreichend gerecht wird und, obgleich er
sich veranlasst sieht, den Verletzten für krank zu erklären, doch
ein nach meiner Ueberzeugung objectiv unrichtiges Gutachten ausgestellt hat. Ich gehe auf dasselbe näher ein, weil ich glaube,
dass man gerade aus einem solchen Gutachten durch Aufdecken
der Fehler und Fehlschlüsse etwas lernen kann. Da ich nicht
alles wörtlich anführen kann, empfehle ich jedem die Lectüre der
Schultze'schen Schrift.

Ein Erd- und Bauarbeiter R. ist am 26. Mai 88 dadurch verunglückt, dass ihm ein Eisenbalken in einem Gewicht von angeblich 2000 Pfd. auf den linken Fuss fiel, doch so, dass die Wucht

des Stosses noch durch einen Eisenträger aufgehalten wurde. Seit jener Zeit sollen heftige Schmerzen im linken Fuss bestehen, so dass Patient nicht fest auftreten kann. Diese Schmerzen strahlen nach dem linken Bein aus, sollen ausserdem in der linken Schulter, in der linken Stirn und Schläfenseite bestehen. Patient will auch links schlechter sehen und hören als rechts. Schultze findet Folgendes: Patient geht auf einen Stock gestützt, hauptsächlich das rechte Bein gebrauchend, während er mit dem steifgehaltenen linken Bein auf der inneren Kante desselben am Boden schleift. Wird er aufgefordert, mit einem Stock in der linken Hand zu gehen, so macht er eigenthümliche Dreh- und Rutschbewegungen, wie es Schultze bei sonstigen Krankheiten nie beobachtet hat. Schultze wundert sich, dass Patient nicht auch sich mit der linken Hand auf den Stock stützend, wenigstens so gehen kann, dass er das linke Bein einfach nachschleppt. Patient behauptet aber, dass ein solches Stützen mit der linken Hand seiner Brust zu wehe thäte. Der Puls ist gewöhnlich von normaler Frequenz, nur im Anfange des Aufenthaltes in der Klinik war er beschleunigter. Eine Psychose lässt sich nicht constatiren. Patient „ist zwar von düsterem Character und neigt zu Zornausbrüchen", indessen unterhält er sich mit seinen Zimmergenossen wie andere Gesunde. In den ersten Wochen seines Aufenthaltes war er verdriesslicher und aufgeregter, später wurde er häufiger von Schultze Karten spielend oder ruhig auf einer Gartenbank sitzend angetroffen. In der Augenklinik wurde das Gesichtsfeld normal gefunden — in Uebereinstimmung mit den Angaben des einen, im Widerspruch zu den Angaben des anderen Vorgutachters. Schultze findet eine Atrophie des linken Beines mit Herabsetzung der electrischen Erregbarkeit, sowie ein leichtes Kühlerwerden und Cyanose dieser Extremität, ausserdem „eigenthümliches Verhalten der Reflexe am linken Bein; während nämlich die Kniereflexe, zeitweise wenigstens, links stärker sind, ist der Fusssohlenreflex schwächer als rechts." „Die linke Pupille ist minimal weiter als die rechte und zwar bei sehr häufiger Untersuchung." Eine Schwäche im linken Bein muss zugestanden werden. „Dass Patient bei Untersuchungen dieser Art übertreibt, geht daraus hervor, dass er, als er zuerst aufgefordert wurde, die Stirn zu runzeln, stark den Kopf schüttelte, als ob zu dieser

später von ihm gut ausgeführten Action eine besondere Kraft erforderlich sei." „Am linken Arme werden alle Bewegungen mit
geminderter Kraft ausgeführt, wobei aber ebenfalls zweifelhaft
bleibt, ob Patient seine Muskeln so stark anstrengt, wie er es in
Wirklichkeit vermag; jedenfalls werden bei solchen Bewegungen
zum Theil eigenthümliche, den Eindruck des Theatralischen und
der Uebertreibung machende Gesten und Schmerzbewegungen voll-
führt, wie man sie sonst nicht sieht."

Die Empfindung für die verschiedenen Gefühlsqualitäten wird
am rechten (soll sicher heissen: am linken. Ref.) Bein als herabgesetzt angegeben. Auch auf der Haut des Bauches soll links
etwas weniger Schmerzempfindlichkeit bestehen, während bei einer
früheren Untersuchung bei Betastung des Bauches auf der linken
Seite sich Patient wie vor Schmerzen krümmt und wälzt." Seit-
liches Zusammendrücken des Fusses soll sehr empfindlich sein.
Dem entspricht eine durch diesen Druck hervorgerufene Steigerung
der Pulsfrequenz.

„Auffallend ist der sehr häufig constatirte Befund, dass der
Fusssohlenreflex links viel schwächer ist als rechts."

Der erste Schluss, den Schultze aus seinen Beobachtungen
zieht, ist der, dass Patient entschieden übertreibt. Und zwar
geht ihm das aus der Art und Weise hervor, wie er sich bei der Aufforderung, die Stirn zu runzeln, beim Betasten des Unterleibes, bei
der Prüfung der Kraft der Arme benimmt . . . . . „da an dem
Untersuchten Veränderungen, wie sie bei einer eigentlichen Psychose
vorkommen, nicht bestehen." Dass es sich nicht um traumatische
Neurose handelt („das von Oppenheim construirte Krankheitsbild")
schliesst Schultze aus dem Fehlen der psychischen Veränderungen
und der Gesichtsfeldeinschränkung. „Ob aber die Angaben des R.
über die Abschwächung des Gefühls auf der linken Seite auf
Wahrheit beruhen, lässt sich bei der Uebertreibungssucht des Verletzten nicht feststellen: auch ist diese Frage an sich irrelevant,
da Laien sich häufig einreden, es müsste auf einer verletzten
oder erkrankten Körperseite nun gleich Alles abnorm sein."

„Die früher gemachte Angabe, dass das linke Auge weniger
gut functionire, wird von R. nicht mehr aufrecht erhalten."

Bei der traumatischen Hysterie ist nun nach Schultze's

Wissen niemals ein solches Verhalten der Reflexe wie hier beobachtet worden.

Zeichen von Hysterie sind ausserdem bei dem Verletzten nicht zu finden; auch ein französischer College, welcher Assistent bei Charcot war, vermochte nicht die Diagnose auf Hysterie zu stellen. Schultze ventilirt nun in der That die Frage, ob ein organisches Leiden der rechten Grosshirnhemisphäre vorliege, die er aber verneinend beantwortet.

Für krank hält er allerdings den Mann, nimmt aber an, dass er übertreibt und zur Arbeit im Sitzen mit den Händen tauglich sei.

Einen besseren Einblick in die Art seiner Beurtheilung dieser Fälle und seiner Würdigung der einschlägigen Literatur (ich sehe hier ganz von meinen Abhandlungen ab und verweise besonders auf die Arbeiten Charcot's und seiner Schüler) hätte uns Sch. nicht geben können und wir müssen ihm im Interesse der Sache dankbar dafür sein.

Dass hier ein typisches Beispiel von traumatischer Neurose nach Erschütterung des linken Fusses vorliegt, ist so deutlich und so gründlich dargelegt, dass man trotz des Schultze-schen Versuches, Vieles auf Uebertreibung zurückzuführen, die Diagnose mit absoluter Sicherheit stellen kann. Es findet sich eine von Sch. selbst zugegebene Schwäche und Atrophie des linken Beines mit herabgesetzter faradischer Erregbarkeit in einzelnen Muskeln, eine Schwäche des linken Armes, eine Abstumpfung des Gefühls auf dieser Seite, die sich selbst durch ein dauerndes Fehlen resp. durch eine Abschwächung des Sohlenreflexes objectivirt, dabei eine Erhöhung des Kniephänomens auf derselben Seite — eine Combination, die Schultze ganz auffällig findet, obgleich sie nahezu als Regel in diesen Fällen betrachtet werden kann —, (vergl. meine Beobachtungen); es ist durch einen früheren Untersucher eine Gesichtsfeldeinengung gefunden worden, die jetzt — der Kranke giebt selbst zu, auch auf dem linken Auge gut zu sehen — nicht mehr vorhanden ist. Die linke Pupille ist dauernd weiter als die rechte, das linke Bein fühlt sich kühler an als das rechte, zeitweise besteht Cyanose an demselben, der Kranke vermag nicht zu gehen, wenn er sich mit der linken Hand auf einen Stock stützt, es treten dann Schmerzen ein (ausserdem be-

steht doch Schwäche und Abstumpfung des Gefühls in der linken
Hand); dass selbst die Angaben über Schmerzen in dem linken
Fusse richtig sind, wird durch das Mannkopf'sche Symptom erwiesen. Sch. findet zwar keine Psychose, berichtet aber von dem
düsteren Charakter und der Neigung zu Zornausbrüchen des Verletzten. — Alles das! Und doch keine traumatische Neurose!
Und doch Uebertreibung! Und worauf stützt sich diese Annahme?
Weil der Patient, aufgefordert, die Stirn zu runzeln, eigenthümlich
manipulirt und mit dem Kopfe schüttelt.

Ein so erfahrener Kliniker findet in dieser Thatsache, die uns
tagtäglich bei unseren nicht-verletzten, wenig-gebildeten Kranken
begegnet, dass sie, aufgefordert, zu lachen, die Zähne zu fletschen,
die Stirn zu runzeln, in eigenthümlicher Weise gesticuliren und
manövriren, etwas Auffälliges und zieht daraus den Schluss auf
Uebertreibung!

Ausserdem hatte der Patient in einem Stadium des Leidens
beim Betasten der linken Bauchgegend, in der die Schmerzempfindlichkeit herabgesetzt sein sollte, sich vor Schmerz gekrümmt und
gewälzt. In diesem Contraste sieht Sch. einen weiteren Anhaltspunkt für Uebertreibung und übersieht auch dabei die durch hundert-
fache Erfahrung festgestellte Thatsache, dass bei den functionellen Neurosen und selbst bei organischen Erkrankungen
des Nervensystems eine Hyperästhesie für Berührungen
bei erloschenem oder vermindertem Schmerzgefühl vorkommt.

Man kann sich für den Verletzten freuen, dass das Leiden mit
so handgreiflichen Symptomen einherging, sonst wäre wohl nichts
übrig geblieben als Simulation.

Dies die Hauptstützen der Lehre von der Simulation
bei traumatischer Neurose (wenn ich von der älteren und
fremdländischen Literatur absehe[1]).

Noch während ich mit der Revision der zweiten Auflage beschäftigt war, wurde eine im ärztlichen Verein zu Hamburg am
1. December 1891 über traumatische Neurose geführte Discussion

---

[1]) Einige von ganz unberufener Seite kommende Mittheilungen der neueren
Zeit, die sich über das Niveau des Oberflächlichen und Bedeutungslosen nicht
erheben, habe ich ganz unberücksichtigt gelassen.

veröffentlicht (Neurol. Centralbl. 1892. No. 4), die sich zum Theil
auf die Simulationsfrage bezieht und insoweit auch hier berücksichtigt werden soll.

Eisenlohr erkennt zunächst das Krankheitsbild an, hält aber für
ungleich viel häufiger andersartige leichtere Störungen nervöser Art,
die man nicht mit der traumatischen Neurose in eine Kategorie bringen
dürfe. Er sicht ferner in leichteren Anomalien der Hautsensibilität
und Steigerung der Sehnenreflexe keine objectiven Merkmale. Sehr
beachtenswerth ist sein Geständniss, dass er den zahlreichen
und exacten Gesichtsfeldbestimmungen Wilbrand's gegenüber keinen besonderen Werth auf seine in einer kleinen
Zahl von traumatischen Nervenerkrankungen gefundenen negativen perimetrischen Resultate lege. Schliesslich
„glaubt" Eisenlohr, dass Simulation ziemlich häufig ist. Ich bin
überzeugt, dass Eisenlohr gute Beobachtungen in petto hat, wenn
er sich zu diesem Ausspruch versteht, aber es ist sehr zu wünschen,
dass der geschätzte Autor dieselben mittheilt; ich lasse mich
gern überzeugen, es herrscht aber ein solcher Nothzustand auf
diesem Gebiet, ein solcher Mangel an beweiskräftigem Simu-
lationsmaterial, dass die Veröffentlichung eines gut beobachteten
Falles schon von grossem Werth sein würde.

Reinhard's theoretische Betrachtungen, dass vielleicht viele
der Störungen, die als Symptome der traumatischen Neurosen beschrieben sind, auch bei nicht-verletzten Arbeitern gefunden werden
könnten, wenn man sorgfältig recherchirte, haben keinen Werth,
so lange diese nur auf Vermuthung beruhen und nicht durch thatsäch-
liche Beobachtungen gestützt sind. Derartige Einwendungen führen
uns keinen Schritt weiter, ebensowenig wie die Erörterung, dass vielleicht viele mit solchen Erscheinungen Behaftete trotzdem ihre
Arbeit verrichten. Ich kenne viele an Tabes und Dementia para-
lytica leidende Personen, die ihre schwere Arbeit verrichten, so lange
es eben möglich ist; hätte ich aber gutachtlich über ihre Erwerbsfähigkeit zu bestimmen, so würde ich keinen Augenblick Bedenken
tragen, sie für ganz oder theilweise erwerbsunfähig zu erklären.
Nun ist es ja von allen Seiten anerkannt, dass durch eine traumatische Neurose keineswegs immer oder auch nur meistens eine
volle Erwerbsunfähigkeit bedingt wird. Diese stete Wiederholung,

dass von einer traurigen und trostlosen Krankheit nicht immer die
Rede sein könne, gleicht einem Kampfe gegen Windmühlen, da
meines Wissens von allen Autoren die Thatsache anerkannt ist,
dass es schwere und leichte Fälle giebt.

Es ist sehr zu bedauern, dass die Ausführungen Kast's nicht
wie die übrigen durch ein Autoreferat wiedergegeben sind; soviel
aus der kurzen Notiz zu ersehen, ist Kast der Meinung, dass die
Frage der Simulation zu sehr in den Vordergrund des
Interesses geschoben wird.

–

Wenn man das zum Beweise der Häufigkeit der Simulation zu-
sammengetragene Material überschaut, so wird man es verstehen,
dass ich heute nicht nur auf Grund der eigenen Erfahrung die Si-
mulationbei traumatischer Neurose für sehr selten halte, sondern
auch auf Grund der Erfahrung Derjenigen, die sich für die Häufigkeit derselben ausgesprochen haben[1]).

Ich halte es nicht für nöthig, mich darauf zu berufen, dass
in dieser Hinsicht die Charcot'sche Schule, Strümpell, Hitzig,
Moebius, Benedikt, Bruns (unter 40 Fällen entdeckte B. 3 Simulanten, ist aber nachträglich bezüglich der Auffassung in 2 Fällen stutzig geworden), Freund, Dubois, Sahli u. A. ganz auf
meiner Seite stehen und möchte nur hervorheben, dass für das in
seinem diagnostischen Werth am meisten bekämpfte Symptom der
concentrischen Gesichtsfeldeinengung seit jener Zeit Jolly, Freund,
Pflüger, Wilbrand, v. Frankl-Hochwart, Fischer u. A.
eingetreten sind.

Gewiss ist es, dass die Uebertreibung bestehender Krankheitszustände weit häufiger ist als die Vorspiegelung überhaupt nicht
vorhandener. Jeder Arzt hat also bei der Begutachtung derartiger
Fälle die Pflicht, dieser Möglichkeit Rechnung zu tragen. Für ge-
fährlich halte ich es jedoch, mit der Absicht, einen Simulanten zu
entlarven, an den Fall heranzutreten. Nichts ist so sehr im Stande,
das Urtheil und die Kritik irre zu leiten und die Objectivität ein-

---

[1]) Ganz bemerkenswerth ist es, dass sich der Präsident des Reichsversicherungsamtes auf der internationalen Conferenz für Unfallversicherung 1891
über die Simulation im Allgemeinen in diesem Sinne ausgesprochen hat:
„auch spielt die Simulation eine ganz untergeordnete Rolle".

zuengen, als die Voraussetzung, es mit einem Betrüger zu thun zu
haben, weil bei oberflächlicher Betrachtung und ungenügender
Kenntniss der Thatsachen eine Summe echter Krankheitserscheinungen (wie ich oben mehrfach hervorhob) als bewusst-vorgetäuscht
imponiren können. Der richtige Weg ist meines Erachtens der,
zunächst zu erforschen, ob sich eine Erklärung für die subjectiven
Beschwerden, ob sich Krankheitssymptome auffinden lassen. Erst
wenn diese Untersuchung im Stiche lässt oder zu frappanten und
wirklichen Widersprüchen führt, ist es geboten, zu den Unter-
suchungsmitteln zu greifen, welche die Simulation zu enthüllen
geeignet sind. Die Gründe liegen klar zu Tage. Bei einer psychischen Erkrankung ist das Missverhältniss zwischen subjectiven
Aeusserungen und objectivem Befunde für Denjenigen ein bedeu-
tendes, der die psychischen Krankheitssymptome, soweit sie sich
in dem Wesen und den Aeusserungen kund geben, nicht werthzu-
schätzen versteht. Fassen wir weiter in's Auge, dass auch die
Lähmungserscheinungen nach Charcot'scher Theorie zum Theil in
der Vorstellung wurzeln, so ist es leicht einzusehen, dass dieselben
bis zu einem gewissen Grade den Eindruck erwecken, als ob der
Kranke nach seiner Vorstellung geflissentlich die Lähmung vor-
täusche. Ausserdem werden, wie allgemein bekannt, die Lähmungszustände der functionellen Neurosen von ganz anderen Gesetzen
beherrscht, wie die der organischen Erkrankungen des Nervensystems (wenn diese fundamentale Thatsache auch von Schultze
nicht anerkannt wird), trotzdem sind sie echte und zuweilen nicht
weniger schwer als die materiell-bedingten. Derjenige, dessen Erfahrung sich nur auf die palpablen Erkrankungen des Nervensystems bezieht, während er die functionellen Neurosen und die
Psychosen nicht kennt, weil er nicht Gelegenheit gehabt hat, diese
Krankheitsformen eingehend zu studiren, wird gut thun, sich von
der Begutachtung fern zu halten; er steht diesen Fällen kaum
anders gegenüber wie ein Laie und wird genau wie dieser, wenn
er den blühenden körperlichen Gesundheitszustand sieht, dessen
sich wenigstens ein kleiner Theil unserer Kranken erfreut oder die
aus der psychischen Störung resultirenden Eigenthümlichkeiten des
Charakters verkennt, zunächst an Simulation denken. Es ist
nicht zu bezweifeln, dass ein geschickter Betrüger die Lähmungsformen, wie wir sie bei unseren Kranken beobachtet haben,

zum Theil imitatorisch darstellen könnte. Aber er würde nur vorübergehend dazu im Stande sein, er würde ferner nur kraft einer
besonderen Willensanstrengung die Lähmung vorspiegeln, und gerade
dieser Willensact würde sich, wie Charcot[1]) in so schöner Weise
demonstrirt hat, nach Aussen markiren und dem Nachweise zugänglich sein; auch halte ich nicht einmal die Benutzung des
Kymographion für erforderlich, um diese Willensanstrengung zu
erkennen. Gerade die am häufigsten zur Beobachtung gelangenden
Formen von Contractur (z. B. die der Interossei, die der Halsund Nackenmuskulatur, der Hüft- und Gesässmuskeln) würden eine
solche Anspannung der Aufmerksamkeit und des Willens erfordern,
wenn sie künstlich erzeugt werden sollten, dass sich dieser Betrug
bei der ersten Untersuchung offenbaren würde. — Auch will das
sehr wenig beweisen, dass sich hier und da einmal ein Individuum
findet, welches im Stande ist, Hemianästhesie, Krämpfe und andere Symptome willkürlich zu produciren. In der Charité wird,
so lange ich mich entsinne, immer ein und derselbe „Künstler"
vorgeführt, um den Studirenden zu zeigen, dass gewisse Erscheinungen vorgetäuscht werden können. Bis zur Simulation der concentrischen Gesichtsfeldeinengung hat er es freilich nicht gebracht,
aber auch das würde nichts beweisen; man hüte sich doch die an
Akrobaten, Schlangenmenschen u. dergl. gewonnenen Erfahrungen
zu verallgemeinern. Die Thatsache selbst wird uns ja immer
zur Vorsicht in der Beurtheilung einzelner Erscheinungen auffordern, aber sie beweist nichts für die Häufigkeit der Simulation.
Auch ist es nicht berechtigt, einen Beweis für die Häufigkeit derselben in der Thatsache zu erblicken, dass die Zahl dieser Fälle
seit Emanation des Unfallversicherungsgesetzes erheblich zugenommen
hat. Es erklärt sich das im Wesentlichen aus der statistisch festgestellten colossalen Zunahme der Arbeiterunfälle in Folge der
hochgespannten Anforderungen der Industrie. Auch ist es gewiss
richtig, dass leichtere Folgezustände von Verletzungen früher nicht
so häufig zur ärztlichen Kenntniss kamen, da sie von dem zur
Arbeit gezwungenen Individuum geringer geachtet wurden. Es kann

---

[1]) Neue Vorlesungen über die Krankheiten des Nervensystems etc. Autorisirte deutsche Ausgabe von Freud. Leipzig und Wien 1886. S. 15 u. f.,
S. 90 u. f.

gar nicht genug betont werden, dass wir das Wesen dieser Krankheitszustände an anderen Kranken, die keinen Grund zur Täuschung haben, kennen gelernt, sowie an solchen, die ausserdem Symptome organischer Grundlage darboten, und die so gewonnenen Kenntnisse für die Beurtheilung der Verletzungsneurose verwerthet haben. Eine wichtige Handhabe für die Entscheidung der Frage, ob Krankheit oder Simulation vorliegt, besitzen wir in der Erfahrung, dass fast niemals ein einzelnes Symptom besteht, sondern eine Summe von Krankheitserscheinungen, die sich zu einem charakteristischen Ganzen zusammenfügen. Und gerade dieses Ensemble von psychischen Anomalien, Motilitäts- und Sensibilitätsstörungen dürfte selbst der gewitzigste Eingeweihte nicht zu simuliren im Stande sein.

Nun giebt es freilich Fälle — und Eisenlohr hat diese besonders häufig geschen —, in denen ausschliesslich locale Erscheinungen vorliegen. So lange ich nicht Einblick in seine Beobachtungen gewonnen habe, kann ich nur nach der eigenen Erfahrung urtheilen — und da muss ich sagen, dass auch dann, wenn nur örtliche Symptome vorzuliegen schienen und es sich überhaupt um ein Nervenleiden handelte, die Diagnose meistens nicht so schwer zu stellen war. Den Angaben der Kranken über Schmerzen in der verletzten Extremität entspricht gewöhnlich eine Anzahl objectiver Merkmale: eine Cyanose, eine Atrophie, eine merkliche Abnahme des Gefühls, ein Zustand von Contractur, wie er für die Dauer nicht vorgetäuscht werden kann, eine Erweiterung der Pupille auf der betroffenen Seite, ein fibrilläres Zittern oder ein die Schmerzen begleitender Tremor, der in inniger Beziehung zu denselben steht, eine dauernde Erhöhung der Sehnenphänomene — ganz abgesehen davon, dass ich recht häufig bei diesem scheinbar localen Zustand die Zeichen eines allgemeinen Nervenleidens (besonders auch conc. Gesichtsfeldeinengung) beobachtete. Natürlich, wo alles das nicht vorliegt — und solche Fälle habe ich auch gesehen — bleibt das Urtheil in der Schwebe, und wir müssen uns bescheiden, ein: Non liquet auszusprechen. Es ist möglich, dass mir derartige Patienten nicht oder nur in geringer Anzahl zugeschickt wurden, weil man sich nicht für berechtigt hielt, sie für nervenkrank zu halten und würde es auch falsch sein, den Begriff der traumatischen Neurosen zu

weit auszudehnen. Ich will nicht unerwähnt lassen, dass gerade
in einzelnen Fällen meiner Beobachtung, in denen es sich nur um
Schmerzen in einem verletzten Körpertheil handelte ohne jeden
objectiven Befund, sich in späterer Zeit ein tiefer liegender Pro-
cess (zweimal eine Knocheneiterung) herausstellte. Das waren natürlich nicht Fälle von „traumatischer Neurose".

Für die Beurtheilung der Mehrzahl dieser Fälle wird eine
Beobachtung im Krankenhause erforderlich sein, namentlich
wenn die psychische Alteration die einzige oder die vorwiegende
Krankheitsäusserung bildet, da die Würdigung psychischer Abnor-
mitäten besondere Sachkenntniss und längere Beobachtung erfor-
dert. Diese empfiehlt sich auch aus demselben Grunde bei einer
Reihe von anderen wichtigen Symptomen, wie z. B. den Krämpfen,
Schwindelanfällen, Angstzuständen, dem Pavor nocturnus etc., die
nur vorübergehend auftreten und selbst bei wiederholentlichem
Besuche der ärztlichen Cognition entgehen können. Auch die
Würdigung der Herzsymptome verlangt eine längere Beob-
achtung, da ein einmaliger, unverhoffter, den Kranken aufregender
Besuch physiologisch den Puls lebhaft in die Höhe schnellen
lassen kann[1]).

Die Entscheidung zwischen Simulation und Krankheit kann
eine schwierige sein, ist aber fast immer mit Bestimmtheit
zu treffen bei genügender Berücksichtigung aller der unter der
Rubrik Symptomatologie gegebenen Fingerzeige und längerer Beobachtung.

Schwieriger ist es, den Factor der Uebertreibung auszuschliessen, der sich namentlich in der Schilderung von Schmerzen
und abnormen Sensationen geltend machen würde. Aber besitzen
wir denn sonst einen Gradmesser für Schmerzen, der uns ermäch-
tigt, zu entscheiden, ob die Aeusserung des Schmerzes graduell

---

[1]) Man sieht, dass ich alles das, was nachher gegen mich angeführt
worden ist, schon in der ersten Auflage selbst betont hatte. Ich muss aber
auch heute wieder hervorheben, dass ein mit der Untersuchung von Nerven-
und Geisteskranken vertrauter Arzt in der Mehrzahl der Fälle bei der ersten
Untersuchung die Diagnose stellen kann, nur wird er in einer so verantwort-
lichen Angelegenheit, um sich nach jeder Richtung zu schützen und über den
Grad der etwa noch vorhandenen Erwerbsfähigkeit ein Urtheil zu gewinnen,
sich mit einer einmaligen Untersuchung nicht begnügen.

der Intensität desselben entspricht? Keineswegs. Hier stehen wir
denn auch in der That vor einem nicht ganz zu überwindenden
Hinderniss. Freilich beeinflussen die höheren Grade des Schmerzes
die ganze Persönlichkeit, prägen sich im Gesichtsausdruck, im Gebahren, sowie in motorischen Acten aus, welche vom Willen unab-
hängig sind. Dennoch wissen wir, dass manche Personen stark
genug sind, auch den heftigsten Schmerz nicht an die Oberfläche
treten zu lassen. Hier aber haben wir es gewöhnlich mit Personen zu thun, deren Empfindlichkeit, deren Perceptions-
fähigkeit krankhaft gesteigert ist, und für solche haben geringere Reize denselben Werth, wie der stärkere für Gesunde.
Uebrigens ist für manche Fälle das Mannkopf'sche Symptom
gut zu verwerthen, während ein negatives Resultat keineswegs den
Beweis der Simulation liefert. Durch die Erfahrung belehrt, bin
ich mit der gutachtlichen Aeusserung: „er übertreibt seinen
Schmerz" immer zurückhaltender geworden. Eine Illustration zu
dieser Frage giebt die Beobachtung XXXI. Der Kranke, welcher
eine Contusion des rechten Hüftgelenkes erfahren hatte, klagte
über heftigen Schmerz in demselben und fixirte das Bein beim
Gehen im Hüftgelenk fast vollständig. Zwei hervorragende Aerzte
sprachen sich dahin aus, dass er, wenn er nicht überhaupt simu-
lire, zum mindesten bedeutend übertreibe. Die Beobachtung im
Krankenhause stellte fest, dass alle Erscheinungen der Coxalgia
traumatica vorlagen: Eine partielle Hemianästhesie mit Betheiligung des Gesichtsfeldes, ein leichter Muskelschwund am rechten
Bein, der auch elektrisch nachweisbar war, das Brodie'sche Symptom etc. Ich hob in meinem Gutachten hervor, dass wir einen
Gradmesser für Schmerzen nicht besässen und uns begnügen
müssten. im gegebenen Falle eine Ursache, eine Erklärung für dieselben aufzufinden. Das ist meines Erachtens der einzige Standpunkt, auf den wir uns zu stellen berechtigt sind.

Wer gewöhnt ist, hypochondrische, hysterische und neurasthenische Personen zu behandeln, kennt die grossen Schwierigkeiten,
welche es hat, die bewusste Uebertreibung von der in der Krankheit begründet liegenden zu unterscheiden. Meistens wird es ge-
lingen, bei sorgfältiger Untersuchung und Beobachtung in dem objectiven Befunde eine Handhabe zu gewinnen für die Beurtheilung
und Werthschätzung der subjectiven Beschwerden. Es gehört dazu

aber eine gründliche, sich auf den ganzen Organismus erstreckende
und alle Hilfsmittel der Diagnostik zu Rathe ziehende Untersuchung. Diese darf sich nie auf die verletzte Extremität oder
Körperpartie beschränken, hat auch dort, wo über Gefühlsstörungen
nicht geklagt wird, auf's Genaueste das Verhalten der Sensibilität,
der Reflexerregbarkeit, der Sinnesfunctionen zu berücksichtigen[1]).
Besonders ist auch darauf zu achten, ob eine erhöhte Erregbarkeit und
Erschöpfbarkeit sich durch irgendwelche Prüfungsmethoden nachweisen
lässt. In dieser Hinsicht kann das Verhalten des Pulses ein feines
Reagens sein. Man achte darauf, wie eine Gemüthsbewegung, wie
eine leichte Anstrengung die Herzaction beeinflusst. Auch die vasomotorische Erregbarkeit ist zu prüfen und namentlich ist es festzustellen, ob die durch leichte Hautreize hervorgerufenen Veränderungen an der Haut auf der der Verletzung entsprechenden
Körperhälfte anders beschaffen sind als auf der gesunden Seite.
Eine Untersuchung des Gesichtsfeldes mit Zuhülfenahme des Peri-
meters darf (wenn nicht die Diagnose so schon gesichert ist) nie
versäumt werden, ist das Resultat kein eindeutiges, so nehme man von
der Verwerthung Abstand; der Befund einer typischen conc. Gesichtsfeldeinengung für Weiss und Farben ist als objectives Merkmal
anzusehen, auf das Vorhandensein des Foerster'schen Ermüdungs-
typus muss geachtet werden; man berücksichtige genau das Verhalten der Pupillen und achte darauf, ob bei mittlerer oder matter
Beleuchtung die Pupille der leidenden Seite weiter wird wie die
der anderen, ebenso auf den Umstand, ob bei seelischer Erregung
(Angst etc.) die Differenz hervortritt. Dem Vorkommen trophi-
scher und secretorischer Störungen ist Rechnung zu tragen. Bei dem
Befunde einer Arteriosklerose oder einer Herzerweiterung ist die
Möglichkeit in's Auge zu fassen, dass die durch den Unfall her-
vorgerufene krankhafte seelische Erregbarkeit zunächst zu einer
Neurose des Herzens mit Pulsbeschleunigung und im weiteren Ver-
lauf zu den organischen Processen geführt hat, manchmal geben
Atteste und Gutachten aus früherer Zeit (wie in zweien meiner
Fälle) über diesen Punkt Aufschluss u. s. w u. s. w. — kurz man

---

[1]) Page warnt vor zu häufiger Untersuchung, da möge er uns erst
einen anderen Weg zeigen, der zur Diagnose führt.

mache sich alle die Thatsachen, die in den der Symptomatologie
gewidmeten Capiteln hervorgehoben sind, zu Nutze.

Haben wir festgestellt, dass die Person, welche einen Unfall
erlitten hat, krank ist, so ist die zweite wichtige Frage zu entscheiden: Ist die Erkrankung eine Folge der Verletzung?
Auch hier könnte sich der Betrug eines schon länger bestehenden
Leidens bemächtigen und dasselbe als ein durch den Unfall er-
worbenes deklariren, was ja wiederholentlich festgestellt worden
ist. Dieser Factor hat für uns deshalb keine höhere Bedeutung, weil die geschilderten Nervenkrankheiten ohne vorher-
gehende Verletzung resp. psychische Erschütterung (wenn wir
vorläufig von der Intoxicationsneurose absehen) bei Männern selten
sind, weil ein solches Leiden ferner, bestand es schon vor der Verletzung, das Maass der Arbeitsfähigkeit mindestens verringert haben
würde, und hierüber geben die Personalacten gewöhnlich Ausweis.
Auf diesem Wege habe ich in mehreren Fällen feststellen können,
dass nervöse Krankheitserscheinungen schon vor dem Unfall bestanden[1]). Aber es ist auch die Verschlimmerung eines schon
vorhanden gewesenen Leidens nach dem Gesetz als Unfall zu bezeichnen.

So lautet eine Recurs-Entscheidung des Reichsversicherungsamtes vom 4. Februar 1887: „Zu einem begründeten Anspruch
auf Unfallentschädigung ist es nicht erforderlich, dass die bei dem
Unfall erlittene Verletzung die alleinige Ursache der eingetretenen
Erwerbsunfähigkeit bildet, es genügt, wenn sie nur eine von mehreren dazu mitwirkenden Ursachen ist, und es bleibt daher der
Anspruch bestehen, auch, wenn durch ein schon bestehendes Leiden
die Folgen der Verletzung sich verschlimmert und den Eintritt der
Erwerbsunfähigkeit beschleunigt haben“ (citirt bei Becker).

Wenn wir dies auf die Erkrankungen des Nervensystems an-
wenden, so dürfte uns namentlich der Nachweis einer neuropathischen Belastung nicht irre machen. Anders steht es mit dem
Alkoholismus. Derselbe kann zu ganz ähnlichen Krankheits-

---

[1]) Reinhard spricht (l. c.) auch von 2 Fällen dieser Art, in
denen psychische Störungen schon vor dem Unfall bestanden (siehe auch
meine Beob. XXIX).

erscheinungen führen. Die toxische Neurose und Neuropsychose ist der traumatischen nahe verwandt. Liegt notorisch Alkoholmissbrauch vor, so können die durch denselben bedingten Krankheitssymptome unberechtigter Weise einem Unfall zur Last gelegt werden. Hat das betreffende Individuum jedoch bis zum Tage des Unfalls gearbeitet, und sind die zur Zeit constatirten Anomalien so beschaffen, dass sie die Erwerbsfähigkeit beschränken oder aufheben, so wird der Unfall wohl meistens für den Schaden verantwortlich zu machen sein. Ich habe mich trotz dieser Erwägung stets für verpflichtet gehalten, wo ich die Ueberzeugung gewonnen hatte, dass Alkoholismus vorlag, dieses Moment und seine event. Bedeutung für die bestehenden Symptome im Gutachten hervorzuheben und der zuständigen Behörde die weitere Entscheidung zu überlassen. Meistens sind aber auch in diesen Fällen Anhaltspunkte für den traumatischen Ursprung des Leidens zu finden in den durch die Verletzung hervorgerufenen localen Symptomen (Cyanose, Atrophie, locale Anästhesie etc. etc.).

Zur Beantwortung der Frage nach dem ursächlichen Zusammenhange des Leidens mit der Verletzung ist es selbstverständlich nothwendig, den Vorgang und die Art des Unfalles selbst, die Entwickelung und die zeitliche Folge der Krankheitserscheinungen in's Auge zu fassen und sich zu erinnern, dass die scheinbare Latenz sich über einen langen Zeitraum erstrecken kann. Natürlich giebt es auch da eine Grenze, an der man eben nach dem Stande unserer Erfahrungen nur noch von einer Wahrscheinlichkeit oder Möglichkeit des Zusammenhanges sprechen kann.

Auf eine derartige Unbestimmtheit der gutachtlichen Erklärung war ich auch in einigen Fällen hingewiesen, in welchen sich nach einem Unfall, der zu einer Erschütterung oder zu einer mässigen Contusion des Rückens führte, nach einem Intervall von einem halben bis zu einem Jahre die Symptome eines zweifellos organischen Rückenmarkleidens einstellten. Auch für die Möglichkeit dieses Zusammenhanges einer Myelitis, eines Tumors, einer disseminirten Sklerose mit einer nicht schweren Verletzung resp. (der Sklerose) mit einer heftigen psychischen Erschütterung, giebt es eine Anzahl von Belegen in der Literatur, und verdient auch diese Erfahrungsthatsache im gegebenen Falle volle Berücksichtigung. So hatte sich bei einem meiner Kranken nach einem

Eisenbahnunfall leichter Art, nachdem er noch ³/₄ Jahre im Dienste thätig sein konnte, ohne der Umgebung durch irgend welche Beschwerden aufzufallen, ein schweres Rückenmarksleiden entwickelt, das nur eine Differentialdiagnose zwischen Myelitis und Tumor medull. spinalis zuliess. Nur die Möglichkeit eines Zusammenhanges mit der stattgehabten Verletzung hielt ich mich in solchem Falle anzunehmen für berechtigt.

Noch weit schwieriger sind in einer Anzahl von Fällen die Fragen zu entscheiden, welche sich auf die Heilbarkeit des Leidens und auf die Beschränkung der Erwerbsfähigkeit beziehen. Und völlig unmöglich kann es sein, etwas Bestimmtes darüber auszusagen, bis zu welchem Grade der Erwerbsfähigkeit die Besserung event. fortschreiten wird. Wir wissen freilich, dass die schweren Formen der traumatischen Neurosen hartnäckig sind und im Ganzen wenig Aussicht auf eine dauernde und vollständige Heilung bieten. Nun aber besteht folgender Circulus. So lange das Schicksal des Kranken noch nicht entschieden, so lange er von drückenden Nahrungssorgen nicht befreit ist, wird die psychische Depression unterhalten und damit eine Hauptbedingung für das Fortbestehen der Krankheit. Wird dagegen von vornherein die Situation durch das Urtheil in günstiger Weise umgestaltet, so ist eine so erhebliche Besserung möglich, dass der Kranke nach einer gewissen Frist wieder erwerbsfähig wird, und die für die Entschädigung angesetzte Norm nun nicht mehr zu Recht besteht. Das Gesetz hat dieser Möglichkeit freilich Rechnung getragen und für solche Fälle eine anderweite Feststellung des Anspruchs auf Rente in Aussicht genommen.

Ich kenne selbst derartige Fälle, in denen der Verletzte als dauernd erwerbsunfähig bezeichnet und nach dem Haftpflichtgesetz durch die Entschädigungssumme materiell sichergestellt, nach einem oder mehreren Jahren an irgend einem geschäftlichen Unternehmen, das immerhin Thätigkeit verlangte, sich betheiligte. So ist mir besonders in der Erinnerung ein Fall, in welchem der betreffende Vertrauensarzt nicht allein eine ungünstige Prognose, sondern den baldigen tödtlichen Ausgang in Aussicht gestellt hätte, während der nun mit relativ hohem Gehalt pensionirte Beamte sich nach einem Jahre in einem Badeorte als Hotelier aufthat. Derartigen prognostischen Irrthümern sind wir freilich auch auf an-

deren Gebieten ausgesetzt, sie können nicht immer vermieden werden,
und wir dürfen uns durch dieselben nicht irre machen lassen.

Rigler hebt hervor, dass in früherer Zeit, als die Verpflich-
tung der Eisenbahnunternehmer zur Entschädigung eine beschränk-
tere und keineswegs eine so allgemein bekannte war, die Sorge
um die Existenz den mit „Siderodromophobie" Behafteten zwang, mit
Aufgebot aller Kraft die psychische Verstimmung zu überwinden
und trotz heftigen Widerstrebens die gewohnte Thätigkeit wieder
aufzunehmen. Gerade hierdurch aber, so fährt er fort, erstarkte
er auf's Neue, während die veränderte Gesetzeslage jetzt vielfach
den keineswegs schon Arbeitsunfähigen in Unthätigkeit, demnächst
aber auch in immer tiefere körperliche und geistige Verstimmung
versinken lässt. Dieser Anschauung stimme ich insofern nicht bei,
als die durch den Beruf aufgezwungene und mit Widerstreben ausgeführte Arbeit ganz gewiss nicht im Stande ist, ein derartiges
psychisches Leiden zur Heilung zu bringen, wenngleich ich nicht
zweifele, dass zweckmässige Beschäftigung in vielen Fällen die
Genesung befördern würde.

Jedenfalls geht aus diesen Erwägungen soviel hervor, dass
man mit der Entscheidung: dauernde Erwerbsunfähigkeit in
Fällen dieser Art zurückhaltend sein muss. Bei den schwersten
Formen freilich kann man ohne Weiteres die gutachtliche Entscheidung dahin treffen. Ich rechne dahin diejenigen, in denen sich
ein unheilbares Irresein, namentlich ein erheblicher Verfall der
Intelligenz und des Gedächtnisses ausgebildet hat, ferner die mit
Epilepsie, ebenso diejenigen, in welchen auch nur ein Symptom
vorliegt, welches auf ein irreparables Grundleiden hinweist,
wie z. B. die Opticusatrophie und die Pupillenstarre.

In den weniger schweren Fällen wird man von einer dauernden Erwerbsunfähigkeit erst sprechen dürfen, wenn das Leiden
durch seinen Verlauf gezeigt hat, dass es der Heilung nicht fähig
ist. Hier ist es allerdings schwierig, eine zeitliche Grenze zu bestimmen. Hat eine solche Neurose aber einmal 1—2 Jahre lang
bestanden und keine Tendenz zur Besserung gezeigt, ist sie sogar
gradatim fortgeschritten, so ist es doch mindestens unwahrscheinlich, dass eine solche noch erfolgen wird, und die Erwägung,
dass ab und zu einmal auch nach längerem Bestande noch eine
Heilung eintritt, darf für unser Urtheil nicht bestimmend sein.

Aber auch dann würde ich die Möglichkeit einer Besserung nach unbestimmbarer Zeit nicht ausschliessen.

Weitaus am schwierigsten ist es in solchen Fällen, sich über eine etwaige partielle Erwerbsfähigkeit und den Grad derselben zu erklären. Auch dort, wo es sich um die Verletzung eines Armes, eines Beines etc. und daraus resultirende Lähmungssymptome handelt, ist das Leiden, wie wir gesehen haben, häufig ein allgemeines, und können wir uns in der Beurtheilung nicht etwa der in den Entschädigungstarifen für die Gebrauchsunfähigkeit eines Gliedes angegebenen Procentsätze bedienen. Ueber diesen Punkt finden sich treffliche Bemerkungen in einer Abhandlung von A. Krecke[1]) aus der Erlanger chirurgischen Klinik. (Interessant ist auch die dort bezüglich Simulation gemachte Erfahrung, dass sich unter 100 Unfallskranken nur 1 Simulant fand, dass unter vielen Fällen von Verletzungsfolgezuständen nur 2 vorkamen, in denen die von den Aerzten angenommene Erwerbsbeschränkung zu hoch abgeschätzt schien.) K. weist darauf hin, dass eine Verletzung der Hand mit schmerzhaftem Callus viel schlimmer sei für den Erwerb wie ein völliges Fehlen der Extremität und überträgt diese Anschauung auf die schmerzhaften Formen der localen traumatischen Neurosen. Er betont, dass auch das Alter bei der Beurtheilung eine Rolle spiele: einem 60jährigen Arbeiter würde es schwerer werden, etwas Neues zu erlernen, als einem 20jährigen etc. — Wo es sich um rein locale Störungen handelt, kann gewöhnlich nur von einer Beschränkung der Erwerbsfähigkeit die Rede sein, hierbei wird man die Art der bisherigen Arbeit berücksichtigen und besonders betonen müssen, dass der Verletzte zwar nicht mehr die bisherige, aber irgend eine andere Beschäftigung, die ohne schwere körperliche Anstrengung, event. im Sitzen etc. auszuführen sei, übernehmen könne.

Leider ist es mir selbst passirt, dass sich einer meiner Patienten, bei dem ich nur eine Beschränkung der Erwerbsfähigkeit annahm, während er sich für völlig erwerbsunfähig hielt, als er seine Anforderung nicht erfüllt sah, das Leben nahm. Man sieht, wie schwer die Verantwortung ist, die wir zu übernehmen haben

---

[1]) l. c., vergl. auch die citirte Schrift von Becker, die diese Frage behandelt.

und man wird gut thun, in zweifelhaften Fällen den Grad der Erwerbsbeschränkung lieber etwas zu hoch als zu niedrig zu bemessen. Auch wird man der Forderung, den Grad der Erwerbsbeschränkung in Zahlen anzugeben, häufig überhaupt nicht gerecht werden können.

So habe ich mich in vielen Fällen, in denen die Krankheitserscheinungen leichterer Natur waren, dahin entschieden, dass der Verletzte zwar schwere und mit Verantwortlichkeit verknüpfte Arbeit auszuführen nicht mehr im Stande sei, dagegen eine leichte Beschäftigung noch übernehmen könne, z. B. einen mehrstündigen Bureaudienst, eine Arbeit als Korbflechter, eine Stellung als Portier in einem Privathause u. dgl. Hierbei bleibt es der Rechtsbehörde überlassen, zu entscheiden, in welchem Grade die Erwerbsfähigkeit durch den Unfall beschränkt worden ist, und in Erwägung zu ziehen, ob man von dem Verletzten, der eine höhere Berufsstellung eingenommen, verlangen kann, nun eine inferiore Thätigkeit zu übernehmen. Darin stimmen alle Erfahrungen überein, dass im entsprechenden Falle von einer Wiederbeschäftigung im Fahrdienst fast immer Abstand zu nehmen ist. Becker behandelt dieses Kapitel eingehend und mit Sachkenntniss.

XI. Gutachten.

Dadurch, dass ich in einer sehr grossen Anzahl von zweifelhaften Fällen veranlasst war, ein entscheidendes Gutachten abzugeben, hat sich mir häufig Gelegenheit geboten, Einsicht zu nehmen in die von Anderen — und zwar nicht nur von praktischen Aerzten, sondern auch von Krankenhaus-Directoren und Klinikern — ausgestellten ärztlichen Atteste, Gutachten und Obergutachten und habe ich die Ueberzeugung gewonnen, dass es zwar mit der Kenntniss der traumatischen Neurosen bei den praktischen Aerzten jetzt weit besser bestellt ist als früher, dass aber noch überaus viel auf diesem Gebiete gefehlt und gesündigt wird, namentlich von Collegen, die nach ihrer Stellung, nach ihren praktischen und wissenschaftlichen Leistungen die volle Berechtigung haben, sich für besonders competent in der Beurtheilung von Verletzungen und ihren Folgezuständen zu halten und nur dadurch irren, dass ihnen die Kenntniss der Neurosen und besonders die psychiatrische (und häufig auch die durch diese vervollkommnete psychologische) Schulung fehlt.

Ich halte es nicht für geboten, Beispiele hier anzuführen, die uns eine auf crasser Ignoranz beruhende falsche Auffassung und irrthümliche gutachtliche Entscheidung demonstriren. Wohl aber wird es von Nutzen sein, nach Mittheilung einzelner von mir abgegebener Gutachten auch ein von tüchtigen und selbst hervorragenden Aerzten erstattetes schlechtes Gutachten vorzulegen, um durch den Hinweis auf die Fehler und Lücken vor ähnlichen Irrthümern zu warnen (s. No. V und mein Gegengutachten No. VI). Ich habe Namen weggelassen oder geändert, da es nicht auf diese, sondern auf die Thatsachen ankommt.

Um nicht allzuviel Raum für diesen Theil in Anspruch zu nehmen, habe ich mich darauf beschränkt, ein Gutachten über einen schwereren und einen leichteren, ein drittes über einen Fall mit ganz geringfügigen Symptomen anzuführen. Das vierte ist bereits an anderer Stelle von mir mitgetheilt und wird hier wiedergegeben, um zu zeigen, wie selbst recht schwere Formen von traumatischer Neurose resp. Neuropsychose verkannt werden.

Bezüglich des in Gutachten V und VI besprochenen Falles habe ich zu erwähnen — es geht das auch aus den Darlegungen hervor —, dass ich mein Urtheil ohne Untersuchung des Verletzten auf Grund der vorliegenden Atteste habe abgeben müssen, dass also eine sichere Entscheidung nicht zu treffen war und bisher meines Wissens nicht getroffen ist; es kommt mir aber auch nur darauf an, die Haltlosigkeit des für Simulation abgegebenen Votums und meinen Standpunkt in diesen Fragen an einem praktischen Beispiele darzulegen.

I.

Aerztliches Gutachten.

Der Locomotivführer G. E. ist nach seinen Aussagen am
1. Januar 1889 dadurch verunglückt, dass der von ihm geleitete
Zug mit einem anderen collidirte. Er will plötzlich einen heftigen
Stoss empfunden haben, mit Hinterkopf und Rücken gegen die
Wand geschleudert sein und darauf das Bewusstsein verloren
haben. Als er wieder zu sich kam, befand er sich ausserhalb des
Wagens, er hatte keine wesentlichen äusseren Verletzungen davongetragen, war nur wie zerschlagen am ganzen Körper, verspürte ein
dumpfes Gefühl im Kopfe, einen Schmerz im Hinterkopf und
Rücken, konnte sich aber bewegen und eine Strecke von circa
$1/4$ Stunde, wenn auch etwas mühsam, zurücklegen. In den folgenden Nächten war, wie er angiebt, der Schlaf unruhig, die
Schmerzen im Rücken steigerten sich von Tag zu Tag, so dass er
nur langsam, schwerfällig und mit steifem Rücken gehen konnte.
Er hatte fortwährend ein dumpfes Gefühl im Kopf, wurde häufig
von Schwindel ergriffen, so dass er sich festhalten musste, um
nicht zu Boden zu stürzen. Nach und nach habe sich Schwäche
und Steifigkeit in den Beinen, ein Zittern in den Armen eingestellt; auch will er sehr reizbar und schreckhaft geworden sein
und häufig eine innere Angst verspüren, als ob er ein Verbrechen
begangen habe. — Die in den Acten niedergelegten Angaben über
den Hergang des Unfalls bestätigen die Mittheilungen des Verletzten; auch geht aus denselben hervor, dass er während seiner 10jährigen Anstellung im Eisenbahndienst wesentliche Krankheitserscheinungen und insbesondere nervöse Störungen nicht geboten hat.

Die objective Untersuchung führt zu folgendem Ergebniss:
E. befindet sich zwar in gutem Ernährungszustand, macht aber in
seinem Gesichtsausdruck, in seiner Haltung, in seinem Gebahren
den Eindruck eines kranken Mannes. Der Gesichtsausdruck
hat das Gepräge der Verstimmung, der ängstlichen Erregtheit und Verwirrtheit. Bei der Schilderung seines Unfalls kommt
er in's Weinen, muss häufig unterbrechen, bald indem er scheinbar
den Faden verliert, bald ist es die innere Erregung, die die Worte
nicht hervorkommen lässt, andermalen greift er nach dem Rücken

oder legt die Hand in's Kreuz und lässt erkennen, dass er unter der Herrschaft von Schmerzen steht. Wenn er erregt ist, stellt sich ein Zittern in den Händen, zuweilen auch in den unteren Extremitäten ein, das aus kleinen, schnell aufeinander folgenden Schwingungen besteht und bei abgelenkter Aufmerksamkeit zuweilen momentan zur Ruhe kommt.

Der Puls hat, während Patient sitzt, eine Frequenz von 84 bis 90 Schlägen; sobald er erregt wird, sei es, dass er über sein Leiden berichtet oder dass eine ihn irritirende Frage an ihn gerichtet wird, steigert sich die Pulsfrequenz beträchtlich, bis auf 120 p. M. Denselben Einfluss haben geringe körperliche Anstrengungen, wie das Erheben eines Stuhles, wenngleich es nicht ausgeschlossen werden kann, dass auch hierbei die seelische Erregung im Spiele ist. Aehnliche Erscheinungen werden in Bezug auf das Verhalten der Respiration beobachtet.

Soweit ich feststellen konnte, ist die Intelligenz des p. E. nicht wesentlich beeinträchtigt. Wenn er ruhig ist, ist er im Stande, über Alles, was ihn interessirt, Auskunft zu geben, einfache Rechnungsaufgaben im Kopfe zu lösen, und in richtiger Weise zu urtheilen und zu combiniren. Auch lässt sich ein gröberer Gedächtnissdefect nicht erkennen.

Die seelischen Anomalien betreffen ausschliesslich das Gemüthsleben: E. ist abnorm erregbar, schrickt leicht zusammen, hängt fortwährend traurigen Vorstellungen nach, die sich vor Allem auf sein Leiden und seine Unfallsgeschichte beziehen, und fürchtet, nicht wieder gesund zu werden, er ist meistens allein und schliesst sich gegen seine Umgebung ab. Vor Allem ist er überaus rührselig. — Zeitweilig klagt er über Angst und innere Unruhe; in solchen Zuständen prägt sich die seelische Alteration in seinem Gesichtsausdruck aus, auch ist einigemale eine Differenz der Pupillen und eine beträchtliche Beschleunigung des Pulses während derselben beobachtet worden.

Die körperliche Untersuchung lässt keine Veränderung an den inneren Organen erkennen.

Ebenso fehlen Störungen im Bereich der motorischen Hirnnerven. Auch die Augenuntersuchung ergiebt nichts Abnormes. Dagegen ist das excentrische Sehen auf beiden Augen für Weiss und besonders für Farben erheblich beschränkt, wie durch

wiederholentliche Untersuchung am Perimeter nachgewiesen werden
konnte.

Beim Versuch zu lesen ermüdet E. schnell, klagt über Flimmern und Durcheinanderschwimmen der Buchstaben; setzt er den
Versuch fort, so füllen sich die Augen mit Flüssigkeit und es
stellt sich ein fibrilläres Zittern in den Lidmuskeln, später
auch in den Stirnmuskeln ein.

Die centrale Sehschärfe und die Hörschärfe ist nicht merklich
herabgesetzt.

Wenn sich E. bückt, röthet sich das Gesicht sehr stark und
sobald er wieder in die Höhe kommt, geräth er in's Taumeln und
klagt dabei über Schwindelempfindung.

Bei allen Körperbewegungen hält E. die Wirbelsäule und
den Kopf ängstlich fixirt, vermeidet jede Drehbewegung des
Rumpfes, bringt sich sehr langsam und vorsichtig aus einer Lage
in die andere, lässt sich, wenn er etwas vom Boden aufnehmen
soll, langsam in die Knie sinken, ohne den Rumpf zu beugen. —
Die passiven Bewegungen des Kopfes sind nicht erschwert.

An der Wirbelsäule ist eine Verkrümmung nicht aufzufinden,
dagegen fällt es auf, dass jede Berührung der unteren Rückengegend und jeder Druck auf die Dornfortsätze der unteren Brust-
und Lendenwirbel ein schmerzhaftes Zusammenzucken bedingt.
Wenn die Aufmerksamkeit des Kranken jedoch anderweitig sehr in
Anspruch genommen ist, tritt diese Erscheinung weniger prägnant
hervor.

Die Arme sind nicht abgemagert. Die Sehnenphänomene
sind an denselben erheblich gesteigert, ebenso die mechanische
Muskelerregbarkeit. Die activen Bewegungen werden langsam und
unter unbestimmtem Zittern ausgeführt, auch ist die grobe Kraft
in allen Muskelgruppen nicht unwesentlich herabgesetzt. Es lässt
sich feststellen, dass eine gewisse Willensschwäche hierbei im
Spiele ist, indem E., wenn man ihm energisch zuredet, die Kraft
anschwellen lassen kann, doch nie bis zu einer dem Muskelvolumen
entsprechenden Leistung, auch stellt sich bei diesen Kraftleistungen
regelmässig ein vibrirendes Zittern ein.

Dass das Zittern nicht willkürlich producirt ist, geht auch
daraus hervor, dass es zeitweilig in einem einzelnen Muskel, z. B.
dem Unterarmstrecker (Triceps), sowie selbst in einzelnen Muskel-

bündeln, wie dem Schlüsselbeinantheil des grossen Brustmuskels hervortritt.

Die Blasen- und Mastdarmfunction ist nicht beeinträchtigt.

Der Kranke geht langsam breitbeinig, mit leicht gebeugtem und stets fixirtem Oberkörper. Untersucht man die Bewegungen der Beine in der Rückenlage, so findet man, dass eine wesentliche Muskelsteifigkeit nicht vorliegt, nur die passive Beugung in den Hüftgelenken ist nicht in voller Ausdehnung ausführbar, weil sie von einem gewissen Punkt ab dem Pat. Schmerzen in der Rückengegend erzeugt. Die Sehnenphänomene sind an den Beinen erheblich gesteigert, meistens lässt sich auch Fusszittern hervorrufen. Sind die Beine eine Zeit lang entblösst, so stellt sich auch in gut-temperirtem Raume ein bündelweises Zittern besonders im vierköpfigen Unterschenkelstrecker ein, das allmälig lebhafter wird und in ein Wogen der gesammten Muskelsubstanz übergeht.

Für die Motilität der Beine gilt das für die oberen Extremitäten Gesagte, nur ist hier die Beschränkung insofern eine erheblichere, als die ausgiebigeren Bewegungen Schmerzen im Rücken erzeugen, was nicht nur aus den Aeusserungen des Kranken, sondern auch aus seinem ganzen Gebahren hervorgeht.

Während Berührungen überall am Körper empfunden werden und in der unteren Rückengegend sogar übermässig empfindlich sind, ist das Schmerzgefühl erheblich verringert, so dass Nadelstiche an den meisten Stellen weder Schmerzensäusserungen noch Reflexbewegungen hervorrufen, namentlich fällt auch das Fehlen der Sohlenreflexe unter diesen Bedingungen auf. Besonders ausgeprägt ist das Fehlen der Schmerzempfindlichkeit an den Beinen sowie in der Kopf- und Stirngegend.

Kalt und warm werden überall unterschieden, doch erzeugt heiss an den Beinen keine deutliche Schmerzempfindung.

Die elektrische Erregbarkeit ist in allen Muskelgruppen erhalten; von einer eingehenden Prüfung derselben konnte Abstand genommen werden.

Hinzuweisen ist noch auf die Erscheinung, dass leichte Hautreize (z. B. ein Strich mit dem Pinselstiel) in der Rückengegend eine tiefe und lange Zeit bestehen bleibende Röthung hinterlassen und zu einer Quaddel- und Leistenbildung führen.

Es kann nach dem vorstehend mitgetheilten Befunde nicht bezweifelt werden, dass der p. E. an einer Erkrankung des centralen Nervensystems leidet, die sich nicht allein durch subjective Beschwerden äussert, sondern auch durch eine Reihe objectiv nachweisbarer Anomalien zu erkennen giebt. Zu diesen rechne ich die seelische Alteration, die abnorme Erregbarkeit des Herznervensystems, die erhöhten Sehnenphänomene, das oben geschilderte Zittern, die dauernde Rückensteifigkeit, die sich durch das Verhalten der Reflexbewegungen objectivirende Abstumpfung des Gefühls etc. etc.

Da E. bis zum Tage des Unfalls gesund war und seinen Beruf ausfüllen konnte, da ferner die bei dem E. gefundenen Krankheitserscheinungen einen Symptomencomplex darstellen, welcher sich erfahrungsgemäss nicht selten im Anschluss an Verletzungen und Erschütterungen entwickelt, kann es nicht bezweifelt werden, dass das bestehende Leiden durch den Eisenbahnunfall hervorgerufen worden ist. Nach meinem Dafürhalten ist E. in Folge desselben gegenwärtig völlig erwerbsunfähig. Die Möglichkeit, dass dieser Zustand bei zweckmässigem Verhalten in nicht bestimmbarer Zeit noch wesentlich gebessert und selbst geheilt werden wird, ist nicht auszuschliessen.

II.

Der 42jährige Arbeiter A. F. ist am 6. April 1888 dadurch verunglückt, dass ihm die rechte Hand von einem aus der Höhe von circa 9 Fuss herabfallenden Eisentheil, dessen Gewicht auf 2 Centner geschätzt wird, gequetscht wurde. Aus seinen Angaben und den vorliegenden ärztlichen Attesten geht hervor, dass die Hand stark geschwollen und an vielen Stellen blutunterlaufen war, während die Endphalanx des Mittelfingers fast völlig zerquetscht nur noch mit einigen Weichtheilfetzen an diesem haftete und entfernt werden musste. In dem Moment, als das Eisen auf die Hand herabstürzte, will F. eine Erschütterung verspürt haben, die sich durch den ganzen Arm bis in die Schultergegend fortpflanzte.

Der Wundverlauf war ein normaler. Dagegen dauerten die Schmerzen fort und traten nach der Vernarbung in wachsender Intensität auf. Besonders schmerzhaft war ihm jede Berührung der Narbe, so dass er sie stets durch einen Wattebausch zu schützen suchte.

Nach und nach stellte sich eine Schwäche im rechten Arm ein und eine Steifigkeit, die ihn zwang, den Arm und die Hand stets in bestimmter Stellung zu halten.

Circa 3 Monate nach dem Unfall verspürte er auch eine Schwäche im rechten Bein und ein taubes Gefühl, das sich über die ganze rechte Seite erstreckte.

Ueber andere Beschwerden weiss er nicht zu berichten, nur will er zeitweilig an Schwindel leiden und etwas gedächtnissschwach geworden sein.

Bei der Betrachtung des Kranken fällt zunächst die eigenthümliche Haltung der rechten Hand auf, die dauernd in Schreibestellung verharrt. Es sind nämlich die Grundphalangen der Finger gebeugt, die Endphalangen gestreckt, während der Daumen sich in Oppositionsstellung befindet. Im Handgelenk wird die Hand überstreckt, der Arm im Ellenbogengelenk gebeugt, im Schultergelenk stark adducirt gehalten.

Versucht man diese Stellung auszugleichen, so fühlt man einen Widerstand, der, durch Muskelspannung bedingt, zwar zu überwinden ist, aber nur mühsam und unter heftigen Schmerzensäusserungen des Kranken. Auch tritt bei dem Versuch, die Finger aus ihrer Contracturstellung zu bringen, ein Zittern derselben ein, das den Versuch des Redressements einige Zeit überdauert. Sobald der Gegenzug aufhört, kehrt die Extremität sofort wieder in die geschilderte Stellung zurück. Am stärksten ist die Contractur an den Fingern ausgebildet.

Der Stumpf des Mittelfingers zeigt eine glatte Narbe. Schon wenn man sich dem Finger nähert, zieht Pat. die Hand zurück und zuckt vor Schmerz, wenn man einen leichten Druck auf die Narbe ausübt. Indess ist die Empfindlichkeit nicht immer gleich ausgeprägt. Die Schmerzensäusserungen werden meistens von

einem lebhaften schnellschlägigen Zittern der verletzten
Extremität begleitet.

Die Haut ist an der rechten Hand und dem unteren Theil des
Unterarmes blauroth verfärbt und fühlt sich kühler an wie die
der linken. Die Muskulatur ist an der R. O. E. insgesammt etwas
abgemagert, auffällig eingesunken ist nur der erste und zweite
Zwischenknochenraum der rechten Hand, in diesem Zwischen-
knochenmuskel ist auch die elektrische Erregbarkeit im Vergleich zur linken Seite herabgesetzt, während der elektrische
Leitungswiderstand der Haut ungefähr dem der linken Seite entspricht.

Die Schnenphänomene sind an beiden Armen gesteigert, vielleicht am rechten etwas mehr wie am linken, dasselbe gilt für die
mechanische Muskelerregbarkeit.

Die activen Bewegungen sind im rechten Schulter- und
Ellenbogengelenk erheblich beschränkt, Hand und Finger werden
fast gar nicht bewegt.

Der Patient hängt beim Gehen etwas nach rechts hinüber,
stützt sich mehr auf das linke Bein, während er das rechte ein
wenig nachzieht. Auch in der Rückenlage lässt sich eine geringe
Schwäche des rechten Beins nachweisen. Die Kniephänomene sind beiderseits gesteigert.

Das Gefühl ist für alle angewandten Reize an der rechten
Körperhälfte (im Vergleich zur linken) abgestumpft, soweit sich
aus den Angaben des Patienten schliessen lässt. In objectiv-
erkennbarer Weise macht sich diese Störung nur am rechten Arm
und besonders an der Hand geltend. Hier werden selbst tiefe
Nadelstiche nicht schmerzhaft empfunden und erzeugen keinerlei
Schmerzreaction, ebenso wird „heiss“ hier nur als „warm“ gefühlt
und die Berührung mit dem heissen Gegenstand lange ertragen,
während Patient bei Berührung der linken Hand sofort vor Schmerz
zusammenfährt und die Hand zurückzieht.

Das Lagegefühl ist auch an der rechten Hand nicht deutlich
beeinträchtigt.

Die rechte Pupille ist für gewöhnlich und am deutlichsten bei
mittlerer Beleuchtung weiter als die linke, dabei ist die Lichtreaction beiderseits prompt.

Die Augenbewegungen sind nicht behindert; der Augenspiegelbefund ist ein normaler.

Im Bereich der Sinnesfunctionen keine merklichen Anomalien, nur ist das Gesichtsfeld auf dem rechten Auge für Weiss und Farben deutlich concentrisch eingeengt.

In psychischer Beziehung sind besondere Anomalien nicht aufgefallen, da die bestehende Verstimmung sich aus der Lage des Kranken erklärt und nicht ohne Weiteres als pathologisch bezeichnet werden kann. Die objectiven Zeichen einer erhöhten Gemüthsreizbarkeit fehlen, Anomalien der Herzinnervation sind nicht aufgefunden worden.

Das Resultat der während einer 14 tägigen Beobachtung häufig wiederholten Untersuchungen war stets das nämliche, namentlich wurde niemals (ausser im Schlafe), auch wenn die Beobachtung den Patienten überraschte, eine Aenderung in der Stellung und Haltung der rechten Oberextremität, sowie eine Entspannung der Muskulatur constatirt.

Es unterliegt somit keinem Zweifel, dass F. an einer Erkrankung des Nervensystems leidet, welche in innigster Beziehung zu der am 6. April 1888 erlittenen Verletzung steht und als eine Folge derselben zu betrachten ist. Auch entspricht es durchaus der ärztlichen Erfahrung, dass eine Verletzung der geschilderten Art Functionsstörungen im Gebiet der Bewegungs- und Empfindungsnerven hervorrufen kann, die über den Ort der Verletzung hinausgreifen und sich über die ganze entsprechende Körperhälfte erstrecken können.

Die vorliegenden Krankheitserscheinungen können nach meinem Dafürhalten nicht simulirt werden.

Die Erwerbsfähigkeit des p. F. ist in Folge des bestehenden Nervenleidens erheblich beschränkt; er ist nicht fähig, irgend eine Arbeit, bei der die rechte Hand gebraucht wird, zu verrichten, dagegen dürfte er im Stande sein, einen leichten Aufseherdienst oder eine ähnliche Beschäftigung zu übernehmen, bei der eine wesentliche körperliche Leistung nicht verlangt wird.

Zu Botengängen eignet er sich nicht wegen der Schwäche des rechten Beines.

Da der Zustand keineswegs als definitiv-unheilbar bezeichnet werden kann, dürfte es sich empfehlen, ihm bis auf

Weiteres die volle Rente zu gewähren, damit ihm Gelegenheit zur gänzlichen Schonung und zur Durchführung weiterer therapeutischer Massnahmen gegeben wird.

III.

Aerztliches Gutachten[1]).

Der Versicherungsbeamte J. S., welcher vom 22. Februar bis zum 28. April in der Nervenabtheilung der Kgl. Charité von mir behandelt worden ist, gab über die Ursache und die Entwickelung seines Leidens Folgendes an:

Am 30. Juli des Jahres 1886 fiel ihm aus einer Höhe von circa 11 Zoll ein etwa 90 Pfund schwerer Maschinentheil auf den Zeigefinger der linken Hand in der Gegend des ersten Gliedes. Dieser blieb zwischen dem Maschinentheil und einem eisernen Keiltreiber nahezu eine halbe Stunde lang eingeklemmt, da Niemand zur Stelle gewesen sei oder sein Rufen vernommen haben würde und er, der Verletzte, in einen Zustand der Betäubung gerathen sei, bis er schliesslich den Finger aus der Zwangslage dadurch befreite, dass er einen Hammerstiel in den Raum zwischen den beiden Maschinentheilen einkeilte und so den Finger lüften konnte. Der Finger sei so stark gequetscht gewesen, dass Knochen und Schnen freilagen; die Hand war bleich, aus der Wunde floss kein Blut, bis er durch wiederholentliche Bewegungen der Hand die Circulation wieder in Gang gebracht und nun grosse Mengen Blut verloren habe.

---

[1]) Es betrifft dieses den auf S. 15 u. 16 meiner Schrift: Weitere Mittheilungen in Bezug auf die traumat. Neurosen etc. erwähnten Fall, in welchem Mendel Simulation, ich Krankheit mit geringer Beschränkung der Erwerbsfähigkeit annahm. Damals hatte Mendel wiederum gegen mein Gutachten remonstrirt und die schiedsgerichtliche Entscheidung stand noch aus. Inzwischen ist nun ein Obergutachten von einer hiesigen med. Klinik eingeholt worden, welches auf Grund längerer Beobachtung meine Anschauungen und Angaben völlig bestätigt und die Erwerbsfähigkeit noch in höherem Maasse beeinträchtigt findet, als ich zur Zeit angenommen hatte.

Ausser den durch die Verwundung bedingten Schmerzen habe er sogleich ein Zucken in der ganzen linken Körperhälfte verspürt und in der Folgezeit Schmerzen bald im linken Arm und in der linken Schulter, bald in der linken Knöchelgegend. Er habe sich sogleich an den etwa eine Meile entfernt wohnenden Dr. R. in B. gewandt, der Handbäder und Salben verordnete. Während des Gebrauches derselben verspürte Patient Brennen, Schmerz und Zucken in der linken Körperhälfte. Am 5. Tage nach der Verletzung habe sich eine Entzündung der linken Hand entwickelt, darauf Röthung und Schwellung in der linken Schultergegend, und hierauf sei der Arm vierzehn Tage lang gelähmt gewesen. Im August 1886 war die Wunde geheilt. Aber es blieben eine Reihe von Beschwerden bestehen: allgemeine Schwäche, Schlaflosigkeit, Aengstlichkeit, Neigung zum Schweissausbruch und Speichelfluss, Schmerzen in der linken Hand und im Arm bei jeder Kraftleistung, Zittern, schreckhaftes Zusammenfahren, Pulsiren im linken Ohr, Kopfschmerz in der linken Stirngegend, Erbrechen und Schwindel nach grösseren Anstrengungen.

Wiederholte elektrische Behandlung (in der Charité, bei Prof. B., Dr. R. etc.) hat keinen Erfolg gebracht. Auch will er bemerkt haben, dass seit dem Unfall die linke Hand kleiner und schmächtiger wurde.

Die objective Untersuchung führte zu dem nachfolgenden Ergebniss:

Haut und Schleimhäute sind sehr blass. Allgemeiner Ernährungszustand dürftig. Intelligenz nicht vermindert. Keine auffälligen Stimmungsanomalien.

Am linken Zeigefinger findet sich, entsprechend der Radialseite der ersten Phalange, eine etwa 1 Ctm. lange Narbe, die auf Druck nicht besonders schmerzhaft ist.

Die linke Hand hat einen etwas blasseren Farbenton als die rechte, erscheint im Ganzen ein wenig kleiner und die einzelnen Finger ein wenig dünner als die entsprechenden der rechten Hand.

In der linken Hand, sowie auch im ganzen Arme stellt sich zuweilen ein Zittern ein, das aus kleinen, sich schnell folgenden Schwingungen besteht und in dieser Art — so weit meine Erfahrung reicht — willkürlich nicht hervorgerufen werden kann. Bei körperlichen Anstrengungen, namentlich bei Kraftleistungen der

linken Oberextremität, steigert sich das Zittern merklich. Die Beweglichkeit des linken Armes ist durchaus erhalten und steht auch
die Kraftleistung nicht hinter der des rechten zurück, nur stellt
sich schon beim Festhalten eines nicht schweren Gegenstandes mit
der linken Hand das schon erwähnte Zittern ein. Wenn der Verletzte die Arme eine Zeit lang ausgestreckt hält, so macht sich
ein fibrilläres Muskelzittern, besonders in dem Streckmuskel des
Unterarmes bemerklich, und zwar links stärker als rechts. Diese
Erscheinung tritt auch bei vollständig abgelenkter Aufmerksamkeit
hervor. Nach einer solchen, im Ganzen doch nicht erheblichen
Anstrengung erreicht der Puls eine Schlagzahl von 112 p. M. —
Die Sensibilität ist an allen Körperstellen erhalten, doch werden
Nadelstiche am linken Arm und auch am linken Bein nach An-
gabe des Verletzten nicht so schmerzhaft empfunden als an den
entsprechenden Stellen der rechten Seite. Dies wird in objectiver
Weise dadurch erhärtet, dass die Reflex- und Abwehrbewegungen
auf der linken Seite weniger lebhaft sind als auf der rechten. Im
Bereich der Hirnnerven sind Anomalien nicht nachweisbar. Auch
das Gesichtsfeld zeigt normale Grenzen.

Die Sehnenphänomene sind an den unteren Extremitäten nicht
gesteigert.

In dem von der Unterlage erhobenen linken Beine stellt sich
ein lebhaftes Zittern ein, am rechten ist das nicht so ausgeprägt.
Die Beweglichkeit der unteren Extremitäten ist nicht beeinträchtigt.
Die elektrische Prüfung ergiebt überall normale Verhältnisse.

Von secretorischen Erscheinungen wurde nur zuweilen starkes
Schwitzen beobachtet, doch ohne Unterschied zwischen den beiden
Körperhälften.

Die mechanische Erregbarkeit der Nerven ist gesteigert, durch
Beklopfen oder Rollenlassen unter dem Finger kann man vom
N. radialis, ulnaris aus eine deutliche[1]) Zuckung in den von ihnen
versorgten Muskeln erzielen.

Es sind also bei dem S. eine Reihe objectiver Krankheitserscheinungen constatirt worden: ein Zittern, besonders in den
linksseitigen Extremitäten, das sich bei Anstrengungen steigert,
eine leichte Ermüdbarkeit des linken Armes bei Kraftleistungen,

---

[1]) Soll heissen: starke.

eine geringe Abstumpfung des Gefühls am linken Arm und linken Bein, eine Steigerung der mechanischen Nervenerregbarkeit etc.

Diese Erscheinungen weisen im Verein mit den von ihm klar und bestimmt — und ohne dass Widersprüche unterlaufen — geschilderten subjectiven Beschwerden auf ein Nervenleiden, das als Neurasthenie (resp. Hystero-Neurasthenie[1]) zu bezeichnen ist. Ein derartiges Leiden kann durch eine Verletzung der geschilderten Art hervorgerufen werden. Sind die bezüglichen Angaben des S. richtig — es ist sehr zu bedauern, dass man ausschliesslich auf diese hingewiesen ist —, so würde ich nicht anstehen, es als im hohen Maasse wahrscheinlich zu bezeichnen, dass der am 30. Juli 1886 stattgehabte Unfall die Ursache des jetzt bestehenden Nervenleidens ist.

Ich kann Herrn Professor M. auch in dem Punkte nicht zustimmen, dass die Angaben des p. S. über das Kleinerwerden der linken Hand nach dem Unfall ein Beweis für seine Unglaubwürdigkeit seien, da es sich offenbar um eine angeborene Anomalie handle. Mag diese Annahme auch richtig sein, so ist es doch eine allbekannte Thatsache, dass derartige Anomalien erst gelegentlich einer Krankheit, welche die Aufmerksamkeit des Individuums auf die entsprechenden Partien lenkt, wahrgenommen und nun irrthümlicher, aber begreiflicher Weise auf das bestehende Leiden bezogen werden. Es ist das eine Erfahrung, die wir Aerzte fast täglich zu machen haben.

Ich resümire mein Gutachten dahin, dass der p. S. wahrscheinlich in Folge des am 30. Juli 1886 erlittenen Unfalls nervenleidend ist. Die Krankheitserscheinungen sind jedoch so unerheblich, dass ich ihn als erwerbsunfähig nicht erachten kann. Er ist zwar nicht mehr im Stande, andauernd schwere körperliche Arbeit zu verrichten, kann aber jeden leichten Dienst, der keine besondere körperliche Anstrengung erfordert, übernehmen.

Berlin, den 22. Mai 1890.

Dr. Oppenheim,
Oberarzt an der Nervenklinik
der Kgl. Charité.

[1]) Dieser Zusatz: (resp. Hystero-Neurasthenie) fehlt im Originalgutachten.

IV.

Aerztliches Attest.

Der Steinträger D., welcher seit dem 19. September d. J. in der Nervenklinik der Königl. Charité behandelt wird, klagt über Kopfschmerz, Schwindelgefühl, Unsicherheit des Ganges, Schlaflosigkeit, Augenflimmern, Zittern und allgemeine Körperschwäche. Er bezieht diese Beschwerden auf eine Kopfverletzung, die er um Weihnachten 1888 dadurch erlitten haben will, dass ihm aus der Höhe der zweiten Etage ein circa 8 Meter langes Brett auf den Kopf fiel. Er will das Bewusstsein verloren, sich aber, da er eine schwere äussere Verletzung nicht erlitt, bald soweit erholt haben, dass er zum Arzt gehen konnte. Im Augusta-Hospital sei er dann circa 4 Wochen lang an „Gehirnerschütterung" behandelt worden. In der Folgezeit fand er in verschiedenen Krankenhäusern und Polikliniken Aufnahme, da der Versuch, die Arbeit wieder aufzunehmen, immer wieder scheiterte und das Leiden stetig Fortschritte machte.

Die objective Untersuchung des pp. D. führte zu folgendem Ergebniss: Der Gesichtsausdruck hat das Gepräge tiefer Verstimmung und dem entspricht auch das Wesen und Verhalten des Patienten, der stets verschlossen, misstrauisch, in sich gekehrt ist, an den Vorgängen in seiner Umgebung nur geringen Antheil nimmt und seine ganze Aufmerksamkeit dem eigenen Leiden zuwendet. Ausser der Stimmungsanomalie treten Erscheinungen hervor, die auf Sinnestäuschungen und Wahnvorstellungen hinweisen: er wähnt sich von allen Menschen beobachtet, bezieht indifferente Aeusserungen und Bewegungen seiner Mitpatienten auf sich: man sagt ihm Schlechtes nach, beschuldigt ihn des Betruges, der Tagedieberei [1]) etc.

Während der Untersuchung stellt sich bei dem D. ein Zittern ein, das sowohl einzelne Muskelbündel ergreift (fibrilläres Zittern),

---

[1]) Auf Grund dieser Vorstellungen kam es einigemale zu heftigen Erregungszuständen. Einmal glaubte er, dass ein Wärter ihm Gift in das Getränk gemischt habe etc.

als auch ganze Muskeln und Muskelgruppen und dadurch ein Vibriren des Kopfes und der Extremitäten hervorruft. Wenngleich dasselbe nicht constant ist, ist es sicher krankhaft und kann in dieser Art und Intensität nicht vorgetäuscht werden; es steigert sich besonders bei seelischen Erregungen.

Die Muskulatur der Extremitäten befindet sich meistens in einem Zustande tonischer Anspannung von wechselnder Intensität, besonders stark ist auch diese ausgeprägt, wenn der Kranke von Angst oder Erregung ergriffen wird. Diese Sehnenphänomene sind an den oberen wie an den unteren Extremitäten gesteigert, ebenso ist die mechanische Erregbarkeit der Muskeln und Nerven[1]) abnorm erhöht. Die Haut an den Händen und an den Füssen fühlt sich kühl an und fällt zuweilen — D. klagt dann über ein Gefühl der Vertaubung — durch die Blässe[2]) auf, welche besonders stark an den Fingern hervortritt.

Von Zeit zu Zeit kommt es zu starken Schweissausbrüchen.

Die active Beweglichkeit der Extremitäten ist erhalten, die Kraftleistung indess verringert, und zwar besonders im rechten Arm und rechten Bein.

Ganz erheblich beeinträchtigt und modificirt ist der Gang: D. muss sich festhalten, um nicht zu fallen, taumelt von einer Seite zur anderen, wie Jemand, der von Schwindel ergriffen ist. Diese Empfindung führt er auch selbst als Erklärung an, und es lässt sich nachweisen, dass alle die Momente, die einen bestehenden Schwindel zu steigern vermögen (mehrmaliges Kehrtmachen etc.) die Unsicherheit des Ganges beträchtlich erhöhen. Dass Simulation auch hierbei nicht im Spiele ist, geht aus den Veränderungen hervor, welche die Herzthätigkeit beim Gange — und auch bei anderen leichten Anstrengungen und seelischen Erregungen — erleidet; es wird nämlich hierbei die Pulsfrequenz auf eine Schlagzahl von 120—140 pro Minute beschleunigt.

Zweifellos besteht auch eine Abschwächung der Intelligenz

---

[1]) Durch einen Schlag mit dem Percussionshammer kann man von den meisten oberflächlich gelegenen Nerven aus (namentlich vom N. ulnaris, Radialis und Peroneus) lebhafte Zuckungen in dem gesammten entsprechenden Muskelgebiet hervorrufen.

[2]) In späterer Zeit wurde mehrfach eine starke Cyanose beobachtet.

und des Gedächtnisses, indem namentlich die Geschehnisse der
jüngsten Vergangenheit sich in der Erinnerung nicht genügend
fixirt haben.

Ueber das Verhalten des Gefühls (der Sensibilität) ist kein
klares Urtheil zu gewinnen, jedenfalls ist dasselbe nicht wesentlich
herabgesetzt und sind die Angaben des D. in dieser Hinsicht so
widerspruchsvoll, wie es bei psychisch-kranken Personen, die ihre
Aufmerksamkeit nicht genügend beherrschen, häufig beobachtet
wird, namentlich wenn die Anomalien der Empfindung nicht so
beträchtlich sind, dass sie sich auch bei abschweifender Aufmerksamkeit in's Bewusstsein drängen.

Nach meiner ärztlichen Ueberzeugung leidet D. an einer
Erkrankung des Nervensystems, und zwar in erster Linie an einer
Seelenstörung, ausserdem an nervösen Beschwerden, wie sie bei
der sogenannten Neurasthenie beobachtet werden. Auch wenn
mir die Vorgeschichte des Krankheitsfalles unbekannt wäre, würde
mein erster Verdacht der sein, dass die Affection durch eine
Kopfverletzung hervorgerufen sein möchte, da ein Leiden wie das
vorliegende besonders häufig seine Ursache in einer Kopfverletzung oder allgemeinen Erschütterung hat. Da eine derartige
Verletzung hier stattgefunden und sich die Krankheitssymptome
im Anschluss an dieselbe entwickelt haben, halte ich es für im
hohen Maasse wahrscheinlich, dass die im Jahre 1888 stattgehabte Kopfverletzung die Ursache des gegenwärtig bestehenden
Leidens ist.

Im Widerspruch zu dieser Auffassung stehen die bei den Acten
befindlichen Gutachten mehrerer Aerzte, die den D. untersucht
haben. Auf eine Kritik derselben muss ich jedoch verzichten, da
aus keinem derselben hervorgeht, in wie weit eine gründliche, sich
auf alle Functionen des Nervensystems erstreckende und das psychische Verhalten berücksichtigende Untersuchung vorgenommen
worden ist. Nur ein Punkt sei hervorgehoben. In einem der
Gutachten wird D. der Simulation bezichtigt, nachdem er bei der
Gefühlsprüfung auf einem Widerspruche ertappt zu sein scheint.
Derartigen scheinbaren Widersprüchen begegnen wir bei Untersuchung von Nerven- und namentlich von Geisteskranken auf
Schritt und Tritt; meistens giebt jedoch eine weitere, eingehendere
Beobachtung die Erklärung für diese Widersprüche, die nicht in

den Erscheinungen selbst, sondern in unserer Beurtheilung derselben beruhten. Sie haben daher gar kein Gewicht, wenn objective Krankheitszeichen vorliegen.

Man könnte noch dem Verdachte Raum geben — und er ist auch von anderer Seite ausgesprochen worden —, dass andere Verhältnisse: häusliche Misère, der misslungene Versuch, sich widerrechtlich in den Genuss einer Unfallsrente zu setzen etc., das jetzt bestehende psychische Leiden hervorgerufen hätten. Das halte ich jedoch für mindestens sehr unwahrscheinlich, da, wie aus den Acten hervorgeht, die subjectiven Beschwerden (Kopfschmerz, Schwindel, Schwäche der rechtsseitigen Extremitäten etc.) früher dieselben gewesen sind und zwischen diesen und dem objectiven Befunde gegenwärtig eine volle Harmonie besteht; dagegen deutet Alles darauf hin, dass das Leiden aus geringen Anfängen heraus sich allmälig zu der jetzt bestehenden Intensität fortentwickelt hat, und hierbei mögen die aus der Verkennung des Zustandes von Seiten der ihn untersuchenden Aerzte resultirenden psychischen Erregungen auf die Entwickelung des Leidens fördernd gewirkt haben.

D. giebt zu, Spirituosen früher in grossen Quantitäten genossen zu haben. Symptome des chronischen Alkoholismus konnte ich bei ihm nicht auffinden, indess ist es möglich, dass der Abusus spirituosorum eine Prädisposition geschaffen hat, da erfahrungsgemäss Potatoren durch Kopfverletzungen gemeiniglich schwerer geschädigt werden.

Der pp. D. ist in seinem gegenwärtigen Zustande völlig erwerbsunfähig. Dass eine gänzliche Wiederherstellung in abschbarer Zeit eintritt, halte ich für ausgeschlossen.

Berlin, den 22. October 1890.

Dr. Oppenheim,
Oberarzt an der Nervenklinik
der Kgl. Charité.

V.

(Schlechtes Gutachten.)

Aerztliches Gutachten über J. B.

Durch Beschluss der Section III der pp. Berufsgenossenschaft vom 7. April 1891 wurden die unterzeichneten drei Aerzte zur Erstattung eines schriftlichen Gutachtens darüber aufgefordert: „In welchem Grade der Berufungskläger durch die Folgen des Unfalls in seiner Erwerbsfähigkeit beschränkt erscheint?"

Nach der Vereidigung im Gewerbegerichtssaal zu E. am 1. Mai 1891 verabredeten die Sachverständigen' einen Termin zur Untersuchung des B. im Krankenhause zu E., wo der Genannte nach Beschluss des Schiedsgerichts sich zur Beobachtung einige Zeit sollte aufnehmen lassen.

Dieser Termin musste jedoch verschoben werden und konnte erst am 30. Juni abgehalten werden, weil B. sich, entgegen dem erwähnten Beschlusse, nicht in das Krankenhaus aufnehmen liess, sondern sich, seiner Erzählung nach, nach K. begab, weil dort seine Habseligkeiten Schulden halber versteigert werden sollten.

Bei der Untersuchung am 30. Juni gab Patient an, er sei am 17. September 1889 an einem Neubau zu F. verunglückt, indem ein eiserner T-Träger, aus $2\frac{1}{2}$ Meter Höhe herabfallend, ihn an der rechten Schläfe gestreift und dann auf den Rücken getroffen habe, wodurch er mit der Brust auf einen Haufen Ziegelsteine geschleudert worden sei. Die Zimmerleute hätten ihn zunächst zu einer Pumpe geführt und das Blut aus einer an der Schläfe entstandenen Wunde abgewaschen, sodann in eine benachbarte Wirthschaft getragen, wo er bis zum Abend sitzen geblieben sei. Am folgenden Morgen sei der Meister an sein Bett gekommen und habe ihn gebeten, doch wenigstens zum Scheine zur Arbeit zu kommen, weil er ihn nicht bei der Kasse angemeldet habe und sonst in Strafe fallen könne. Er sei denn auch hingegangen und habe sich beim Bau aufgehalten; gearbeitet habe er jedoch nicht und habe sich am 22. September krank gemeldet und in die Behandlung eines R.'er Arztes begeben, welcher die Kopfwunde ausgewaschen und ihm eine Einreibung für den Rücken gegeben habe.

Seit jener Zeit sei er krank und arbeitsunfähig. Seine linke Körperhälfte sei gelähmt; er habe Tag und Nacht heftige Schmerzen im ganzen Körper, namentlich in der linken Lenden- und Gesässgegend. Sein linkes Auge schiele und sei erblindet. Er könne nur mit Hülfe von zwei Stöcken sich mühsam vorwärts bewegen. Auch leide er seit dem Unfall an Gedächtnissschwäche, Schwindel und epileptischen Anfällen, und habe erst vor zwei Tagen einen derartigen, mit Krämpfen und Verlust des Bewusstseins verbundenen Anfall gehabt, wobei er sich auf die Zunge gebissen habe, so dass an letzterer noch jetzt eine Wunde sei.

Aus den Acten ist diesen Mittheilungen hinzuzufügen, dass B. vom 26. December 1889 bis 3. Februar 1890 im städtischen Krankenhause zu X. behandelt wurde und dort nach dem Atteste des Herrn Assisenzarztes Dr. T. eine rasche und bedeutende Besserung aller Beschwerden, auch des Ganges, erfuhr, und dass B. weiterhin, nach Mittheilung des Herrn Assistenzarztes Dr. B. zu Z., am 16. Juli 1890 in die medicinische Klinik dortselbst aufgenommen und am 4. August 1890 geheilt entlassen wurde, bis auf Schmerzen im Kreuz, die B. angeblich noch hatte.

Auf Befragen gab B. die bedeutende Besserung, die er während der Behandlung in dem Krankenhause zu X. und der Klinik zu Z. erfahren habe, zu, behauptet aber, die Besserung habe nicht Stand gehalten.

Die Untersuchung des B. ergiebt, dass derselbe ein kräftig gebauter, nicht gerade sehr leidend, aber abgezehrt aussehender Mann von mittlerem Lebensalter ist, der seine Leiden und Beschwerden in den schwärzesten Farben schildert.

Der Patient hinkt stark mit dem linken Bein, und humpelt mit Hülfe zweier Stöcke anscheinend sehr mühsam einher, streckt dabei das linke Bein mit steifgehaltenem Knie und angespannter Muskulatur in gespreizter Stellung von sich und behauptet, das Bein sei so schwach, dass er ohne Unterstützung der Stöcke sofort umfalle, was sich aber beim angestellten Versuche nicht bestätigt.

Die linke Hand wird in ähnlicher Weise steif und ausgestreckt gehalten und soll nach Aussage des Patienten ebenfalls sehr schwach sein.

Die linke Gesichtshälfte, sowie die Zunge des Patienten ist

frei von Lähmung; das linke Auge schielt nach aussen, die
Bewegungsmuskeln des Auges sind aber ebenfalls von Lähmung frei.

Die Gliedmassen des Kranken machen beständig grobe Zitterbewegungen, häufig verstärkt durch convulsivische Zuckungen,
welche nach Aussage des B. durch stossweise Verschlimmerung
seiner Schmerzen hervorgerufen werden.

Auch die Sprache erscheint öfters durch dieses Zittern und
Zucken erschwert und undeutlich.

Die beim Beklopfen der Kniesehnen eintretenden Reflexzuckun-
gen sind an der linken Seite nicht heftiger, sondern eher etwas
schwächer als rechterseits; auch lässt auffallenderweise das Muskelzittern, wie auch die krampfhafte Spannung der Extremitäten nach,
wenn man durch Gespräche oder Untersuchung anderer Theile die
Aufmerksamkeit des Kranken ablenkt. Man kann das betreffende
Bein alsdann passiv leicht und vollkommen im Knie- und Hüftgelenk beugen und bewegen. Uebrigens ergiebt die Messung, dass
sowohl der linke Arm als das linke Bein nur um 1 Centimeter
im Umfang dünner sind als die rechtsseitigen Gliedmaassen.

Bei Untersuchung des Kopfes entdeckt man bei B. an der
linken Schläfenseite da, wo die Eisenschiene aufgefallen sein soll,
eine mehrere Centimeter lange, nicht am Knochen festhängende
Hautnarbe.

Eine Verletzung an der Zunge ist im Widerspruche mit der
Angabe des Untersuchten nicht vorhanden.

Beim Betasten der Kopfnarbe, des Rückens, sowie der linken
Lendengegend zuckt B. wie unter heftigen Schmerzen zusammen;
doch lassen auch diese Zuckungen bei Ablenkung der Aufmerksamkeit nach. Von einer genaueren Prüfung des Gesichtes, Geruchs, Gehörs und Gefühls, wobei man sich mehr oder weniger
auf die Angaben des Patienten selbst verlassen muss, wurde Abstand genommen, da eine weitere Aufklärung davon nicht zu erwarten war.

Bei der Beurtheilung des Falles muss zunächst hervorgehoben
werden, dass die vorgefundenen Krankheitserscheinungen und Klagen
keinem klaren und einheitlichen Krankheitsbilde entsprechen, sondern Bruchstücke aus verschiedenartigen Krankheiten vorstellen.

Schwindel, epileptische Krämpfe und Tremor, Abschwächung
des Gedächtnisses und der Sinnesorgane scheinen eine Erkrankung
des Gehirns anzuzeigen; auch die Lähmung der linksseitigen Extremitäten könnte auf die rechtsseitige Kopfverletzung bezogen
werden.

Sieht man sich die Lähmung näher an, so muss man zu anderer Ansicht kommen. Zunächst ist es auffällig, dass bei einer
schweren Lähmung des linken Beines und Armes die linke Gesichtshälfte nicht betheiligt ist (denn das Auswärtsschielen des
linken Auges hat mit Lähmung nichts zu schaffen und hat un-
zweifelhaft schon früher bestanden). Sodann ist die Lähmung keine
mit Erschlaffung und Schwund der Muskulatur verbundene, wie
man es bei einer Hirnbeschädigung erwarten sollte, sondern eine
sogenannte spastische, mit krampfhafter Anspannung der Muskulatur verbundene.

Derartige Lähmungen sind bei Hirnaffectionen erwachsener
Personen selten, häufiger bei gewissen Erkrankungen des Rückenmarks (sogen. spastischer Spinallähmung); allein sie sind alsdann
nicht auf eine Seite beschränkt und sie bewirken — mögen sie
nun vom Rückenmark oder ausnahmsweise vom Gehirn ausgehen
— stets eine starke Vermehrung der Kniesehnen-Reflexe.

Der Reflex an der linken Kniesehne ist aber nicht vermehrt,
sondern eher etwas vermindert. Auch können solche krampfhaften
Muskelspannungen nicht durch psychische Beeinflussung und Ablenkung der Aufmerksamkeit nachlassen, wie wir dies bei dem B.
beobachtet haben. Endlich ist es gleichfalls ausgeschlossen, dass
so auffällige und rasche Besserungen der Lähmungserscheinungen,
wie sie im X.'er Krankenhause, der Klinik zu Z. beobachtet wurden,
eintreten und nach kurzer Zeit wieder der Lähmung Platz machen.
Dasselbe gilt auch von dem Tremor. Die Lähmungserscheinungen
sind daher simulirt. Bezüglich der angeblichen Gedächtnissschwäche,
der epileptischen Krämpfe, der Schmerzempfindungen können wir,
da man sich bei diesen Dingen auf die Angaben des Kranken verlassen muss, uns nicht mit gleicher Sicherheit aussprechen. Allein
im Hinblick auf die geringen objectiven Spuren der ursprünglichen
Verletzung und der aus obiger Auseinandersetzung und dem Actenmaterial hervorgehenden Unzuverlässigkeit der Angaben des B.

stehen wir nicht an, auch diese Beschwerden für erdichtet zu
halten.

Wir beantworten daher die an uns gerichtete Frage bezüglich
der Erwerbsfähigkeit des B. dahin: dass derselbe gegenwärtig völlig
hergestellt und erwerbsfähig ist.

X., den 13. Juli 1891.

(Folgen die Namen der Aerzte.)

VI.

(Gegengutachten zu V.)

Aerztliches Gutachten.

Auf Requisition des Reichsversicherungsamtes beehre ich mich,
in der Unfallversicherungssache des Maurers J. B. zu K. das nachfolgende Gutachten zu erstatten:

Der Maurer B. ist nach seinen Aussagen am 17. September
1889 dadurch verunglückt, dass ihm aus einer Höhe von circa
2,80 Meter ein T-förmiges Eisen auf den Kopf fiel und, nachdem
es auch den Rücken getroffen, ihn so zu Boden warf, dass er auf
einen Haufen von Ziegelsteinen fiel, vor dem er im Moment des
Unfalls gestanden hatte. In den Unfall-Acten ist vermerkt, dass
man den B. später bewusstlos und das Eisen in der Lage gefunden habe, dass die Angaben des B. über den Hergang vollständig glaublich erschienen. Der Verletzte habe am anderen
Morgen seine Arbeit wieder aufgenommen, habe aber an den vier
Tagen, welche er noch arbeitete, mehrfach über Schwindel geklagt.
In der folgenden Woche nach dem Unfall hat er sich krank gemeldet. Aerztliche Atteste über die Art der Verletzung, sowie
über die Erscheinungen, welche B. bald nach dem Unfalle bot,
liegen nicht vor. Dr. B. in H. bescheinigt allerdings, dass er den
B. im Laufe des Jahres 1889, als er noch in L. domicilirt war,
an einer Rückenmarkserkrankung behandelt habe. „Das Leiden
war damals derartig, dass ich eine Ueberführung in's Krankenhaus
nicht umgehen konnte,“

Ein eingehendes ärztliches Attest wird erst am 22. Februar 1890 von Dr. T. in X, ausgestellt, das aber um so mehr Beachtung verdient, als dasselbe erst auf Grund einer mehrmonatlichen (vom 16. December 1889 bis zum 3. Februar 1890 dauernden) Beobachtung und Behandlung im Krankenhause erstattet wurde. Dr. T. hebt hervor, dass B. über Kopfschmerz, Schmerzen längs der Wirbelsäule, Benommenheit, Brausen im Kopf, starkes Ohrensausen, Flimmern vor den Augen und Ohnmachtsanwandlungen — besonders wenn man ihn im Bette aufrecht setzte —, Schwäche und Schwere in Armen und Beinen, besonders aber in den linksseitigen Extremitäten klage; er findet bei objectiver Untersuchung: ausgesprochene psychische Anomalien, starkes Zittern, Schwäche des linken Armes und linken Beines, Abmagerung der linken Körperhälfte, Sprachstörung („die einzelnen Worte werden stossweise und abgebrochen hervorgebracht, hat Patient einige Worte gesprochen, so zeigt er grosse Erschöpfung und muss eine Zeit lang innehalten"), erhöhte Reflexthätigkeit etc. und kommt zu dem Resultat, dass B. zur Zeit eine schwere und eingreifende Verletzung des Nervensystems, besonders des Rückenmarks erlitten habe. Durch die Behandlung im Krankenhause wurde eine wesentliche Besserung erzielt, „aber es bestand noch eine grosse Muskelschwäche, die Patient zur Zeit seines Austritts noch arbeitsunfähig machte". Ueber den Verlauf, den die Erkrankung in den nächsten drei Monaten — während deren B. eine Strafe im Arresthaus abbüsst — nimmt, ist aus den Acten nichts Sicheres zu entnehmen, da ich nicht sicher bin, ob eine Bemerkung, die Kreisphysikus Dr. Z. am Schlusse seines später zu erwähnenden Gutachtens macht, sich auf diese Zeitepoche bezieht.

Dagegen wird in einem ausführlichen Gutachten des Specialarztes für Nervenkrankheiten Dr. F. in X. vom 16. Juni 1890 bewiesen, dass der Zustand B.'s sich nach der Entlassung aus dem Krankenhause wieder wesentlich verschlimmert hatte. Von den subjectiven Beschwerden des p. B. betont Dr. F.: Gedankenschwäche, Schwindel, Erschreckbarkeit und Furchtsamkeit, Angst (besonders beim Erblicken eines Gerüstes), Doppeltsehen, Kopfschmerz und Schmerzen in der Kreuzgegend. Dr. F. findet ebenso wie früher Dr. T. Schwäche der links-

seitigen Extremitäten, die er noch genauer durch Anwendung
des Dynamometers feststellt, Abnahme des Muskelvolumens
am linken Bein, Druckempfindlichkeit der unteren Partien der
Wirbelsäule und des Kreuzbeins, Pulsbeschleunigung. Von
weiteren Erscheinungen schildert er eine Abstumpfung des Gefühls auf der linken Körperhälfte, die gelegentlich einer
elektrischen Prüfung ermittelt wird, eine Abnahme des
Geruchs, Geschmacks und Gehörs auf der linken Seite,
Doppeltsehen, beruhend auf Lähmung eines Augenmuskels. Er
kommt auf Grund seiner durchaus sorgfältigen Untersuchung —
nur ist leider über den Augenspiegelbefund und das Verhalten des
Sehvermögens nichts angegeben worden — zu dem Ergebniss, dass
es sich 1) um eine Erkrankung der Gehirnsubstanz und vielleicht
der Schädelbasis mit theilweise wiederhergestellter Lähmung der
linken Körperhälfte, 2) um eine Quetschung der meisten Rücken-,
Lendenwirbel, des Kreuzbeins und des Hüftkreuzbeingelenks, mehr
links als rechts, handelt. Eine functionelle Neurose sowie eine
Erkrankung des Rückenmarkes schliesst er aus. Er schlägt eine
Unterbringung des B. in der Klinik zu Z. vor. In dieser wird B.
vom 15. Juli bis zum 4. August 1890 behandelt. Von diesem
Zeitpunkt ab kommt er in den Verdacht der Simulation.
Er wird zwar nicht durch ein motivirtes Gutachten der Z.'er Klinik
für einen Simulanten erklärt, aber der erste Assistenzarzt Dr. B.
berichtet, dass der Director und alle übrigen Aerzte den B. für
einen hochgradigen Simulanten halten, so dass Professor Y. die
Krankengeschichte des Falles als ein typisches Beispiel für Simulation veröffentlichen wolle. Dasselbe erfährt Dr. M., der persön-
lich eine Erkundigung beim zweiten Assistenzarzt der Klinik ein-
zieht: es wird ihm mitgetheilt, dass B. schon nach zwei Sitzungen
mit dem faradischen Pinsel vermocht habe, Stühle mit beiden
Armen aufzuheben und zu gehen etc. Am 4. August wird B.
„geheilt entlassen bis auf die Schmerzen im Kreuz, die B. angeblich noch hat."

In einem auffälligen Gegensatz zu diesen Kundgebungen der
Z.'er Klinik steht eine von Professor Y. extrahirte gutachtliche
Aeusserung, die jedoch erst am 15. Januar 1891, nachdem B. sich
bereits in Haft befand, auf Aufforderung des Untersuchungsrichters
abgegeben wurde. Dieselbe ist freilich so abgefasst, dass man aus

ihr nicht entnehmen kann, ob Professor Y. überhaupt eine Untersuchung des B. vorgenommen und sich ein definitives Urtheil über den Krankheitszustand desselben gebildet hat, vielmehr werden nur dessen Beschwerden geschildert und dann die Erfolge der Behandlung mitgetheilt. In Bezug auf diese heisst es: „a) die Schwäche der Muskeln der linken Körperhälfte schwand völlig etc., b) das Gefühlsvermögen wurde gleichfalls wieder normal auf der linken Körperhälfte. Dagegen gab Patient an, dass noch heftige Schmerzen in der Lendengegend beständen, dass er nach wie vor links schlechter schmecken und kauen könne, und dass ihm das Bewegen des rechten Mundwinkels unmöglich sei." Zum Schluss sagt Professor Y.: „Patient B. wird entlassen, weil er sich gegen die weitere Anwendung des elektrischen Stromes sträubt, und zwar begründet er dies damit, dass er sagt, er wisse ganz bestimmt, seine noch bestehenden Beschwerden könnten nicht weiter verringert werden."

Jedenfalls ist in diesem Gutachten des Professors Y. von Simulation keine Rede, vielmehr muss man aus demselben entnehmen, dass durch die Behandlung in der Z.'er Klinik ein Theil der ursprünglich vorhandenen Krankheitserscheinungen gehoben wurde.

Indess die ursprünglichen Auslassungen der Assistenzärzte dieser Klinik hatten bereits ihre Wirkung gethan Zunächst wird die Anschauung, dass B. ein grober Simulant sei, ohne Weiteres acceptirt von Dr. F.[1]), der ihn am 5. August, am Tage nach der Entlassung aus der Z.'er Klinik auf's Neue untersucht. Er findet das Krankheitsbild, besonders den Gang, in einer ihn frappirenden Weise verändert. „Nun bekam ich das Entlassungsattest von Z. zu Gesicht und sofort wurde es mir klar, dass es sich hier um einen Simulanten handelt." B. selbst erklärt, besser als früher gehen zu können, sonst sei der Zustand der gleiche. Dr. F. hebt hervor, dass das Schielen wie früher besteht, — statt dass er nun selbst die Simulation dieser und der übrigen Erscheinungen nachzuweisen sich bemüht, spricht er die Vermuthung aus, B. würde wohl auf der Z.'er Augenklinik untersucht sein. Nur in einem Punkte machte er den Versuch, den Betrug selbst zu entlarven:

---

[1]) Dem oben erwähnten Specialarzt für Nervenkrankheiten in X.

er findet einen „Schleudergang" und meint, dass dieser zu Stande kommen könne bei Muskel- und Gelenksteifigkeit oder bei einer Lähmung des Nervus peroneus; da diese beiden Zustände jedoch nicht vorhanden sind, hält er die Gehstörung für eine simulirte. Diese Anschauung beruht aber auf einer grundfalschen Voraussetzung, da der sogen. Schleudergang erfahrungsgemäss der Regel nach gerade bei schlaffem Muskel- und Gelenkapparat beobachtet wird.

Jedenfalls ist die Simulation von Dr. F. in keiner Beziehung erwiesen, vielmehr stützt er sich nur auf die Auslassungen der Z.'er Klinik, die für ihn beweiskräftig sind. — Immerhin erschien die Simulation B.'s durch „vier Aerzte" festgestellt. Und so wird ihm die Rente entzogen, ein Strafantrag wegen Betruges gegen die Berufsgenossenschaft wider ihn gerichtet und im December 1890 Gefängnisshaft über ihn verhängt. Der Gefängnissarzt, Kreisphysikus Dr. Z., zur Abgabe eines Attestes aufgefordert, bekundet, dass B. in Folge des im September 1889 erlittenen Unfalls gänzlich arbeits- und erwerbsunfähig sei, dass eine fast vollständige Lähmung beider Beine bestehe und dass B. auf dem linken Auge beinahe erblindet sei. Am 21. Januar 1891 wird B. aus der Haft entlassen. Er legt Berufung ein beim Schiedsgericht, welches die drei Oberärzte A. B. C. zu einem Gutachten auffordert, das am 13. Juli 1891 — auf Grund einer am 30. Juni vorgenommenen Untersuchung — erstattet wird. (Hier folgt die Wiedergabe des Gutachtens sub V.)

―――――

Die vom Reichsversicherungsamt an mich gerichtete Frage, ob die bereits vorliegenden ärztlichen Zeugnisse und der darin wiedergegebene Befund das Vorliegen einer traumatischen Neurose offen lassen oder wahrscheinlich machen etc., kann ich nicht beantworten, ohne das vorstehend referirte Gutachten einer Kritik zu unterwerfen. Ich bin gezwungen, dasselbe für ein überaus mangelhaftes und objectiv-falsches zu erklären. Zunächst geht aus demselben hervor, dass die Untersuchung des B. eine höchst unvollkommene gewesen ist. So ist das psychische Verhalten des Verletzten völlig unberücksichtigt ge-

blieben, es ist ferner nicht einmal die Rede von einer Untersuchung des Augenhintergrundes, die bei dem Verdacht auf
ein Hirnleiden und gar bei den Angaben des B. über Erblindung
des linken Auges unbedingt nothwendig gewesen wäre; es ist keine
Feststellung des Sehvermögens, deren Resultat von grösster
Bedeutung hätte sein können, vorgenommen worden. Es fehlt jede
Angabe über das Verhalten der elektrischen Erregbarkeit,
über die Beschaffenheit des Herzens und des Pulses. Gegen
solche Mängel der Untersuchung mögen die anderen, dass eine Gefühlsprüfung nicht vorgenommen wurde, dass keine Versuche an-
gestellt sind, die Ursache des Zitterns, seine Beziehungen zum
Schmerz und zu seelischen Erregungen festzustellen etc. etc., ge-
ringfügig erscheinen.

Ganz unwissenschaftlich und absolut unrichtig sind aber die
Deductionen, die die Gutachter aus ihrer Untersuchung herleiten.
Zunächst ist es eine falsche und im grellen Widerspruch zu der
ärztlichen Erfahrung stehende Annahme, dass die Lähmungen bei
Hirnkrankheiten schlaffer Natur seien und mit Muskelschwund einhergehen. Gerade das Gegentheil ist in der Regel der Fall, und
eine ausgesprochene Muskelabmagerung gehört zu den grössten
Seltenheiten. Ebenso unrichtig ist die Angabe, dass spastische
Lähmungen bei Hirnkrankheiten Erwachsener selten seien, auch
hier ist wieder das Umgekehrte zutreffend. Es ist nicht einmal
richtig, dass die spastische Lähmung stets eine starke Vermehrung der Kniesehnenreflexe bedinge. Weit grösser als der eben
hervorgehobene und weit folgenschwerer ist aber der andere Fehler,
in den die drei Oberärzte verfallen sind: dass sie nämlich dem
Vorkommen einer ganzen Gruppe von Krankheitszuständen, welche so überaus häufig im Gefolge von Kopfverletzungen beobachtet werden, dem Vorkommen der traumatischen Psychosen und Neurosen in keiner Weise Rechnung
getragen haben. Wären ihnen diese Krankheitszustände, wäre
ihnen das Wesen der functionellen Lähmungen auch nur etwa bekannt
gewesen, so hätten sie in dem Freibleiben des Gesichts und der
Zunge nichts Auffälliges gefunden. Vielmehr ist es geradezu ein
charakteristisches Merkmal dieser Form der Halblähmung, dass der
Gesichts- und Zungennerv verschont bleibt. Auch die gewiss richtige

Beobachtung, dass das Zittern und die Muskelspannung bei abgelenkter Aufmerksamkeit schwächer wurden, würde keine Zweifel
an der Echtheit dieser Symptome haben aufkommen lassen, da
diese Erscheinungen meistens in inniger Beziehung zum Schmerz
und zur seelischen Erregung stehen, welche sich natürlich weniger
geltend machen, sobald die Aufmerksamkeit anderweitig gefesselt
ist. Sie würden aber überhaupt in dem Symptomenbilde nichts
Widerspruchsvolles und nicht die Fragmente verschiedenartiger
Krankheitszustände, sondern die typischen Merkmale einer
traumatischen Neurose gefunden haben.

Zu dem Bilde dieser Krankheit gehört: die halbseitige Lähmung ohne Betheiligung des Gesichts- und Zungennerven, das von
all' den Aerzten, die den B. genau untersucht haben, geschilderte
Zittern, die von Dr. T. und den Gutachtern selbst beobachtete
Sprachstörung; — sie würden bei einer Prüfung des Gefühls
und der Sinnesfunctionen die Angabe F.'s, dass die Sensibilität
auf der linken Körperhälfte abgestumpft sei, aller Wahrscheinlichkeit nach bestätigt haben. Zu den Symptomen dieser Krankheit
gehört die von den früheren Gutachtern hervorgehobene Seelenstörung, die Pulsbeschleunigung, die mässige Abnahme des
Muskelvolumens auf der linken Körperhälfte, die Druckempfindlichkeit der Wirbel etc. etc. Aber gerade diejenigen Momente der
Untersuchung, die zur Feststellung dieser Diagnose führen, sind von
den Herren Gutachtern vernachlässigt worden.

Endlich würden sie selbst in der Thatsache, dass der Zustand
des B. durch eine Behandlung in zwei Krankenhäusern wesentlich
gebessert wurde, während er sich nachher wieder verschlechterte,
nichts Verdachterweckendes gefunden haben, da einerseits selbst
bei gewissen organischen Erkrankungen des centralen Nervensystems
(z. B. der disseminirten Sklerose) derartige Remissionen beobachtet
werden, während sich andererseits die functionellen Neurosen sogar
häufig durch ein Schwinden objectiver Krankheitssymptome für
lange Zeiträume kennzeichnen.

Ich komme nun zur Darlegung meiner Auffassung des Krankheitsfalles:

Aus den ärztlichen Attesten und Gutachten des Dr. B., Dr. T.
und Dr. F. geht hervor, dass sich bei dem B. in Folge der im

September 1889 erlittenen Verletzung, welche Kopf und Rücken traf und ihn zu Boden warf, so dass er bewusstlos aufgefunden wurde, eine Erkrankung des Nervensystems entwickelt hat, die von den genannten Aerzten als ein organisches Leiden aufgefasst wurde, nach ihrer Schilderung aber in die Kategorie der traumatischen Neurosen gehört. Gegen diese Annahme erhebt sich zunächst das Bedenken, dass das Trauma vornehmlich die rechte Kopfseite traf, während die Lähmungssymptome an der linken Körperhälfte hervortraten. Indess verliert dieses Bedenken seinen Werth, wenn wir erwägen, dass die Verletzung eine complicirte und an verschiedenen Körperstellen angreifende war.

Das Leiden war zur Zeit der Aufnahme des B. in das X.'er Krankenhaus, welche im December 1889 stattfand, auf's Deutlichste ausgeprägt (vergl. das Attest des Dr. T.). Durch eine mehrmonatliche Behandlung im Krankenhause wurde eine wesentliche Besserung, jedoch keine Heilung erzielt und der Zustand erfuhr nach der Entlassung eine so wesentliche Verschlimmerung, dass Dr. F., der den Patienten im Juni des Jahres 1890 untersuchte, die von Dr. T. ursprünglich gefundenen Erscheinungen auf's Neue constatirt, ausserdem eine Summe weiterer Krankheitszeichen, die die traumatische Neurose in ihrer vollendeten Entwickelung erkennen lassen. Dr. F. zweifelt auch nicht, dass eine schwere Erkrankung des Nervensystems vorliegt, nur hindert ihn der Befund einer Augenmuskellähmung, an der ihm vorschwebenden Auffassung festzuhalten, dass eine functionelle Neurose vorhanden ist, er diagnosticirt vielmehr ein organisches Hirn- und ein Wirbelgelenkleiden, ein Irrthum, der übrigens nicht schwer in's Gewicht fällt.

Mit der Aufnahme des B. in die Klinik zu Z macht sich eine Umwandlung in der Beurtheilung geltend. B. wird für einen Simulanten erklärt, ohne dass irgend ein die Simulation beweisendes oder auch nur wahrscheinlich machendes Argument angeführt wird. Es wird nur erwähnt, dass B. nach einer zweimaligen Behandlung mit dem faradischen Pinsel die Arme bewegen und im Garten umherspazieren konnte, eine Angabe, die nichts weiter beweist, als dass ein Theil der Krankheitserscheinungen unter der angewandten Behandlung schnell zurücktritt, während zum wenigsten

die Schmerzen bestehen blieben. Wenn B. sich trotz des Erfolgs
einer weiteren Behandlung in der Klinik zu Z. nicht unterziehen
wollte, so erklärt sich das wohl unschwer aus dem Umstande,
dass der Chefarzt wie die Assistenten ihn für einen hochgradigen Simulanten halten. Es lässt sich nun freilich nicht
einmal feststellen, ob Professor Y. wirklich von der Simulation
überzeugt gewesen ist und an dieser Ueberzeugung festgehalten
hat; fast sollte man glauben, er habe anfangs diese Anschauung
gehegt, sei aber später anderer Meinung geworden, denn er wagt
es nicht, das Verdict der Simulation dem Untersuchungsrichter
gegenüber auszusprechen.

Auch Dr. F. führt, wie ich bereits dargethan, keine Thatsachen an, die die Simulation des B. beweisen oder auch nur
vermuthen lassen. Endlich wird das Votum der Simulation noch
von den drei Oberärzten A. B. C. abgegeben.

Die Hinfälligkeit der von diesen Gutachtern vertretenen Auf-
fassungen glaube ich zur Genüge erwiesen zu haben.

Soweit ich mir, ohne selbst eine Untersuchung vorgenommen
zu haben, aus den vorliegenden Krankheitsberichten und Attesten
ein Urtheil bilden kann, leidet B. an einer traumatischen Neurose. Dahingestellt sein lassen muss ich es, ob die Augenmuskellähmung und das Schielen erst in Folge der Verletzung eingetreten ist oder schon vorher bestanden hat. Wenn sie auch nicht
in den Rahmen des bezeichneten Krankheitsbildes gehört, kann sie
doch sehr wohl ebenfalls traumatischen Ursprungs sein; doch ist
der Punkt für die Gesammtauffassung irrelevant.

Durch Nachforschung in den früheren Untersuchungsacten,
die zweifellos auch ein Signalement des B. enthalten, könnte auch
diese Frage vielleicht entschieden werden.

Ich bin mir sehr wohl bewusst, dass die Vorgeschichte des
B.[1]) ihn als ein zum Betrug geneigtes Individuum kennzeichnet.
Demungeachtet muss ich erklären, dass ich in der ganzen Krank-
heitsgeschichte auch nicht einen Zug finde, aus dem ich den Verdacht der Simulation herleiten könnte. Sie mit Sicherheit auszuschliessen, bin ich natürlich nicht im Stande, so lange ich den

---

[1]) Derselbe war wiederholentlich vorbestraft.

B. nicht selbst untersucht habe. Ist sie, wie ich glaube, nicht im Spiele, so ist B. selbst nach der in dem Gutachten der drei Oberärzte entworfenen Schilderung in seiner Erwerbsfähigkeit zum mindesten erheblich beschränkt.

Die Frage, ob er gänzlich erwerbsunfähig ist oder ihm noch ein geringer Rest von Erwerbsfähigkeit verblieben ist, würde ich wahrscheinlich auch nicht nach einer Ergänzung der stattgehabten Beobachtungen, sondern wohl. nur auf Grund einer eigenen Untersuchung entscheiden können.

Berlin, den 9. Februar 1892.

Dr. H. Oppenheim,
Privatdocent an der Universität.

———————◆———

Gedruckt bei L. Schumacher in Berlin.

www.ingramcontent.com/pod-product-compliance
Lightning Source LLC
Chambersburg PA
CBHW021520210326
41599CB00012B/1322